アナ・チン

マツタケ

不確定な時代を生きる術

赤嶺　淳訳

みすず書房

THE MUSHROOM AT THE END OF THE WORLD

On the Possibility of Life in Capitalist Ruins

by

Anna Lowenhaupt Tsing

First published by Princeton University Press, 2015

マツタケ——不確定な時代を生きる術《すべ》

目次

絡まりあう

啓蒙主義の時代からこのかた、西洋の哲学者たちは、「自然」(Nature) が崇高で普遍的であるだけではなく、受動的で機械的な側面を持つことをあきらかにしてきた。「自然」は「人間」(Man) の道徳的志向性の背景として存在するだけではなく、その源泉でもあった。そうした志向性によって、「人間」は「自然」を飼い慣らし、支配することができた。人間と人間以外の生きもの、すなわちすべての生物の、いきいきとした活動を、わたしたちに思いおこさせるのは、寓話作家——非西洋人の、文明化されていない語り手をふくむ——に託された。

しかし、こうした分業も、いまや蝕《むしば》まれつつある。まず、人間が自然を飼い慣らし、支配しようとするあまり、地球上の生命の存続すら危ぶまれるほどの大きな混乱を招いてしまっている。つぎに、種間の絡まりあいは、かつては寓話とみなされていたものだが、いまや、そのことが生物学者や生態学者たちのあいだで真摯に議論される材料になった。その結果、生物が存続していくには、たくさんのたぐいたち (many kinds of being) の相互関係が不可欠であることがあきらかになった。ほかの生物を踏みつけてばかりいては、人類とて生き残ることなどできやしない。最後に、わたしたちの放縦なあり方が、「人間」と「自然」を峻別してきた、「人間」のキリスト教的男性性という道徳的志向性を崩そうとしている反面、世界中の女性も男性も、これまで「人間」に与えられていた地位にしがみつこうとして躍起になってもいる。

文明がひねりだした第一原理を越え、あらたな方法で本当の物語を語るときがやってきた。「人間」と「自然」〔の二項対立〕が存在しなければ、すべての生きものは活気を取りもどすことができるし、男も女も、教義が導く理性に縛られることなく、みずからを表現することができる。そのような物語は、もはや夜のひそひそ話ですませる必要もない。本当の話であり、寓話でもあるのだから。そうでなければ、いったいどのようにして、わたしたちがしでかした滅茶苦茶な状態のなかでも、生きているものがいるということを説明できようか。

本書では、あるキノコを追いながら、そうした物語を提供していきたい。ほかの学術書と異なって以下につづくのは、さまざまなタイプの短い章である。それらの章には、雨後に一気に発生するキノコのようでいてもらいたいものだ。それぞれの章は論理的に構成されているわけではなく、特定の結論を目指さないアッセンブリッジ〔寄りあつまり〕になっていて、章を超えて、たくさんのことを示してくれる。各章は、たがいに関係しあいつつも、ときとして話の腰を折ったりもする。それは、まるでわたしが叙述しようとする、不均質な世界の様子を真似ているかのようだ。そこにもう一本の糸をくわえてみよう。写真はテキストに沿った物語を写しだすことはできるが、直接的にはなにも説明することはない。画像は、わたし自身が言及する光景そのものではなく、議論の気風を提示するためにもちいている。

「第一の自然」が（人間をふくむ）生態的関係、「第二の自然」は資本主義による環境の変質を指すものと仮定してもらいたい。この用法は、――より一般的なものとは異なっているが――ウィリアム・クロノン（William Cronon）の『自然のメトロポリス』に由来している。[1] そのうえで本書では、「第三の自然」を提起してみたい。つまり、資本主義にもまれながらも、生きのびられるものである。第三の自然に気づくには、未来はひとつの方向にのみ開かれているという仮定を捨てなければならない。量子の場における仮想粒子のように、複数の未来が可能性から飛びだしてくるかもしれない。第三の自然は、そのような時間的なポリフォニー〔多声性〕から創発する。それでも進歩についての物語は、わたしたちを盲目にしてしまう。進歩の物語ぬきの世界を知るために、本書は生命が絡まりあう、開かれたアッセンブリッジの様子を描いていく。まるでこれらが、たくさんのたぐいのリズムと交わり、癒合するかのようであろう。形式に関する実験と議論が、相互に繰りかえされる。

本書は二〇〇四年から二〇一一年のマツタケのシーズンにアメリカ合衆国、日本、カナダ、中国、フィンランドでおこなったフィールドワークと、科学者、森業関係者、マツタケ業者へのインタビューにもとづいている。インタビューは、デンマークとスウェーデン、トルコでも実施した。わたし自身のマツタケをめぐる歩みは、まだ終わりそうもない。いずれはモロッコや韓国、ブータンにも足をのばさねばならない。以下の章においては、読者のみなさんにも、幾分かの「マツタケ熱」を味わってもらいたい。

林床では、マツタケを産するはるか以前から、菌糸体が網や桛《かせ》状にのび、根と鉱質土壌を結びつけている。すべての研究は、これに類似した見えない協働で成り立っている。それぞれの個人の名前をあげたところで十分だとは思えない。それゆえ、わたしは、本書を可能とした共同研究からはじめてみたい。近年の民族誌研究とは対照的に、本書は、共同研究という試行錯誤にもとづいている。追求していった問いは、共同研究での激しい議論から誕生したものである。参加者は多数いて、わたしはそのなかのひとりにすぎない。

この本はマツタケ世界研究会（Matsutake Worlds Research Group）の成果である。研究会のメンバーはティモシー・チョイ（Timothy Choy）と、リーバ・フェアー（Lieba Faier）、エレン・ガン（Elaine Gan）、マイケル・ハザウェイ（Michael Hathaway）、井上美弥子、佐塚志保にわたしである。人類学史では民族誌研究はひとりで実践すべきものとされてきた。しかし、わたしたちは、つねに協働の過程にある、あらたな人類学を模索するにあたり、共同研究という過程に着目することにした。民族誌の特質は、調査協力者とともに状況について考察することにある。研究分野《リサーチ・カテゴリー》は研究の進展とともに発生してくるのであって、研究に着手する以前から存在しているわけではない。ほかの研究者――それぞれが異なるローカル・ナレッジを学んできた――と共同研究するにあたっては、こうした研究手法を、いかに活用しうるであろうか？　巨大科学《ビッグサイエンス》のように対象をあらかじめ理解しているわけではなく、わたしたちは共同作業を通じて自分たちの研究目標を見いだそうと決めた。いろんな形式の調査、分析、執筆を通じて挑戦してきたわけである。

本書はマツタケ世界についてのミニシリーズの緒戦を飾るものである。マイケル・ハザウェイと佐塚志保が、つづくことになっている。ミニシリーズを一連の探検談として考えてみてもらいたい。マツタケ談義が、一冊の書物からつぎの書物へと展開していくわけだ。わたしたちのマツタケへの好奇心は、とても一冊に収まるものではないし、ひとつの声で表現しうるものでもない。つぎになにがおこるのか、楽しみにしていてもらいたい。わたしたちの本は、エッセイや新聞、雑誌などの記事をふくむ、ほかのジャンルをつなぐものでもある。[2] その一環として、エレン・ガンとわたし、映像制作者のサラ・ドサ（Sara Dosa）が、マツタケ採取人と科学者、商人、森林管理者たちの物語を大陸横断的に紹介するウェブサイト（www.matsutakeworlds.org）を作った。エレン・ガンの芸術と科学を融合させたやり方は、さらなる協働をもたらした。[3] サラ・ドサが制作した映画『最後の季節』が、こうした対話を補強してくれている。[4]

マツタケ研究は学問分野を超えるだけでなく、異なる言語、歴史、生態、文化伝統によって形成される社会へといざなってくれる。フェアーと井上、佐塚は日本研究、チョイとハザウェイは中国研究である。わたしはグループ内で唯一の東南アジア研究者であり、米国の太平洋岸北西部でマツタケを狩るラオスやカンボジア出身の人びとともに研究した。しかし、調査をはじめるとすぐに、手助けが必要なことがわかった。ヒョルレイファー・ヨンソン（Hjorleifur Jonsson）との共同研究、ル・ヴァン（Lue Vang）とデイヴィッド・フェン（David Pheng）の助力が、米国内における東南アジア人たちの調査には不可欠だった。[5] 文化生態研究所（Institute for Culture and Ecology）のエリック・ジョーンズ（Eric Jones）とカスリン・リンチ（Kathryn Lynch）、レベッカ・マックレーン（Rebecca McLain）が、もとはといえばわたしのキノコ研究に火をつけてくれ、いまでもよき同僚として、いてくれている。ビヴァリー・ブラウン（Beverly Brown）との出会いは感動的であった。エイミー・ピーターソン（Amy Peterson）は日系アメリカ人のマツタケ・コミュニティを紹介してくれ、マツタケ狩りのコツも伝授してくれた。スー・ヒルトン（Sue Hilton）は、一緒にマツを愛《め》でてくれた。雲南では羅文宏（Luo Wenhong）が共同研究に参加してくれた。京都では石川登が並はずれた案内役でもあり、よき研究仲間でもあった。フィンランドではエイラ＝マイヤ・サヴォネン（Eira-Maija Savonen）がすべてを手配してくれた。それぞれの調査旅行に赴くことで、その地域を熟知している人と協働しながら洞察することの重要性に気づくことができた。

本を出版するには、ほかにもたくさんの種類の協働が必要となる。本書では、とくにふたつの方面の知識が広がったことが大きい。知識が狭い範囲で深まり、さらに大きな範囲に広がったことで、得たものがあった。ひとつには、ダナ・ハラウェイ（Donna Haraway）とともに教えることで、カリフォルニア大学サンタクルス校におけるフェミニズム科学研究の最先端を学ぶ特権を得たことである。その過程で、単なる批評でなく、世界を作りあげる知を通じて学問が自然科学と文化研究とのあいだを越えていく様を垣間見ることができた。多種間の語りあい（multispecies storytelling）は、わたしたちの研究成果のひとつである。サンタクルス校におけるフェミニズム科学研究コミュニティのおかげで、わたしの研究は成り立っている。そのネットワークを通じて、その後も、ともに研究する友を得ることができた。アンドリュー・マシューズ（Andrew Mathews）は、親切にもわたしを森へ連れていってくれた。ヘザー・スワンソン（Heather Swanson）は、比較を通じて考察することを手伝ってくれたし、日本についても教えてくれた。クリステン・ルデスタム（Kristen Rudestam）はオレゴンについて解説してくれた。ジェレミ・キャンプベル（Jeremy Campbell）、ザカリ・ケイプル（Zachary Caple）、ロゼアン・コーヘン（Roseann Cohen）、ロサ・フィチェック（Rosa Ficek）、コリン・ホアグ（Colin Hoag）、ケイティ・オヴェルストリート（Katy Overstreet）、ベッティナ・ストーザー（Bettina Stoetzer）をはじめ、多数の人びととの会話に学ばせてもらった。

その一方で、サンタクルス校の反資本主義フェミニズム研究に刺激され、わたしは資本主義が達成した偉業の先にあるものを知りたいと思うようになった。マルクス主義のカテゴリーは、ときとして野暮ったくもある曖昧な記述と関連づけられているにもかかわらず、もし、本書がまだそのようなカテゴリーに依拠しているとしたら、それはリサ・ロフェル（Lisa Rofel）とシルヴィア・ヤナギサコ（Sylvia Yanagisako）をはじめとしたフェミニズム研究の同僚の洞察のおかげである。サンタクルス校の先端フェミニズム研究所（Institute for Advanced Feminist Research）は、グローバルなサプライ・チェーンを翻訳機械として構造的に記述してみようというわたしの最初の試みを応援してくれた。同様に、トロント大学ではタニア・リー（Tania Li）、ミネソタ大学ではカレン・ホー（Karen Ho）が、わたしを研究に招いてくれた。ジュリー・グラハム（Julie

Graham）が他界する前、わたしは彼女から励ましをうけるという栄誉を得た。「経済的多様性」という視点は、彼女がカスリン・ギブソン（Kathryn Gibson）と共同で開拓したものであり、わたしのみならず、多くの研究者がその恩恵にあずかっている。権力と差異について問うことについては、ジェイムズ・クリフォード（James Clifford）、ロサ・フィチェック、スーザン・ハーディング（Susan Harding）、ゲイル・ハーシャッター（Gail Hershatter）、ミーガン・ムーディー（Megan Moodie）、ブレグジェ・ヴァン・エーケレン（Bregje van Eekelen）ほかの、多くの人びととのサンタクルスでの会話が不可欠であった。

本書の執筆は、たくさんの助成金と研究機関による支援にも負っている。カリフォルニア大学環太平洋プログラムによる研究助成が萌芽期にあった本研究を支援してくれた。トヨタ財団によるマツタケ世界研究会への研究助成によって、中国と日本における調査を実施することができた。カリフォルニア大学サンタクルス校は、研究を継続するための休暇を与えてくれた。ニルス・ブバント（Nils Bubandt）とオーフス大学は、静かだけれども刺激的な環境のなかで本書を概念化するとともに、書きはじめることを可能にしてくれた。二〇一〇年から二〇一一年にかけてのジョン・サイモン・グッゲンハイム記念財団フェローシップによって、執筆に専念することができた。本書の最終段階は、デンマーク国立研究基金の支援によるオーフス大学での人新世研究プロジェクトと重なっている。これらの機会に感謝している。

いろんな人が本書の草稿を読んだり、問題点を指摘したりして、助けてくれた。ナサリア・ブリチェット（Nathalia Brichet）、ザカリ・ケイプル、アラン・クリスティ（Alan Christy）、パウラ・エブロン（Paulla Ebron）、スーザン・フリードマン（Susan Friedman）、エレン・ガン、スコット・ギルバート（Scott Gilbert）、ダナ・ハラウェイ、フリーダ・ハストラップ（Frida Hastrup）、マイケル・ハザウェイ、ゲイル・ハーシャッター、クレッグ・ヘザーリントン（Kregg Hetherington）、ルステン・ホグネス（Rusten Hogness）、アンドリユー・マシューズ、ジェームズ・スコット（James Scott）、ヘザー・スワンソンは、親切にも、わたしの話に耳を傾け、草稿に眼をとおし、助言してくれた。井上美弥子は詩歌を英訳してくれた。書いたり、考えたりするとき、キャシー・チェトコヴィッチ（Kathy Chetkovich）は無二の相談役だった。

本書に写真を収録することができたのは、ひとえにエレン・ガンが協力してくれたおかげである。すべてはフィールドワークの最中に撮影したものだ。なかには調査助手のル・ヴァンが撮ったものもある。調査をともにしたときのもので、9章、10章、14章および幕間「たどる」の対向頁に挿入したものだ。それ以外は、わたしの撮影による。エレン・ガンは、ラウラ・ライト（Laura Wright）と一緒に、そうした写真を見映えよいものにしてくれた。エレン・ガンは、章中で節を分ける箇所にイラストも描いてくれた。菌の胞子、雨、菌根、キノコをイメージしたものだ。読者には、それらのあいだをさまよってもらえるものと思っている。

調査地でわたしと会話し、ともに行動してくれた大勢の人びとに感謝している。マツタケ採取人たちは、マツタケ狩りを中断してくれた。科学者たちは研究の手をやすめてくれた。起業家たちは、業務を離れ、わたしに時間をさいてくれた。この場を借りて、お礼を申しあげたい。それでも人びとのプライバシーを守るため、本書に登場する個人名のほとんどは、仮名をもちいている。例外は、公的な立場で意見を述べる人や研究者などである。こうした方がたについては、名前を伏せることが失礼にあたるであろう。似たような配慮は、地名にもあてはまる。本書は村落研究ではないため、都市については実名をあげた一方で、地方名は伏せている。実名を記すことで人びとのプライバシーが乱されることを危惧するからである。

本書は雑多な情報に依拠しているため、書誌情報は文献一覧としてではなく、章末注として掲載した。引用の際、中国人と日本人、モン人の名前については、姓の最初の文字を初回にかぎって太字にした。そうすることで、著者名がわたしの研究のどの部分にあたるかによって、姓のどちらを先にするかを変更することができた。

本書のいくつかの章は、別の機会に公表したものに加筆修正したものである。第3章は、『コモン・ナレッジ』一八巻三号（二〇一二年）に掲載した論文の要約である。第6章はゼイネップ・ガムベッティ（Zeynep Gambetti）とマルシアル・ゴドイ＝アナティヴィア（Marcial Godoy-Anativia）が編集した『不安定なレトリック』に寄稿した「森のなかの自由」からの抜粋である。第9章は『HAU——民族誌学理論』第三巻一号（二〇一三年）に寄稿したエッセイを発展させたものである。第16章は『経済植物学』第六二巻三号（二〇〇八年）に掲載された論文の一部分をふくんでいる。章の一部にすぎないとはいえ、その論文は佐塚志保との共著なので、そのことは明記しておきたい。第三幕間の完全版は、『哲学・運動・自然』第一〇号（二〇一三年）で閲覧できる。*

1　William Cronon, *Nature's metropolis*（New York: W. W. Norton, 1992）.

2　つぎの論文を参照のこと。Matsutake Worlds Research Group, "A new form of collaboration in cultural anthropology: Matsutake worlds," *American Ethnologist* 36, no. 2（2009）: 380–403; Matsutake Worlds Research Group, "Strong collaboration as a method for multi-sited ethnography: On mycorrhizal relations," in *Multi-sited ethnography: Theory, Praxis, and Locality in Contemporary Research*, Mark-Anthony Falzon ed., pp. 197–214（Farnham, UK: Ashgate, 2009）; Anna Tsing and Shiho Satsuka, "Diverging understandings of forest management in matsutake science,"

Economic Botany 62, no. 3 (2008): 244–256. 現在、同誌は、マツタケ世界研究会による特集号を準備中である。

3　Elaine Gan and Anna Tsing, "Some experiments in the representation of time: Fungal clock," paper presented at the annual meeting of the American Anthropological Association, San Francisco, 2012; Gan and Tsing, "Fungal time in the satoyama forest," animation by Natalie McKeever, video installation, University of Sydney, 2013.

4　Sara Dosa, *The Last Season* (Filament Productions, 2014). この映画はオレゴン州におけるふたりのマツタケ狩りを追っている。ひとりは白人のベトナム戦争の退役軍人で、もうひとりはカンボジアからの難民である。

5　ヒョルレイファー・ヨンソン（Hjorleifur Jonsson）の著書 *Slow Anthropology: Negotiating Difference with the Iu Mien* (Ithaca, NY: Cornell University Southeast Asia Program Publications, 2014) は、わたしたちの共同研究に刺激されたあと、ヨンソンが継続したイウ・ミエン研究から生まれた。

*　それぞれの書誌情報は、以下のとおりである（掲載順）。

Anna Tsing, "On nonscalability: The living world is not amenable to precision-nested scales," *Common Knowledge* 18 (3) (2012): 505–524; Anna Tsing, "Free in the forest: Popular neoliberalism and the aftermath of war in the US Pacific Northwest," in *Rhetorics of Insecurity: Belonging and Violence in the Neoliberal Era*, Zeynep Gambetti and Marcial Godoy-Anativia eds., pp. 20–39 (New York: New York University Press, 2013); Anna Tsing, "Sorting out commodities: How capitalist value is made through gifts," *HAU: Journal of Ethnographic Theory* 3 (1) (2013): 21–43; Anna Tsing and Shiho Satsuka for the Matsutake Worlds Research Group, "Diverging understandings of forest management in matsutake science," *Economic Botany* 62 (3) (2008): 244–253; Anna Tsing, "Dancing the mushroom forest," *PAN: Philosophy, Activism, Nature* 10 (2013): 6–14.

マツタケ

——不確定な時代を生きる術《すべ》

とらえどころのない生命、オレゴン。かつて産業林だったところにマツタケ・キャンプが出現した。

プロローグ　秋の香

高松のこの峯も狭《せ》に笠立てて　盈《み》ち盛りたる秋の香のよさ
――読み人知らず　『万葉集』*

突如として世界が崩壊したら、どうするか？　わたしなら森に散歩に出かけるにちがいない。運がよければ、キノコを見つけることができるはずだ。キノコは自分らしさへと、わたしを引きもどしてくれる。花のような、豊かな色や香りを持っているわけではない。だが、キノコの、突然、思いがけないところにひょっこりと出現している様が心地よいのだ。というのも、たまたまそこにいたという幸運に気づかせてくれるからだ。そんなとき、先が見通せない不確定な状態という恐怖のまっただなかにあっても、喜びが存在していることを実感できるというものだ。

もちろん、恐怖は存在している。しかし、それはわたしだけに向けられたものではない。世界の気候は混乱しつつある。工業の進展は一〇〇年前の人びとが想像したレベルよりも、地球上の生命にとっては致命的となっている。もはや経済は成長の源でも、楽観の源でもない。つぎに経済危機がおこったならば、わたしたちの仕事など、どれもが消失してしまいかねない。ただ単にあらたな大災害を恐れているのではない。わたしたちは拠るべきものを持ちえていないのだ。わたしたちは、いったい全体、どこへ向かおうとしているのか、そして、それは何故なのかを教えてくれる、拠るべきよすがを持ちえていないのだ。不安定であること《プレカリティ》(precarity)は、かつては、より不運な人びとだけの運命のように思われた。しかし、いまやわたしたちの生活は、すべてが不安定である——たとえ、いっとき私腹を肥やしたとしても、不安定な状態にあることにはかわりない。二〇世紀中葉、北側諸国《グローバル・ノース》の詩人や哲学者たちは、安定が保障されている状況に閉塞感を感じ、いらだってさえいたものだ。しかし、いまや当時とは対照的に、わたしたちの多くは、北の人も南の人も、終わりのない困難な状況に直面している。

この本はキノコをめぐる旅についての物語である。その旅とは、不確定性と不安定性のあり様、つまり、安泰という保証がない生について探究するものだ。一九九一年にソ連が崩壊したとき、突然、国家からの保障を失った何千ものシベリア人たちが森に押しかけ、キノコを狩ったという記事を読んだことがある[1]。それらのキノコは、わたしが追いもとめているものではない。だが、そうしたキノコも、わたしが云わんとする要点をついてはいる。人間が発生を操作することができないキノコの生命は、わたしたちが所与のものと考えていた社会が崩壊したときには、恵みであり、拠りどころともなる。

キノコを贈ることはできないが、わたしと旅をともにし、冒頭の短歌が愛《め》でるような秋の香を味わってもらいたい。これこそがマツタケの香りである。マツタケとは日本で珍重されている野生キノコの一種である。その香りは夏特有の、お気楽な豊かさを失った悲哀を喚起する。しかし、同時にそれは、秋の、繊細でいて強烈な、昂ぶった感性をも呼び覚ます。グローバルに進行している放埒な夏の終わりには、そうした感性が必要となる。秋の香りは、保証のない、ありふれた生活に導いてくれる。本書は、二〇世紀的な安定についての見通しのもとに近代化と進歩を語ろうとする夢を批判するものではない。これらの夢については、すでに多数の識者が分析してきたはずだ。そうではなく、拠りどころを持たずに生きるという想像力に富んだ挑戦に取りくんでみたい。その拠りどころとは、かつてみなに、自分たちがいったいどこへ向かおうとしているのか知っていると思わせてきたものである。もし、わたしたちがそうした菌としてのマツタケの魅力に心を開くならば、マツタケはわたしたちの好奇心をくすぐってくれるはずだ。その好奇心とは、不安定な時代を、ともに生き残ろうとするとき、最初に必要とされるものである。

この挑戦を過激なスローガンにするとこうなる。

> 多くの人は不安にかられ、世界は「救」われないという単純な認識を直視しようとしない。……もし、将来グローバル革命がおこると信じないならば、わたしたちは、（これまでどおり）いまを生きていくしかない。[2]

一九四五年に広島が原子爆弾によって爆破されたとき、荒廃しきった土地に発生した最初の生命はマツタケだったそうである。(3)

原子を掌握することは、人類が自然を管理するという究極の夢であった。同時にそれは、その夢が崩れていく端緒ともなった。広島に投下された原爆が事態を一転させた。意図的であろうとなかろうと、突然、わたしたちは、人類が地球を破壊し、生活できないものへと転換しうることに気づかされてしまった。公害や大量絶滅、気候変動について知れば知るほど、こうした気づきは強まる一方であった。今日の不安定な状況の半分は、地球の運命に由来している。人間が引きおこす攪乱のうち、いかなるものであれば、わたしたちは我慢して受容することができるのか？　巷ではさかんに持続可能性が議論されているにもかかわらず、人間をふくめた多種の子孫たちが生きていける環境を残せる見込みは、どれほどあるというのだろうか？

広島の原爆は、不安定な様の、もう一方の扉をも開けてしまった。戦後におこなわれた開発の驚くべき矛盾を曝けだしたのである。戦後、米国の軍事力に支えられた近代化という約束は、輝いているように見えた。だれもが利益を享受できるはずであった。進むべき未来の方向はわかっていた。しかし、それは現在でもそうなのか？　一方で、世界中のどこであろうとも、もはや戦後の開発の仕組みが作りあげたグローバルな政治経済の影響をうけない無傷な場所など、もはや存在していない。他方では、開発という約束がいまだ魅了しているとはいえ、わたしたちは、その手段を失ってしまったかのようである。共産主義者も資本主義者も、近代化によって世界は仕事で満たされるはずだと考えたものだ。しかも、仕事なら何でもよいというのではなく、安定した賃金と手当が保証された「標準的な雇用」である。しかし、現在、そのような仕事はきわめて稀である。ほとんどの人びとは不規則な生計に依存している。われわれの時代の皮肉は、みなが資本主義にどっぷりと浸かっているにもかかわらず、かつて「正規職」と呼んだものにほとんどだれもがありついていないことにある。

不安定であることを受容して生きていくには、そのような目にあわせる人びとをののしるだけでは十分ではない（そうした行為も有意義であろうし、そのこと自体にわたしは異議を唱えるつもりはない）。あたりを見渡してみれば、このあらたな不思議な世界に気づくはずだ。想像力を働かせさえすれば、その輪郭をとらえることはできる。いまこそ、マツタケの出番である。荒れ果てた土地を好んで生きるマツタケが、瓦解への探検をいざなってくれる。そうした瓦解は、すでにわたしたちみなが暮らす環境なのである。

マツタケは野生のキノコで、人間が攪乱した森林に発生する。ネズミやアライグマ、ゴキブリのように、ある程度であれば、人間がほどこした攪乱に対しても耐えることができる。しかもマツタケは有害ではない。それどころか、少なくとも日本では貴重なグルメ食材である。日本で珍重されるため、マツタケは世界でもっとも高価なキノコとなっている。マツタケは樹木を養う能力を有しており、そのためにやっかいな場所でも森林が育つのを手助けすることができる。マツタケに着目すれば、攪乱された環境下で共存する可能性について思考することができる。だからといって、さらに環境に負荷をかけうることを擁護しようというのではない。マツタケは、ひとつの共生存のあり方を提示してくれる。

マツタケは、グローバルな政治経済に空いた隙間をも照らしてくれる。過去三〇年ものあいだ、マツタケは北半球の森林で渉猟され、新鮮な状態で日本へ輸送されてきたグローバルな商材である。多くのマツタケ狩りたちは、強制的に退去させられたり、公民権を剝奪されたりした文化的少数派の人びとである。たとえば、太平洋に面した米国北西部でマツタケを狩って暮らす人のほとんどは、ラオスとカンボジアからの難民である。どこで採取されようとも、マツタケが渉猟者たちの生計をしっかりと支え、かれらの文化復興さえも担っているのは、高価ゆえのことである。

しかし、マツタケ・ビジネスは、二〇世紀的な発展という夢からほどとおい状況にある。わたしがインタビューしたマツタケ狩りのほとんどは、住むところや職などを失った辛い経験があった。職業としてマツタケを狩ることは、ほかにこれといって生計を立てる手段がない人びとにとって、何とか食べていく手段としてはまだましな方である。しかし、いったいこれは、いかなる経済なのか？　マツタケ狩りはみずからの意志で狩っている。会社に雇われているわけではない。当然、賃金も手当もない。マツタケ狩りは、単に自分が発見したマツタケを売るだけである。マツタケが不作の年もある。そうなればマツタケ狩りには支出だけが残される。商業目的に野生キノコを採取することは、保障のない不安定な生計の好事例である。

本書では、マツタケの取引と生態を通じて、こうした不安定な生計と環境についての物語をとりあげる。それぞれの事例において、わたし自身がパッチワークのなかにとりこまれていることに気づかされる。それは、モザイク状に無制限に広がり絡まりあう生きざまのアッセンブリッジ〔寄りあつまり〕であり、さらなる時間的リズム（temporal rhythms）と空間的円弧（spatial arcs）のモザイクに対しても開かれている。今日の不安定性が地球規模の状況だととらえることによってはじめて、わたしたちは、このこと――わたしたちの世界の現実――に気づくことができる。成長を前提とした分析を当局がもとめるかぎり、空間と時間が不均質である現状に専門家が目を向けることはない。たとえ一般の人びとには自明のことであろうとも、である。不均質であることの理論は、まだ発展の初期段階にある。わたしたちがおかれている状況にまつわる断片的な予測不可能性を適切に評価するためには、いまいちど想像力を覚醒させる必要がある。本書の目的は、マツタケとともに、その過程を手助けすることだ。

商業について。現代の商取引は、資本主義の持つ制約と可能性のなかで営まれている。それでもマルクスの足跡を辿りながら、二〇世紀の資本主義学徒たちは、進歩を内在化し、ただひとつの趨勢とみなし、それ以外のことを無視してしまった。本書では、深刻な影響をもたらすこの前提に依拠せずに、いかにしたら資本主義を学ぶことができるのかを提示したい。そのためには、不安定な様に関心をはらいながら、注意深く世界に目を向け、いかにして富が蓄積されていくのかを問うていかねばならない。進歩を前提としない資本主義とは、いかなるものなのか？　それは継ぎはぎだらけに見えるかもしれない。**それでも富の集中は可能である。なぜならば、想定外のパッチで生産された価値を資本に充当してしまうからである。**

生態学について。人間による自然の支配を進歩だと仮定するヒューマニスト〔人文主義者〕は、自然をロマンに満ちた反近代的空間とみなしてきた。[4] しかし、二〇世紀の科学者は、進歩を無意識のうちに景観研究を枠にはめこんでしまった。集団生物学の形成においては、いつのまにか拡大が前提となっていた。しかし、生態学の進展により、種間の相互行為と攪乱の歴史を取りいれた、まったく異なる発想が可能となった。今日のようにあまり多くを期待できない時代において、**攪乱にもとづいた生態学を模索してみるのもよい。そうした環境下では、多くの生物たちが、調和も征服もせずに、ともに生活している。**

経済学を生態学に、また生態学を経済学に還元することを拒みたい。とはいえ、経済と環境には、ひとつの関係性が存在している。このことは重要なので、すなおに紹介しておくべきであろう。人類による富の蓄積の歴史は、人間も人間でないものも、すべてを投資すべき資源としたことにもとめることができる。この歴史は、投資家たちを魅了し、人間と物の両方を疎外しつくしてしまった。疎外とは、つまり、生活のなかで生じる絡まりあいなどまるで気にしないかのように、独立していられることである。[5] 疎外を通じて、人間と物は動産化される。それらは距離に抗《あらが》う移動手段によって、みずからの生活世界から隔離されてしまい、どこかの生活世界の資産と交換されてしまう。[6] このことは、食べることと、食べられることのように、単にほかの物を生活世界の一部として利用することとは異なっている。たとえば、食うか食われるかの関係の場合、マルチスピーシーズ〔複数種〕(multispecies)が生活する空間は、その場にとどまったままである。疎外は生きる場での絡まりあいを必要としない。疎外が目指すのは、独立したひとつの資産だけが考慮されるように景観を変えていくことである。** それ以外はすべて、雑草かゴミとみなされてしまう。その場における絡まりあいにくわわることは、非能率的であるように思われるし、おそらくは時代遅れなものなのであろう。したがって、単一の資産がもはや生産されないともなると、その場は見捨てられてしまう。木は伐り倒され、石油は枯渇してしまい、もはやプランテーションの土壌は作物を養えないようになる。富の模索がどこかで再開されていく。このように疎外をもとめて単純化していけば、瓦解が生みだされていく。それは、ひとつの資産を生みだすために空間を放棄していくことなのである。

グローバルな景観というものは、今日、この種の瓦解が蔓延している(まき散らされている)。一旦は死の宣告をうけたにもかかわらず、これらの場のなかには生命にあふれている場所もある。見捨てられた富の場から、あらたなマルチスピーシーズと多文化的な生命が生みだされることがあるからだ。全球的《グローバル》に不安定に覆われている状況下にあっては、こうした廃墟における生活を模索していく以外に選択肢は残されていない。

わたしたちの最初の一歩は、好奇心を復活させることである。単純化された進歩という語りに邪魔されることなく、パッチの結び目と生命力を探索してみよう。まずはマツタケからはじめよう。学べば学ぶほど、驚かされるばかりである。

本書は日本についてのものではない。しかし、読者は日本におけるマツタケが何たるかを知らねばならない。[7] マツタケは八世紀に編まれた『万葉集』に登場する。プロローグ冒頭の短歌がそれだ。当時、すでにマツタケは、その秋を彩る香りが礼賛されていた。マツタケは奈良や京都の周辺で認知されていた。そのあたりでは、寺を建てたり、鍛冶炉を燃やしたりするために伐採がおこなわれた。実際、日本では、人びとが森を攪乱することがマツタケ（*Tricholoma matsutake*）の発生につながった。もっとも一般的な宿主樹木《ホストツリー》はアカマツ（*Pinus densiflora*）であるが、それはアカマツが伐採後の陽当たりがよく、あらわとなった無機質土壌を好んで発芽するからである。攪乱されることなく、日本の森林がもとの状態に戻るとしたら、広葉樹がマツを覆ってしまい、マツの生育はさまたげられるであろう。

日本列島中の森林が荒らされたためにアカマツが広がり、マツタケが高価な贈り物となり、丁寧にシダを敷いた箱に詰められるまでになった。マツタケを贈られた貴族たちは敬われていると感じたものだ。江戸時代（一六〇三－一八六八）には、商人のような裕福な町人たちも、マツタケを楽しむようになった。マツタケは秋の到来を告げるものとして四季を祝う存在となった。秋にマツタケを摘みに出かけることが、春の花見と同格のものとなった。マツタケは好んで謳われた。

入《い》り相《あひ》の鐘の音ひびく杉むらの下道ふかくかをる秋の香

橘曙覧《あけみ》（一八一二－一八六八）[8]

自然を謳ったほかの詩歌と同様、季節に言及することは雰囲気づくりに役立った。マツタケは、シカの鳴き声や中秋の名月のような、古くから知られる秋のしるべにくわわった。きたるべき冬の不毛な気配が秋に触れると、どことなくもの悲しく、ノスタルジーが感じられるようになる。そんな雰囲気を右の歌は醸している。マツタケは上流階級の楽しみであった。巧みに自然を再構成した環境に住み、上品な趣味を味わう特権階級たる証《あかし》であった。[9] こうした理由から、上流階級の人びとがマツタケ狩りに出かける前準備として、村人たちがマツタケを植えたりしても（たとえば、マツタケがないからといってマツタケを土中に埋めたりした）、文句をいう者はいなかった。詩歌だけではなく、茶会から舞台にいたるまですべての芸能において、マツタケは季節感をあらわす、理想の要素となった。

行く雲は途中で消ゆる菌《きのこ》の香
永田耕衣（一九〇〇－一九九七）[10]

江戸時代は明治維新によって終わりを告げ、日本の急激な近代化がはじまった。間髪いれず森林伐採が進行し、マツとマツタケに恩恵を与えることになった。京都では、マツタケが「キノコ」の一般名称ともなった。二〇世紀初頭、たしかにマツタケはありふれていた。しかし、一九五〇年代なかばから状況は変化しはじめた。里山は建材用プランテーションに転換されていったし、郊外の開発のために整備され、人びとが都市へ移住するにつれて放棄されていった。化石燃料が薪と炭にとってかわった。里人はもはや林を利用する必要がなくなり、林には広葉樹が密生するようになった。かつてマツタケに覆われていた丘陵地の斜面は、マツにとっては暗すぎるようになった。日陰になり弱ったマツは外来種である線虫〔松くい虫〕によって枯らされた。一九七〇年代なかばまでには、マツタケは日本各地で珍しい存在となっていた。

この時期こそが日本の高度成長期であり、マツタケは非常に高価な贈答品や役人へのつけ届け、政治家への賄賂としての需要が大きくなった。マツタケの価格はうなぎのぼりに上昇した。マツタケが世界のほかの地域でも育つという情報が、突如として意味を持ちはじめた。日本人旅行者や海外在留邦人たちが、マツタケを日本に送るようになった。輸入業者が出現し、マツタケ貿易がはじまると、日本人以外の摘み手が群がった。初期にはマツタケと思われるたくさんの色と種類があるように思われた——なぜなら、それらは香りを持っていたからである。それまで無視されてきた北半球のマツタケ類が脚光をあびるようになると、途端にマツタケの分類がこまかくなった。だが、過去二〇年間に分類は統一されてきた。ユーラシア大陸をとおして、ほとんどのマツタケ類は、いまやキシメジ属の *Tricholoma matsutake* である。[11] 北アメリカでは、マツタケは、東海岸とメキシコの山間部のみで発見されるようである。北アメリカ西部のマツタケは、別種のアメリカマツタケ（*T. magnivelare*）だと目されている。[12] しかし、科学者のなかには、一般名称としてのマツタケに、一連の芳香性キノコの全体を代表させるのがよいとする意見もある。というのも、種分化のダイナミズムが十分に解明されていないからである。[13] 種の分類自体を議論する箇所をのぞき、わたしはその慣習にしたがうつもりだ。

世界中のマツタケに序列をつける基準を日本人が確立すると、その優劣は価格に反映されるようになった。ある日本人の輸入商が説明してくれたように、その順位づけに目から鱗の思いだった。曰く「マツタケは人間と一緒です。アメリカのマツタケが白いのは白人だからです。中国のマツタケは黒いんですが、それは中国人が黒いからです。日本人と日本のマツタケは、ちょうどその中間です」。もちろん、みながおなじ順位づけにしたがっているわけではない。だが、この事例は、たくさんの分類と評価からなるグローバルなマツタケ貿易の構造を代弁してもいる。

その一方で、人びとは里山の消失に懸念を抱いている。春の花にはじまり秋の落葉まで、里山は季節の美しさの源泉である。一九七〇年代から、ボランティアたちが、里山の再生に取りくんできた。単に里山に美しさを取りもどすだけではなく、修復された里山が生活を豊かにする方法を模索してきた。高価格で取引されるマツタケは、里山再生運動にとって、理想的なアイコンとなった。

不安定と過酷な状況に生きることに立ちかえろう。日本の美学と生態史だけではなく、国際関係と資本主義によって、生活は、より波瀾万丈になっているかのようだ。これが本書の内容である。さしあたっては、マツタケを味わうことが重要だ。

茸狩や見つけぬ先のおもしろさ
山口素堂（一六四二－一七一六）[14]

題辞　井上美弥子が感情に訴えるとともに原文に忠実に翻訳してくれた。

1　Sveta Yamin-Pasternak, “How the devils went deaf: Ethnomycology, cuisine, and perception of landscape in the Russian far north”（PhD diss., University of Alaska, Fairbanks, 2007）.

2　*Desert*（Stac an Armin Press, 2011）, 6, 78.

3　この話を中国のマツタケ商人から教えてもらったとき、わたしは都市伝説だと考えていた。しかし、わたし自身は未見なものの、一九九〇年代に日本で勉強した科学者が、この記事を新聞で目にしたという。原爆が投下された八月は、マツタケが傘をつけはじめる時期に対応している。それらのマツタケが、いかほどの放射能をふくんでいたかは、現在にいたるまで謎である。ある日本人科学者が語るところによれば、かれが広島産マツタケにふくまれる放射線量について調べようとしたところ、当局から、首を突っこむなと忠告された、とのことである。米国が投下した原爆は上空五〇〇メートル以上の高度で爆発した。公式見解では、放射線は風に乗って運ばれ、地元はほとんど汚染されなかったことになっている。

4　本書は、「人文主義者」(humanist) という用語を、人文学と社会科学の訓練をうけた人を意図してもちいている。自然科学と対比して使用したもので、C・P・スノーが「ふたつの文化」と呼んだことを、いま一度、喚起されたい〔チャールズ・P・スノー『二つの文化と科学革命』(松井巻之助訳、みすず書房、二〇一一年)〕。人文主義者のなかには、「ポスト人文主義者」(posthumanists) と自称する人びともふくまれる。

5　マルクスは「疎外」を、労働者をほかの労働者と区別するだけではなく、自身が生産する商品の、生産過程と生産物から労働者が隔離される意味でも使用している〔カール・マルクス『経済学・哲学草稿』(長谷川宏訳、光文社古典新訳文庫、二〇一〇年)〕。わたしは、この用語を拡大解釈し、人間のみならず非人間も、それぞれの生計過程から乖離される意味で使用している。

6　疎外は、二〇世紀の国家が主導した産業社会主義に本質的に備わっているものでもあった。とはいえ、ますます時代遅れのものとなっているので、ここでは論じない。

7　本節は、岡村稔久の『まつたけの文化誌』(山と溪谷社、二〇〇五年) から引用している。志村房子が同書を英訳してくれた。日本文化におけるキノコについては、R. Gordon Wasson, "Mushrooms and Japanese culture," *Transactions of the Asiatic Society of Japan* 11 (1973) : 5–25、根田仁『きのこ博物館』(八坂書房、二〇〇三年) も参照のこと。

8　岡村の『まつたけの文化誌』、五五頁からの引用 (志村房子と井上美弥子による英訳)。

9　白根治夫は、これを「第二の自然」と呼んでいる (Haruo Shirane, *Japan and the culture of the four seasons: Nature, literature, and the arts*, New York: Columbia University Press, 2012)。

10　岡村『まつたけの文化誌』、九八頁 (志村房子と井上美弥子による英訳)。

11 ヨーロッパ南部と北アフリカの（マツタケと称して売られている）*Tricholoma caligatum* が同一種であるかは、今後、解決されるべき課題である。両者が異なる種であることを支持する論考としては、I. Kytövuori, “The *Tricholoma caligatum* group in Europe and North Africa,” *Karstenia* 28, no. 2 (1988): 65–77 を参照のこと。アメリカ北西部の *T. caligatum* は、まったくの別種であるが、おなじくマツタケとして販売されている（Ra Lim, Alison Fischer, Mary Berbee, and Shannon M. Berch, “Is the booted tricholoma in British Columbia really Japanese matsutake?” *BC Journal of Ecosystems and Management* 3, no. 1 (2003): 61–67）。

12 アメリカマツタケ（*Tricholoma magnivelare*）の基準標本は、米国東部のものであり、今後、マツタケ（*T. matsutake*）とされる可能性もある（二〇〇七年におこなったデイヴィッド・アローラとの会話）。なお、米国北西部のマツタケには、将来的に別の学名が必要となるであろう。

13 最近の分類に関する研究については、つぎを参照のこと。Hitoshi **M**urata, Yuko **O**ta, Muneyoshi **Y**maguchi, Akiyoshi **Y**amada, Shinichiro **K**atahata, Yuichiro **O**tsuka, Katsuhiko **B**abasaki, and Hitoshi **N**eda, “Mobile DNA distributions refine the phylogeny of ‘matsutake’ mushrooms, *Tricholoma* sect. Caligata,” *Mycorrhiza* 23, no. 6 (2013): 447–461. また、マツタケ類の多様性に関する科学者の見解については、第17章を参照のこと。

14 岡村『まつたけの文化誌』、一七三頁（志村房子と井上美弥子による英訳）。

* 岡村稔久『まつたけの文化誌』によれば、この「芳《か》を詠《よ》む」と題した歌は『万葉集』の巻十に収められており、同書には、つぎのような漢文と解釈が付されている（八－九頁）。

詠芳　高松之此峰尓笠立而盈盛有秋香乃吉者（高円山《たかまどやま》のこの峯も狭いほどに笠を立てて、いっぱいに満ちている秋の茸の香りの、なんといいことよ）

** 本書のキーワードのひとつであるアッセンブリッジ〔寄りあつまり〕をはじめ、本書には著者が生態学から借用した概念が少なくない。ここでいう景観（landscape）も、生態学における分析単位を指す術語である。以下、宮下直と野田隆史による『群集生態学』（東京大学出版会、二〇〇三年）にしたがい、生態学における分析単位について略述する。個体レベル以上の現象を扱う生態学の最小単位は個体（individual）であり、その上位の分析単位には、個体群（population）、群集（community）、生態系（ecosystem）、景観（landscape）がある。個体群は、ある空間内に存在する同一種の個体の集団であり、個体群内の個体は相互作用しあっているか、潜在的に相互作用しうる状態にある。ここでいう相互作用とは、たがいに交配したり、餌や住処《すみか》をめぐって競争したりすることを指す。群集は、さまざまな種からなる個体群の集合体で、各個体群はおたがいに影響しあっている場合が多い。個体群間の相互作用には、餌をめぐる競争や「食う－食われる」の関係のほかに、生物が生息環境を改変することによって生じる他種への影響などもふくまれる。生態系は群集とそれが成立している場所の栄養塩や水、デトリタス（落葉落枝、動物遺体、排泄物）などの非生物的環境をあわせたものである。景観は物質や生物の移動がある複数の生態系の集合体である（『群集生態学』一－二頁、傍点引用者）。本書における景観には、通常の意味での景色や風景にくわえ、こうした生態学における空間概念を含意していることに留意されたい。

魔法の時間、雲南。ボスの賭け事を観戦する。

第一部　残されたもの

まだ明るさの残る夕暮れだった。何の用意もないままに、見知らぬ森で道に迷ってしまったのだ。マツタケとマツタケ狩りたちをもとめて、はじめてオレゴンのカスケード山脈を訪問したときのことだった。マツタケ狩りたちのために林野局が設けた「ビッグキャンプ」を見つけたのは、その日の午後の早い時間であった。当然ながら、マツタケ狩りたちは出はらっていた。かれらが戻ってくるのを待つあいだ、自分もマツタケを探してみようと思ったのがまずかった。

　これほど見込みがなさそうに思える森もないと思われた。地面は乾燥していて岩だらけで、ひょろっとしたロッジポールマツしか育っていない。地表には植物など、ほとんど生えていなかった。草さえもだ。土を触ろうとすると、軽石の破片で指を怪我する始末であった。それでも、時間が経過するとともに、くすんだ褐色のキノコを一、二個発見することができた。オレンジ色の斑点が際立つ、ざらついた香りのするものだった。[1] しかし、それだけだった。さらに悪いことには、方向感覚を失ってしまっていた。どっちを向いても、森はおなじように見えた。どっちの方向に車を停めたのかもわからなかった。ちょっとだけそこにいるつもりだったので、なにも持ちあわせていなかった。そのうち喉は渇くし、お腹はすくし、寒くもなるにちがいない。

あたりをうろついていると、土埃のする道に出た。とはいえ、どっちに行くべきなのか？　とぼとぼ歩いているうちに、どんどん太陽は低くなっていった。一マイルも歩かないうちに、ピックアップ型のトラックが止まってくれた。快活な顔つきの青年と皺だらけの老人が乗っていた。青年はカオと名乗ってくれた。おじだという老人とかれは、ともにラオスの山地に住むミエン人で、一九八〇年代にタイの難民キャンプから米国へやってきたという。現在、ふたりはカリフォルニア州サクラメントで近所に暮らしていて、一緒にマツタケ狩りにきているらしい。ふたりがキャンプ地まで連れていってくれた。カオはプラスチック製の容器を車に載せて、貯水槽まで水を汲みにいった。老人は英語を理解しなかったが、わたしと同様、中国語を少しばかりできることがわかった。ぎこちない会話を交わしているうちに、老人は塩ビパイプ製の管を取りだし、タバコに火をつけた。

カオが水を汲んで帰ってきたときには、すでに薄暗くなっていた。それでもカオは、近くにマツタケがあるからと、マツタケ狩りに誘ってくれた。闇が深まっていくなか、岩がちな斜面を這いあがっていった。たしかにキャンプから、それほど遠くはなかった。わたしには、ばらけた土とやせこけたマツ以外は、なにも見えなかった。ところが、カオはというと、バケツと棒を持って、ただの地面を掘りかえし、太ったボタン状のものを掘りだした。どうしたら、こんな芸当ができるのか？　そこにはなにもなかったはずだ。だが、そこには存在していたのだ。

カオがマツタケを手渡してくれた。はじめてマツタケの香りを体験した瞬間である。わかりやすい香りではなかった。花のようでもないし、涎《よだれ》が出そうな食べもののようでもない。それを腐敗しつつあるものにたとえる人もいれば、すっきりした美しさ――秋の香りになぞらえる人もいる。はじめて嗅いだかぎりでは、とにかくびっくりするばかりであった。

わたしが驚いたのは、香りだけではなかった。ミエン人と日本人が好むグルメなキノコとわたしは、この荒廃したオレゴンの商業林で、いったいなにをしているのだろう？　長らく米国に暮らしてきたが、これらのことをなにひとつ知る機会などなかった。ミエン人のキャンプは、かつて東南アジアでおこなったフィールドワークを思いださせてくれた。マツタケは日本人が愛でるものと日本の食文化に関する興味をくすぐってくれた。それとは対照的に破滅した森林は、SFに登場する悪夢のように感じられた。わたしの不完全な常識では、不思議でまのぬけた、場違いな状態にあるかのようだった。まるで、お伽噺のなかから飛びだしてきたかのようだった。わたしは驚かされ、好奇心をそそられた。探究せずにはいられなかった。この本は、わたしが体験した驚愕へとあなたを引きこもうとしている。

1　キノコ好きのためにいうと、このキノコは *Tricholoma focale*（和名なし）である。

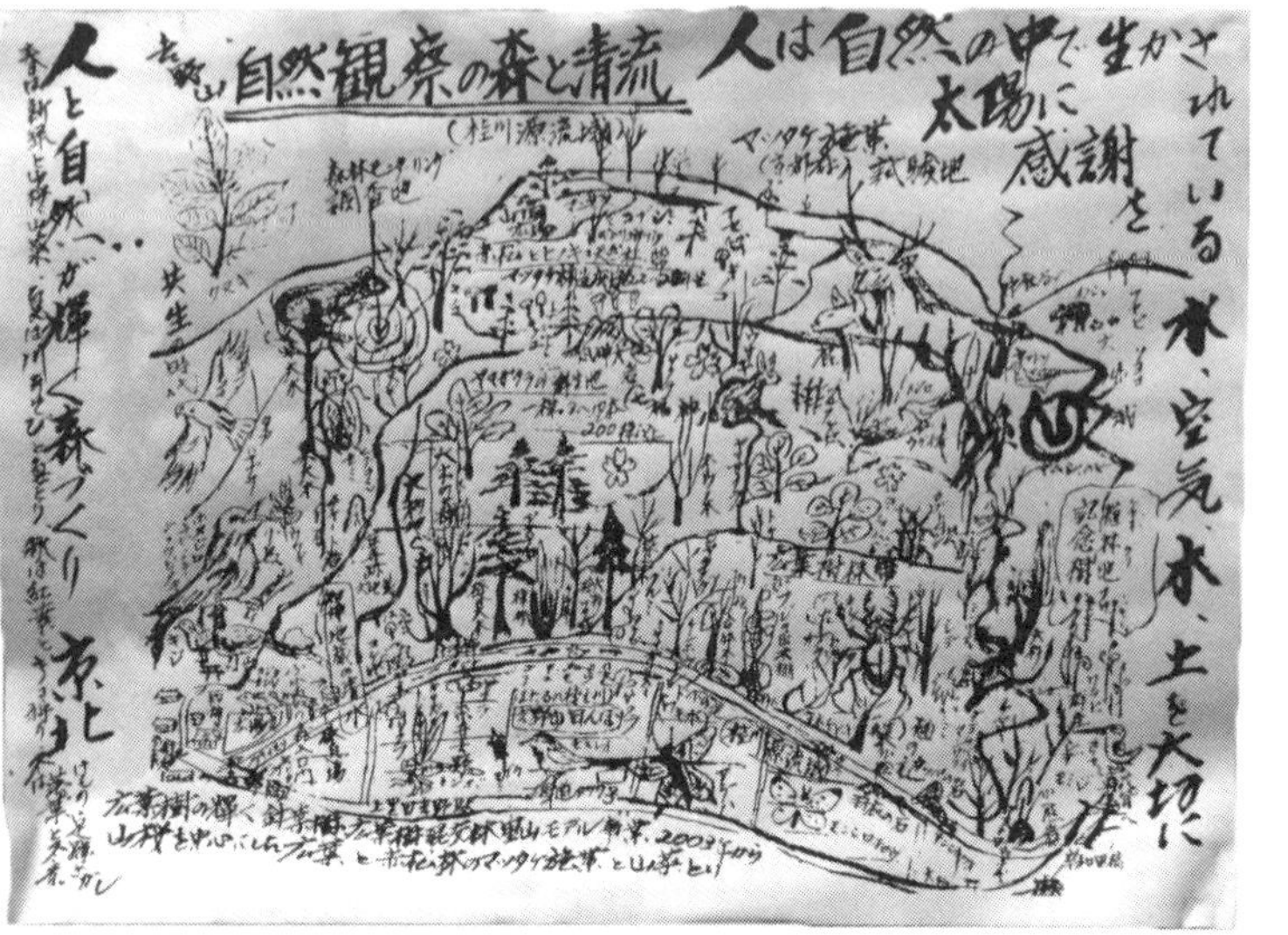
自然観察の森と清流
（桂川源流域）
人は自然の中で生かされている
太陽に感謝を
森、空気、水、土を大切に
人と自然が輝く森づくり

魔法の時間、京都。里山をふたたび活性化しようとしている井本寿一氏の絵図。これはかれが所有するマツタケ山である。タイムマシーンに乗って、さまざまな季節と歴史と夢を散策している。

1 気づく術

わたしは石器時代に戻ることを提唱しているのではありません。わたしの意図は反動的でも、保守的でさえありません。ただ打倒を目指しているのです。ユートピア的想像力は資本主義や産業主義や人口と同様、ただ成長のみから成り立つ一方通行の未来に閉じこめられてしまっているように思われます。わたしがやってみようとしているのは、豚に様々な道を追跡させる方法を見出すことだけです。

——アーシュラ・K・ル＝グウィン

一九〇八年から一九〇九年にかけて、鉄道会社二社が、競いながらオレゴン州のデシューツ川に沿って線路を敷設していた[1]。カスケード山脈東部にそびえ立つポンデローサマツを商業利用できるように、ポートランドの貯木場へ運ぼうというのであった。一九一〇年、しのぎを削っていた両社は共同経営に辿りついた。同地域で産出するマツの丸太は遠隔地の市場へ向けられた。製材所はあらたな移民をひきつけた。製材関係者がふえるにつれて、街々が誕生していった。一九三〇年代には、オレゴン州は国内最大の木材生産地となっていた。

これはわたしたちが知っている物語である。開拓者の物語であり、「空っぽ」だった空間が産業的に見込みある資源の源泉へと変容した物語である。

一九八九年、オレゴンの無蓋貨車にプラスチック製のニシアメリカフクロウの張りぼてが吊された[2]。環境主義者たちは非持続的な伐採が、太平洋岸北西部の森林を破壊していると抗議した。「ニシアメリカフクロウは、炭鉱におけるカナリアのような存在」であり、「いまにも崩壊の危機にある生態系の象徴」なのだという[3]。天然林での伐採を禁止し、フクロウの住処《すみか》を守ることを連邦裁判所の裁判官が命じると、伐採者たちは激怒した。しかし、どれほどの伐採者たちがいたというのだろうか？　木材会社が機械化を進めるにつれ、また優良な木材が消えていくにつれ、次第に伐採の仕事は減少していった。一九八九年までには、多くの製材所はすでに閉鎖され、木材会社もほかの地域へ移動してしまっていた[4]。カスケード山脈東部は、かつては木材がもたらす富の中心であったとはいえ、いまや森は跡形もなく、かつて製材所で賑わった街々は藪に覆われていた。

これは知っておくべき物語である。産業の転換がおこると、未来についての明るい展望が泡沫にすぎないことがわかるばかりか、そのあとには崩壊しきった生計と損害をうけた景観が残されるだけである。しかも、まだ、そうした記録は不十分なままである。もし、物語が瓦解で終わってしまうのであれば、すべての希望は捨てされねばならない。だが、兆候と瓦解の別の面に目を向けてみれば、また別の物語が見えてくる。

傷ついた景観は、産業的な期待と瓦解を越えて、なにを創発しうるのであろうか？　一九八九年、オレゴンの伐採跡地には、すでになにかが蠢《うごめ》いていた。野生キノコの商業取引である。それは、その端緒から世界規模の瓦解とつながっていた。一九八六年のチェルノブイリの原発事故によってヨーロッパのキノコが汚染されたため、キノコをもとめて商人が太平洋岸北西部にやってきたのである。日本がマツタケを高価格で輸入するようになると――おりしも無職のインドシナ難民たちがカリフォルニアに定着しようとしていた時期でもあった――、市場は狂乱した。何千もの人びとが太平洋岸北西部の森に押しかけ、あらたな「白い黄金」を探しはじめたのだ。ちょうど森林をめぐる「仕事か、環境か」論争の最中のことであったが、どちらの陣営もマツタケ狩りの存在には気づいていなかった。仕事の重要性を訴える人びとは、健康な白人男性が請け負う仕事だけを念頭においていた。しかし、森林を渉猟する人びとは障害を負った白人帰還兵か、そうでなければアジアからの難民、アメリカ先住民、入国書類を持っていないラテンアメリカ人たちであった。そうした人びとは不可視の違法侵入者にすぎなかった。環境保護論者たちは、人間による攪乱を森林から排除するために闘っていた。もし何千もの人びとが森に入っていることが知られていたとすれば、そうした人びとが歓迎されたとは思えない。マツタケ狩りたちは、そのほとんどが気づかれずにいた。多くの場合、アジア人の存在それ自体が、地域の人びとに侵入の懸念を抱かせた。ジャーナリストたちは暴力を危惧した。(5)

世紀があらたまって二、三年もたつと、「仕事と環境」のどちらを取るかという発想自体が、説得力を失った。森の保全がなされようとなされまいと、米国には二〇世紀的な意味での職など、ほとんど存在しなくなっていたからである。そのほかにも環境への損害は、仕事を持っていようと、いないとにかかわらず、わたしたちみなを滅ぼしてしまうようにも思われた。わたしたちは、このような経済的にも環境的にも瓦解している状況にもかかわらず、生きなくてはならないという難題を負わされている。進歩の物語も破壊の物語も、そのいずれも、ともに生き残ることについて、いかに思考すべきかについて教えてくれはしない。いまこそマツタケを採取する人びとに注意をはらうべきときである。もちろん、そのことによってわたしたちが救われるわけではない。それでも、わたしたちの想像力を拓いてくれるはずである。

地質学者は現代を人新世《アントロポセン》（Anthropocene）と呼びはじめている。人類による攪乱が、ほかの地質学的な影響力を凌駕した時代という意味である。このことばはまだ新しく、現在、知りえていることとは矛盾しているものの、将来的に期待できそうな希望もこめられている。したがって、その名称が人類の勝利を含意しているとみなす人がいる一方で、より的確に解釈している人もいる。計画と意志がなければ、人類はみずからの惑星を滅茶苦茶にしてしまうというのだ。[6]「人類の」（anthropo-）という接頭辞にもかかわらず、混乱は、わたしたち人類の生物学的な属性に起因するものではない。もっとも説得力のある人新世の開始時期は、人類の出現にあるのではなく、むしろ近代資本主義の到来を契機とするというものである。近代資本主義こそが、広範囲にわたる景観と環境の破壊へと導いたというわけである。この時間の流れによって、「人類の」

という接頭辞は、より複雑なものとなる。資本主義が勃興して以来の人類を想起することによって、進歩という概念と疎外するための技術の拡散とが絡まりあってしまい、そのことによって人間もそのほかの生物も、どちらもが資源化されてしまうからである。そのような技術は、人間と管理される存在とを分離する。その結果、ともに生き残ることは覆い隠されてしまう。人新世という概念は、希望の束を喚起し――ときにそれは現代人の思いあがりとも呼ばれるが――、同時にそれを何とか切りぬけようという意欲をも奮いおこさせる。わたしたちはこうした体制のなかで生き、はてはそれを超越することができるのだろうか？

マツタケとその採取者について記述しようとするのを阻むのは、こうした苦難である。現代人の思いあがりによって、記述は単なる装飾的な脚注に陥ってしまう。「人類の」という接頭辞が、断片的な景観と複数の時間性、人間と人間以外の移ろいゆくアッセンブリッジ〔寄りあつまり〕からわたしたちの意識をそらせてしまうのだ。マツタケ採取を価値ある物語にするために、この接頭辞を的確な文脈に位置づけ、それが認めようとしない領域にまで踏みこんでいかねばならない。

なにが残されるかについて考えてみよう。国家と資本主義が自然景観をどれほど惨憺たるものにしたかを考えれば、なぜ、そうした計画から漏れたものが、いまも生き残っているか、訊いてみたくなる。この問いに取りくむためには、曖昧な境界に注目する必要がある。なにがミエン人とマツタケをオレゴンで引きあわせたのであろうか？　そのような些末な問いが、すべてをひっくり返し、周辺にあったはずの予期せぬ出会いが、ものごとの中心となるように仕向けたりもする。

わたしたちは毎日、不安定にまつわるニュースを耳にする。人びとは仕事を失い、仕事にありつけないことに憤っている。ゴリラもカワイルカも絶滅の危機をさまよっている。海面上昇が太平洋の島じまを水浸しにしている。ところが、ほとんどの場合、わたしたちはそのような不安定な様を、現実世界における例外だと決めてかかっている。それは、システムから「脱落」してしまったものだというのである。だが、もし、本書が提案するように不安定性が現代社会の現実だとしたら、どうなるであろうか？　別の言い方をしてみよう。もし、わたしたちの時代が不安定な様を感じるに熟したものだとしたら、どうだろう？　もし、不安定性や不確定性、取るに足らないものと考えるものが、わたしたちが追求するシステムの中核であるとしたら、どうであろう？

不安定であることとは、ほかのものから影響をうけやすい状態である。予期せぬ出会いによって、わたしたちは一変させられてしまう。わたしたちは管理されえないし、自分たちをも管理しえない。コミュニティが擁する安定した構造に依存することができず、推移しつづけるアッセンブリッジへ投げだされてしまう。そこでは他者だけでなく、自分も作りなおされることになる。現状に依存することはできない。わたしたちの生き残る能力もふくめて、すべては流動的である。不安定性を通じて思考すれば、社会分析は変化せざるをえない。不安定な世界は目的論のない世界である。いつ、なにがおこるかわからないという不確定性は恐ろしいものである。しかし、不安定な状態をとおして考えれば、不確定性もまた、生を可能たらしめるものであることがわかる。

すべてが奇妙に聞こえるとしたら、それはわたしたちのほとんどが、近代化と進歩という夢のもとで育てられてきたためである。これらの枠組みは、未来へとつながる可能性のある現在の一部分だけを選別し、残りは些細なものとされ、結果として歴史から「落ちこぼれ」てしまう。あなたは反論するにちがいない。「進歩だって？　そんなのは一九世紀からある考え方じゃないか」と。しかし、「進歩」ということばが一般的な状態を指すとはいえ、すでに珍しいものになってしまっている。二〇世紀における近代化でさえもが、廃れたものに感じられはじめている。もちろん、そうした進歩についての基本的な概念は、どこにでもあるものだ。民主主義や成長、科学、希望など、わたしたちは、日々、進歩する対象を思いうかべている。なぜ、経済が成長し、科学が前進することを期待するのだろうか？　発展との関連性は明示されていないものの、歴史理論は、こうした進歩や発展という概念に密接に関係している。わたしたち個人の夢も同様である。口にするのも憚《はばか》れることだが、共有されたハッピーエンドなど、もはや存在しない。それなら、なぜ、朝、わざわざ起きるのであろうか？

進歩は、人間が定義し、広く受容されている仮定に埋めこまれている。「摂理」や「意識」、「概念」といった用語にすり換えられたとしても、繰りかえし、人類はほかの生物とは異なっていると教えこまれる。わたしたちは将来を見通すことができるが、ほかの種はその日暮らしで、わたしたちに依存しているからである、と。進歩を通じて人間が形成されると想像するかぎり、人間以外の存在は、この仮想の枠組みのなかに押しとどめられたままである。

進歩は前進する歩みである。ほかの種類の時間を無理矢理にそのリズムに引きこむことだ。その駆動力あふれる拍子から一歩退いてみれば、ほかの時間のパターンに気づくことができるかもしれない。生きるものはそれぞれ、季節ごとの成長、繁殖、地理的移動を通じて、世界を作りなおしている。いかなる種であっても、複数の時間制作プロジェクトが存在し、生物がたがいに協力しあい、協働して景観を作っている（カスケード山脈の森林の更新や広島の放射線生態学は、それぞれマルチスピーシーズ〔複数種〕的な時間制作の事例を示している）。わたしの関心は、こうした複数の時間性に取りくむことによって、記述と想像力を再活性化することにある。そうした世界は、それ自体のカテゴリーを創造していくという、単なる経験主義ではない。そうではなく、どこに向かおうとしているかはわからないなりに、これまで進歩の時間の流れにそぐわないからといって無視されてきたことを探究してみようではないか。

本章の冒頭でふれたオレゴンの歴史の切れ端について、ふたたび考えてみよう。まず、鉄道は進歩を物語っていた。それは未来へと導いてくれた。線路がわたしたちの運命を作りなおしてくれた。つぎに中断である。そこでは森林破壊が問題とされた。両者に共通しているのは、成功であれ失敗であれ、進歩にまつわるたとえ話さえあれば、世界を知るに事足りるという想定である。衰退していく物語からは、進歩に乗り遅れた残り物や余り物はおろか、なにも出てこない。瓦解なる物語のなかでさえも、進歩が支配している。

それでも現代人の思いあがりは、世界を制作する唯一の計画ではない。わたしたちは人間と人間以外の存在による、多数の世界制作プロジェクトに囲まれている[7]。世界制作プロジェクトは、生きるための日々の活動から生まれるものである。その過程を通じ、わたしたちの惑星は変化させられてきた。それらの過程を観察するためには、人新世の「人類の」が持つ陰の部分に、わたしたちの注意をふたたび向けなおさねばならない。資源をもとめて動きまわることから略奪することまで、産業化以前の暮らし方の大半は、今日でもつづいており、新しいこと（商業目的にマツタケを採取することもふくめ）も誕生している。しかし、それらは無視されがちである。というのも、それらが進歩の一部とみなされていないからだ。それらの生も世界を作っているし、それらはいかに将来を見通すかではなく、いかに周囲を見渡すかを示してくれる。

世界を形づくるのはなにも人間にかぎらない。ビーバーは川の流れを堰《せ》き止め、ダムや運河や巣を作ることを知っている。事実、すべての生物は生態学的な住処を作り、土をはじめ、空気や水に変化をもたらす。生きるための算段ができなければ、種は滅びてしまう。その過程において、生きものはそれぞれみずからの世界を変えていく。バクテリアは大気を作りだし、植物は大気を維持するのを助けている。植物が土で育つのは、菌類が岩石を砕いて土壌に作りなおすからである。これらの事例が示すように、世界制作プロジェクトは、部分的に重なりうるのであって、ひとつ以上の種に場を提供するものである。人間もマルチスピーシーズが営む世界制作に関与している。人類初期、火は単に料理するための道具ではなく、あたりを燃やす道具でもあった。その結果、動物たちが食用とする鱗茎《りんけい》や草が生えるのを助長し、それらに寄ってくる動物を狩ることができた。人間もみずからが生きる段取りをするなかで、ほかの生物たちに場を提供し、マルチスピーシーズ・ワールド〔複数種が絡まりあって織りなす世界〕を作ってきた。作物や家畜、ペットにかぎらない。マツは、菌類のパートナーとともに、しばしば人間が焼きはらった土地で生い茂った。明るくて開放的な空間と露出した無機質土壌の利点を活かすため、マツと菌類は協働した。人間とマツと菌類の生きる算段は、みずからのためでもあり、また他者のためでもあった。マルチスピーシーズ・ワールドである。

二〇世紀の学問は、現代人の思いあがりを助長しながら、分岐し、重なり、結びあわさって世界を形づくっている、こうしたプロジェクトに気づく能力を弱めてきた。ほかの種の生活に覆いかぶさって拡大していこうとする生き方に魅了され、研究者は、ほかになにがおこっているのかを問うことを怠ってきた。しかし、進歩の物語の魅力が減じてくるにつれ、異なった見方も可能となってきた。

アッセンブリッジという概念が理解を助けてくれる。生態学者はこの用語を、ときに固定的で限定的な意味合いをもちうる「コミュニティ」を回避するためにもちいている。アッセンブリッジ内で、多様な種がいかに影響しあっているか――そうであればの話だが――という問いは、解決されないままである。ある種はたがいに邪魔しあう（ときには食べる）であろうし、共生している場合もあるだろう。単におなじ場にいあわせただけのこともあるだろう。アッセンブリッジは閉じていない集まり《ギャザリング》である。*コミュニティの効果について前提なしで問うことを可能にしてくれ、集まりがどのように生じたかという過程を暗示してくれる。わたしの目的でいえば、そこに集う、なにか生物以外のものが必要だ。生き方――非生物的なあり方――を観察する必要がある。非人間的な存在も、人間と同様に歴史的に推移してきた。生物についていえば、種のあり方からはじめられることになる。しかし、それでは不十分である。存在のあり方は、出会いがもたらした結果のあらわれでもあるからだ。マツタケを追いもとめることも、ひとつの生活様式である。とはいえ、すべての人類に共通する特性ではない。このことは種にもあてはまる。人間が作りだした開放空間をマツが利用できるのは、マツタケのおかげである。このことは種にもあてはまる。人間が作りだした開放空間をマツが利用できるのは、マツタケのおかげである。アッセンブリッジは、ただ単に暮らし方の集合体なのではない。アッセンブリッジが暮らしを作るのである。アッセンブリッジを通じて思考することによって、つぎのような問いを発することが可能となる。いかに集まりが、ときとして出来事《ハプニング》になるのか？　つまり、全体が部分の総和よりも大きなものとなるのか？　進歩なしの歴史が不確定で多方向なものだとしたら、アッセンブリッジが、その可能性を照らしてくれるかもしれない。

予期せぬ調整が働き、アッセンブリッジは発展していく。そのようなパターンに気づくということは、集合した多様な種の生き方の時間的なリズムとスケールの相互作用を観察することを意味している。驚くべきことに、このことは環境学だけでなくポリティカル・エコノミー研究を活性化させうる手法でもある。アッセンブリッジは、単に人間のためのものではなく、ポリティカル・エコノミーをみずからのなかに引きずりこむ。栽培作物は、野生の同胞種とは異なる生活をおくっている。荷馬車のウマと乗馬用のウマは種はおなじでも、暮らし方は異なっている。アッセンブリッジは資本と国家から隠れることはできない。アッセンブリッジはいかにポリティカル・エコノミーが作用するかを観察する場となる。もし、資本主義が目的論を持たないならば、わたしたちは部分が組みあげられたものだけではなく、ただ並んでいるだけのものもふくめ、いったいなにが共起しているのかを見いだす必要がある。

研究者のなかには「アッセンブリッジ」を別の意味でもちいる者もいる。(8)　限定詞の「ポリフォニー」〔多声性〕的の方が、わたしの用法をうまく言い当てているかもしれない。ポリフォニーは、自律した旋律が絡まりあった音楽である。西洋音楽ではマドリガルとフーガがポリフォニーの例である。これらの形式は現代の聴衆には古風で風変わりなものに聞こえるかもしれない。というのも、ポリフォニーはのちに影を潜め、統一されたリズムと旋律とが一緒になって構成される音楽に駆逐されてしまったからだ。バロック音楽を追いやったクラシック音楽では、統一感が重視された。これこそが、わたしが論じてきた意味での「進歩」そのもので、時間が統一された整合性である。二〇世紀のロックでは、この統一性は、聴き手の鼓動を思わせる強いビートの形をとっている。わたしたちは単一の様式の音楽を聴くことに慣れっこになってしまっている。はじめてポリフォニーについて学んだとき、それは聴くことについての意外な発見であった。別個だが同時に流れてくる旋律を拾いだし、それらが奏でる調和と不協和音を聴くことを強いられる。この種の気づきが、アッセンブリッジの複合的な時間的リズムと軌跡を吟味する際に重要となる。

音楽に詳しくない人にとっては、ポリフォニー的なアッセンブリッジを農業との関係で考えるのがわかりやすいかもしれない。プランテーションの時代から商業的な農業は、単一の作物を隔離し、一斉に成熟させて段取りよく収穫することを目指してきた。しかし、ほかの種類の農業は多重リズムによって営まれている。たとえば、わたしが調査したインドネシアのカリマンタン（ボルネオ）島の焼畑農業では、おなじ畑にたくさんの種類の作物が植えられており、それぞれがまったく異なるリズムを有していた。稲やバナナ、サトイモ、サツマイモ、サトウキビ、ヤシ類、果樹が混然としていた。人びとは、それぞれの作物が成熟する、異なるリズムに注意を払っていなければならなかった。こうしたリズムは、作物たちと人間によって収穫されるという関係性でもある。たとえば、花粉媒介者や植物という別の関係性をくわえるならば、リズムの数は増加する。ポリフォニー的アッセンブリッジは、こうしたリズムの集合体である。というのも、それらは人間と非人間との世界制作プロジェクトの結果なのだから。

ポリフォニー的アッセンブリッジは、現代のポリティカル・エコノミー論の未開拓領域へと導いてくれる。工場労働者は調整された進歩の典型例である。それでも、サプライ・チェーンはポリフォニー的なリズムで満たされている。ネリー・チュウ（Nelly Chu）が考察した中国の小さな衣服工場を考えてみよう。多くの競争相手と同様に、その会社は複数のサプライ・ラインに仕えており、ローカルなブティック・ブランドから世界的有名ブランドのコピー商品、あとでブランド名が追記されるような一般的なものまで、たえず注文を切り替えている。(9) それぞれが、異なる基準と材質、作業を必要とする。工場の役割とは、複雑なサプライ・チェーンのリズムにあわせて生産を調整することである。工場を出て、予知できない自然のものを探しもとめようとすれば、リズムはもっと強固に増幅することになる。資本主義的な生産の周縁に迷いこめば迷いこむほど、それだけ、より多くのポリフォニー的アッセンブリッジと産業プロセスの協調が利益を生みだす中心となる。

最後の事例が示唆するように、進歩のリズムを捨て、ポリフォニー的アッセンブリッジを観察することは、ことさら高尚な意図があってのことではない。たしかに進歩は偉大に思えたし、いつも前方には、なにかよりよいものが存在した。進歩はわたしたちに、「先進的」な政治的大義を与えてくれ、そのなかでわたしたちは育ってきた。進歩のない正義など、考えもおよばない。問題は、進歩が無意味になったことである。よりたくさんの人がある日、見上げてみたら、王様が裸であることに気づいてしまったのだ。このジレンマゆえに、気づくためのあらたな術《すべ》を持つことが大切となる。(10) 実際、この世に生きることが、危うくなっているのである。第2章では、ともに生きぬくことのジレンマについて考えてみよう。

題辞　アーシュラ・K・ル＝グウィン「カリフォルニアを非ユークリッド的に見れば」『世界の果てでダンス』、篠目清美訳、白水社、二〇〇六年、一四六頁。

1　Philip Cogswell, "Deschutes Country Pine Logging," in *High and Mighty*, ed. Thomas Vaughan, 235–260 (Portland: Oregon Historical Society, 1981); Ward Tonsfeldt and Paul Claeyssens, "Railroads up the Deschutes canyon" (Portland: Oregon Historical Society, 2014), http://www.ohs.org/education/oregonhistory/narratives/subtopic.cfm?subtopic_iD=395.

2　"Spotted owl hung in effigy," *Eugene Register-Guard*, May 3, 1989: 13.

3　Ivan Maluski, Oregon Sierra Club, quoted in Taylor Clark, "The owl and the chainsaw," *Willamette Week*, March 9, 2005, http://www.wweek.com/portland/article-4188-1989.html.

4　一九七九年にオレゴン産の木材価格が下落した際、製材所が閉鎖され、会社は合併した。Gail Wells, "Restructuring the timber economy" (Portland: Oregon Historical Society, 2006), http://www.ohs.org/education/oregonhistory/narratives/subtopic.cfm?subtopic_ID=579.

5　たとえば、つぎを参照のこと。Michael McRae, "Mushrooms, guns, and money," *Outside* 18, no. 10 (1993): 64–69, 151–154; Peter Gillins, "Violence clouds Oregon gold rush for wild mushrooms," *Chicago Tribune*, July 8, 1993, 2; Eric Gorski, "Guns part of fungi season," *Oregonian*, September 24, 1996, 1, 9.

6　ダナ・ハラウェイは「人新世、資本世、クトゥルー新世」(Donna Haraway, "Anthropocene, Capitalocene, Chthulucene: Staying with the Trouble," presentation for "Arts of Living on a Damaged Planet," Santa Cruz, CA, May 9, 2014, http://anthropocene.au.dk/arts-of-living-on-a-damaged-planet）において、つぎのように述べている。「人新世」は天空の神を指示するような名称なので、それにかわって、クトゥルー新世（Chthulucene）と呼ぶことによって、「触手を持ったもの」——複数種の絡まりあい——にも敬意をあらわすことを提案している。実際、人新世は、二〇一四年におこなわれた「よき人新世」をめぐるディベートでも示されたように、さまざまな意味を想起させる。たとえば、「緑のモダニズム」を通じて人新世を積極的に評価する以下を参照のこと。Keith Kloor, "Facing up to the Anthropocene," http://blogs.discovermagazine.com/collideascape/2014/06/20/facing-anthropocene/#.U6h8XBb gvpA.**

7　世界制作は、一部の学者が存在論と呼ぶものとの対話で理解することができる。つまり、存在することの哲学である。それらの学派のように、わたしも、帝国主義的征服についてのてらいのない仮定をふくんだ常識に切りこんでみたい（たとえば、Eduardo Viveiros de Castro, "Cosmological deixis and Amerindian perspectivism," *Journal of the Royal Anthropological Institute* 4, no. 3（1998）: 469–488）。もうひとつの存在論としての世界制作プロジェクトは、別の世界が可能であることを提示している。しかし、世界を作ることは、コスモロジーではなく、むしろ実践的行動に焦点を与えてくれる。したがって、人間以外の存在が、それら自身の視点にいかに貢献しているかを論じることはたやすいことである。ほとんどの研究者は、存在論をもちいて、人間の人間以外のものへの視点を理解しようとしている。わたしの理解では、唯一、エドゥアルド・コーン（Eduardo Kohn）がパース流の意味論について論じた『森は考える』（奥野克巳・近藤宏共監訳、亜紀書房、二〇一六年）だけが、ほかの存在もそれ自身の存在論を持っているとの、根源的な主張をおこなっている。対照してみると、すべての生きものは世界を制作している。人間も何ら特別な地位など持ちえていない。最後に世界制作プロジェクトは重複している。ほとんどの学者が存在論をもちいて視点を隔離しているものの、ひとつずつ、世界制作を通じて思考することによって、重層し、歴史的な結果として生じる摩擦を認識することができる。世界制作アプローチは、ジェイムズ・クリフォードが *Returns* でリアリズムと呼んだ多重スケール解析への存在論的関心を喚起する（Cambridge, MA: Harvard University Press, 2013）。

8　この術語をむしろフーコー的な推論的構成に類似したものを言及するために使用する社会科学者も少なくない（たとえば、Aihwa Ong and Stephen Collier, eds., *Global Assemblages* [Hoboken, NJ: Wiley-Blackwell, 2005]）。そのような「アッサンブラージュ」は、空間を超えて拡大し、空間を支配してしまう。しかし、それらは不確定性を通じて構成されているのではない。本質的な出会いは、わたしにとって鍵となるものであり、わたしのいうアッセンブリッジは、いかなるスケールであれ、その場に集まるものである。ほかの研究者のいう「アッサンブラージュ」は、アクターネットワーク理論におけるネットワークのようなものである〔ブリュノ・ラトゥール『社会的なものを組み直す――アクターネットワーク理論入門』、伊藤嘉高訳、法政大学出版局、二〇一九年〕）。ネットワークは連関（associations）の連鎖であり、それはさらなる連関を構造化する。わたしの意図するアッセンブリッジは、相関作用の構造を前提としない存在の集合である。アッセンブリッジは、哲学者のジル・ドゥルーズ（Gilles Deleuze）がアジャンスマン（agencement）と呼ぶものを英訳したものであり、アジャンスマンは、「社会的」なるものを拓くさまざまな試みに活用されてきた。わたしの用法は、こうした相対的配置を節合するものである。

9　Nellie Chu, "Global supply chains of risks and desires: The crafting of migrant entrepreneurship in Guangzhou, China" (PhD diss., University of California, Santa Cruz, 2014).

10　ひとつの方法として、これをダナ・ハラウェイとマリリン・ストラザーン（Marilyn Strathern）の洞察を組みあわせたものだと考える人がいるかもしれない。ストラザーンは、はっとした驚きがいかに常識を揺らがせるかを示してくれた。このことにより、わたしたちはアッセンブリッジ内での、異なる世界制作プロジェクトに気づくことができる。ハラウェイは分岐するプロジェクトの相互作用に注意を向ける必要性を説く。本書においてもこうした方法をとりながら、プロジェクト同士が邪魔しあう居心地の悪さが教えてくれるアッセンブリッジ像を検証したい。このふたりの学者が、それぞれ存在論（ストラザーン）と世界制作（ハラウェイ）についての人類学的思索の発信源であることを指摘しておきたい。つぎを参照のこと。Marilyn Strathern, "The ethnographic effect," in *Property, substance, and effect* (London: Athlone Press, 1999), 1-28; ダナ・ハラウェイ『伴侶種宣言——犬と人の「重要な他者性」』（永野文香訳、以文社、二〇一三年）。

*　金沢大学で古生物学と地球生物学を教授するロバート・ジェンキンス（Robert Jenkins）准教授は、ともに「群集」と邦訳されるコミュニティとアッセンブリッジの差異について、自身のホームページで簡潔な説明をおこなっている（http://www.paleo-fossil.com/paleo/p_community.html）。以下、その概略を記す。コミュニティといえば、生物個体同士が相互作用していることが含意されている。他方、アッセンブリッジとは生物の単なる集合を指し、生物同士には相互作用がないか、もしくは相互作用の有無がわからない場合に使用される。たとえば、古生物の場合、単純に死んでから集積した場合もあるため、おなじ地層から化石が発見された場合でも、それらの生物が同所的に住んでいたのかわからない場合が多い。このような場合には、コミュニティではなく、アッセンブリッジを使用する（二〇一九年四月二一日、参照）。なお、群集生態学における群集については、プロローグの訳注**を参照のこと。

＊＊　二〇一四年五月にカリフォルニア州のサンタクルスで開催された傷ついた惑星で生きる術《すべ》（Arts of Living on a Damaged Planet）と題された会議からはAnna Tsing, Heather Swanson, Elaine Gan, Nil Bubandt eds, *Arts of living on a damaged planet*（Minneapolis: University of Minnesota Press, 2017）が刊行されており、ハラウェイは同書の2章に“Symbiogenesis, sympoiesis, and art science activism for staying with the trouble”を寄稿している。この論考と類似したものとしては、ハラウェイのつぎの論文も参照のこと。Donna Haraway, “Anthropocene, Capitalocene, Plantationocene, Chthulucene: Making kin,” *Environmental Humanities* 6 no. 1（2015）: 159–165（「人新世、資本新世、クゥトルー新世――類縁関係をつくる」高橋さきの訳、『現代思想』二〇一七年一二月号（Vol. 45–22）: 99–109）.

魔法の時間、雲南。市場で出会ったイ人のベストに刺繍されたマツタケは、富と安寧を表象している。このベストは民族と菌類の関係性をあらわしている。移ろいゆく歴史のなかで両者は出会っている。

2 染めあう

わたしはだれかに、事態がよくなっていると言ってもらいたかった。
だが、だれも言ってはくれなかった。

——マイ・ネン・モウア「メコンへの道」

集まりは、いかにして「いま、まさに生じている」出来事、すなわち部分の総和以上のものになるのだろうか？　ひとつの答えは汚染である。出会うことによって、わたしたちは染められる。出会うことによって、わたしたち自身は変化する。汚染によって世界制作プロジェクトが変化させられるにつれ、相補いあう世界――あらたな指針――が創発するかもしれない。[1]だれもが汚染の歴史を背負っている。純粋であることは選びようがない。不安定であることを念頭においておくことで、状況とともに変化しつづけることが生存の本質であることを、忘れずにいることができる。

生存とは、何なのか？　アメリカの大衆向けファンタジー〔空想物語〕では、生存とは、相手を打ちのめし、自分を守ることであるし、テレビ番組や異星人物語で描かれる「生存」は、征服と拡張の同義語である。わたしはこの用語を、そのようには使用するつもりはない。そうではなく、もうひとつの用法に心をひらいてほしい。本書では、生きつづけるため――あらゆる種にとって――に必要なのは、ともに生きることを可能とするための協働であることを論じたい。協働は差異を超えて作用することを意味し、そのことが汚染へと導いてくれる。協働がなければ、わたしたちは全滅してしまう。

一般うけしやすいファンタジーだけが問題なのではない。しかし、ひとりで大勢を相手に奮闘する物語は、学者たちをも惹きつける。学者たちにとっての生存とは、個――種や個体群、生物、遺伝子であれ、何であれ――人間でも人間以外でも――の利益を最大化することである。二〇世紀を支配した科学の双璧、新古典派経済学と集団遺伝学を考えてみよう。これらの学問分野は、大胆にも近代知を再定義し、定式化することによって、二〇世紀初頭に権勢をふるった。集団遺伝学は生物学界において、進化論と遺伝学を統合した「総合説」の形成をうながした。新古典派経済学は想像しうるものとしての近代経済を作りだし、経済政策を書きかえた。それぞれの実践者は、ほとんど関係を持っていなかったものの、両者は類似した枠組みを提起した。それぞれの核心には、自己完結型の個が存在していて、繁殖であれ富であれ、みずからの利益を最大化しようとして躍起になっている。この考えを理解させる意味でも、リチャード・ドーキンス（Richard Dawkins）の「利己的な遺伝子」は、生命をとらえる多くのスケールにおいても有効である。つまり遺伝子（もしくは器官、個体群）の、自分自身の利益を追求する能力が、進化をうながすのである。[2] 同時にホモ・エコノミクス、すなわち経済人の生は、その人にとって最大の利益を選択してきた一連の結果なのである。

自己完結を想定することによって、あらたな知識を爆発的に獲得することができた。自己完結と、それゆえに個の自己利益を通じて思考することによって、（どのようなスケールであっても）汚染を無視することが可能となる。つまり、出会いによって生じる変容を無視することができるのだ。利益を最大化するために、出会いは利用される――しかし、それでも変わらずにいることができる。そうした変化しない個を追うために気づきは不要である。分析は、すべて「標準的」な個を単位としておこなうことができる。論理だけにしたがって知識を体系化することも可能である。変容をもたらすような出会いの可能性が皆無であれば、数学が博物学と民族誌学にとってかわることができる。新古典派経済学と集団遺伝学は、こうした単純化によって、たくさんの成果を生むことができたため、影響力を持った。しかも、もともとの前提があきらかに間違っていることが、だんだんと忘れられてしまってもいる。[3] かくして経済学と生態学は、それぞれが進歩とは拡大なりという定式《アルゴリズム》を提示する場と化してしまう。

不安定な状況下における生存を考察すれば、なにが間違っているのかを見極めることができる。不安定であることは、わたしたちが他者に対して脆弱であることを確認できる状態である。生き残るためには助けを必要とする。そうした支援は、意図があろうとなかろうと、つねに他者が施してくれる奉仕である。足首を挫いたとき、頑丈な杖が歩くのを助けてくれる。わたしはその補助を必要とする。わたしは、いま、出会いの最中にある。女性と杖。直面するであろう難題に他者——人間でも人間以外でも——からの支援をうけずに挑むことなど、想像しがたいことである。わたしたちはそれぞれひとりで生きぬいていると無意識に思いこんでいるが、事実はそうではない。

もし、生存がつねに他者を巻きこむものだとしたら、生存は必然的に自己と他者が変容する不確定性、それ次第ということになる。種内・種間の協働をとおして、わたしたちは変化する。地球上の生命にとって重要なことは、これらの変容のなかで生じているのであり、自己完結した個の意志決定の樹状図のなかではない。絶えまない個の拡張と支配の戦略だけに着目するのではなく、むしろ、汚染をとおして発展する歴史を探究していかねばならない。それゆえに、いかにしたら集まりは「出来事」になりえるのであろうか？

協働は差異をまたぐ作業である。とはいえ、自己完結的な個の利益を最大化する進化の結果として、多様性が育まれてきたのではない。わたしたち「自身」の進化は、出会いの歴史によって、すでに染められている。あらたな協働に着手する以前から、すでに他者と関わりあっている。さらに悪いことには、人類にとって最悪の事態をもたらすようなことにも、わたしたちは加担してきている。協働をもたらすような多様性は、絶滅や帝国主義、それ以外のすべての歴史から創発する。汚染が多様性を作りだすのだ。

この気づきは、エスニシティや種などの名称について考えをめぐらす作業にも変化をもたらす。もしカテゴリーが不安定であるならば、カテゴリーも出会いのなかから創発することこそが注視されねばならない。カテゴリーの名称を使用することは、そのカテゴリーが一時的にでも包括しているアッセンブリッジを辿ることである。(4) こうした理解を通じてはじめて、ミエン人とカスケード山脈のマツタケが出会うことに立ちかえることができる。いったい、「ミエン人」であることは、なにを意味しているのか？「森」であることは、なにを意味しているのか？　こうしたアイデンティティは、変質しうる瓦解の歴史を通じて、わたしと出会うことになった。あらたな協働によって、そうしたアイデンティティも変化させられてきたにもかかわらず。

オレゴンの国有林を管理しているのは合衆国林野局である。その任務は森林を国有資源として保全することである。それでも、景観保全の実態は、一〇〇年にわたる伐採と火の排除の歴史によって救いようがないほどに混乱が繰りかえされてきた。汚染によって森林は創られ、つねに森林は変容の途上におかれてきた。このために、数を数えることだけではなく、気づくこと、つまり景観を理解することが必要とされる。

二〇世紀初頭に林野局が設置されたのは、主としてオレゴンの森林を保全することが目的であった。そのとき林務官は、木材王たちも支持してくれる保全策を見いださねばならなかった。[5] 火の排除はその最大の成果であった。伐採者も林野局の提案した施策に合意した。その一方で、伐採者は、カスケード山脈東部へ入植した人びとを魅了するポンデローサマツを搬出したがっていた。巨大なポンデローサマツの木立は、一九八〇年代までには伐採しつくされてしまった。林野局は周期的に発生する火災を防止してきたものの、野火がないとポンデローサマツは再生できないことがわかった。しかも、モミ類とひょろっとしたロッジポールマツは、防火対策のおかげで繁茂するばかりであった——少なくとも繁茂とは、かつてないほどに濃く広がり、生きた木、枯れた木、枯れつつある木が混在する藪が増えたことを意味するとすれば、の話であるが。[6] 数十年ものあいだ、林野局による管理は、一方ではポンデローサマツを復活させようとすることを意味し、他方では可燃性のモミ類とロッジポールマツの藪を間伐するか、伐採するか、そのほかの手段をつかって広がらないようにすることを意味していた。ポンデローサマツとモミ類、ロッジポールマツは、それぞれ人間による攪乱を通じて生を模索してきたわけであるが、いまや汚染された多様性の産物となった。

この荒廃した産業的景観において、あらたな価値が創発したことは驚くべきことである。マツタケだ。マツタケはとくに成熟したロッジポールマツに発生する。防火対策のおかげで成熟できたロッジポールマツは、カスケード山脈東部に並外れた量で存在している。ポンデローサマツが伐採され、防火対策が徹底されたためにロッジポールマツは繁茂することができた。高い可燃性を持つにもかかわらず、火が排除されたことによって、ロッジポールマツは十二分に成長することができた。オレゴンのマツタケは、ロッジポールマツが成長して四〇から五〇年後に発生する。この現象は防火によって可能となった。(7) マツタケの豊かな恵みは、近年の歴史が創造したことだ。汚染されたゆえの多様性である。

東南アジアの山地民たちは、オレゴンでなにをしているのだろうか？　山中の人びとのほとんどが「民族的」理由からそこにいることがわかってから、これらのエスニシティがなにを暗示しているのか、早急に検討すべき課題となった。マツタケ狩りをふくむ人びとに共有されたなすべきこと《アジェンダ》が、なにによって創造されたのかを理解する必要があった。かれらが名乗るエスニシティに着目してみよう。森林同様に、単に本数を数えるように人数が数えられるだけではなく。マツタケ狩りたちもマツタケ採取をするにいたった過程が吟味されねばならない。東南アジアから米国にやってきた難民についての研究のほとんどは、東南アジアで民族が形成された過程を無視している。この欠落を埋めるため、大きな文脈から話をすることを許してもらいたい。その特殊性にもかかわらず、ミエン人は、すべてのマツタケ狩り――そしてわたしたち自身をも象徴している。醜くかろうと、そうでなかろうと、人間は協働を通じて変容していくのである。

カオのミエン人コミュニティは、遠い祖先の時代から、すでに矛盾と逃亡のなかにいたと考えられる。皇帝の権力から逃れるために中国南部の丘陵地を移動する一方で、かれらは皇帝が発給した納税と賦役を免除する文書を大切に保管していた。一〇〇年あまり前、幾人かが、さらに遠方――現在はラオスやタイ、ベトナムになっている地域の北方の丘陵地帯に移動した。かれらは独自の文字を持ちこんだ。漢字を基とし、精霊について書きしるすために使用された。(8) 中国当局を拒絶しつつも受容していたように、その文字は汚染された多様性の、れっきとした事例である。ミエン人は中国人でもあり、中国人でもない。その後、かれらはラオス人やタイ人になる方法を学んだものの、ラオス人でもタイ人でもない。同様にアメリカ人でもあり、アメリカ人でもない存在である。

ミエン人は国境を意に介さないことで有名である。ミエン人は集団で何度も国境を越え、行きつ戻りつを繰りかえしてきた。とくに軍隊が迫ってきたときには（カオのおじさんは、中国語とラオス語を、国境を往来する最中に習得した）。しかし、この移動性の高さにもかかわらず、ミエン人は国家による統制から解放され独立した集団とはいいがたい。ヒョルレイファー・ヨンソンは、ミエン人の生活様式が国家の思惑《アジェンダ》に連動して、幾度も変化してきたことをあきらかにした。たとえば、二〇世紀の前半、タイのミエン人はアヘン貿易に関与することでコミュニティを組織した。権力を持つ長老に統率された、一夫多妻の大きな世帯だけが、アヘンの契約を保持することができた。世帯のなかには、一〇〇人を越す構成員を擁するものもあった。タイ国家は、この家族組織を認めなかったものの、こうした世帯の巨大化はミエン人がアヘンに遭遇したことを契機としている。同様に二〇世紀後半にはなりゆきから、タイ国内のミエン人は独自の習慣を持つ「民族集団」として自己認識するようになった。タイの少数民族政策が、このようなアイデンティティを持つことを許したのである。その一方で、ラオスとタイの国境に沿って、ミエン人はこっそりと往還を繰りかえしていた。両国政府の政策によって認められたにもかかわらず、両政策をかいくぐりながら。[9]

越境を可能とするアジアの丘陵地には、多数の民族が存在している。ミエン人の感性は、こうした移動する集団との関わりのなかで発達してきた。そうした集団のすべてが植民地支配の統治と抵抗、合法・違法な貿易、千年王国運動を上手にかいくぐってきた。いかにしてミエン人がマツタケ狩りになったかを理解するには、現在、オレゴンの森にいるもうひとつの集団であるモン人との関係を考慮しなくてはならない。モン人は多くの点でミエン人に似ている。かれらも中国から南下し、国境を越え、アヘンの栽培に適した高地を占拠したし、自分たちの独特な方言と伝統を重んじている。二〇世紀半ばに無学な農夫のおこした千年王国運動が、まったく独自のモン文字を生みだした。これはベトナム戦争の最中のことであり、モン人も、その渦中にあった。言語学者のウィリアム・スモーリー（William Smalley）が指摘するように、廃棄された軍需品が、啓示をうけた農夫に英語、ロシア語、中国語で書かれたものに触れさせたのであろう。ラオス語とタイ語も目にした可能性もある。[10] 戦争の残骸から生まれた、この独特で多重派生的なモン語表記は、ミエン人のものと同様に染められた多様性の、よりよい象徴である。

モン人は自分たちの父系氏族につらなる組織を誇りとしている。民族誌家のウィリアム・ゲッデス（William Geddes）によれば、父系氏族は男性が遠く離れていても絆を維持できる鍵である。[11] 氏族関係を頼りとして軍幹部は、日常的な対面ネットワークの外部から兵士を調達することも少なくない。一九五四年にフランスがベトナムの民族主義に破れ、米国が植民地の監督権を引きついだとき、フランス軍に訓練されたモン人兵士の忠誠もうけつぐことができたのも、氏族関係のおかげであった。そうした兵士のひとりがヴァン・パオ（Vang Pao）将軍になった。かれはラオス国内のモン人を動員し、米国のために戦った。一九七〇年代にCIA長官を務めたウィリアム・コルビー（William Colby）にして将軍を「ベトナム戦争最大の英雄」と呼ばしめたほどである。[12] ヴァン・パオは個人だけではなく、地縁者と血縁者をリクルートし、戦場に送りだした。モン人を代表して、というかれの主張は、モン人が共産主義勢力のパテート・ラーオ（Pathet Lao）のためにも戦ったという事実を隠蔽してしまうが、ヴァン・パオは、自身の大義をモン人の理念と米国の反共産主義の大義とした。カリスマ性だけではなく、アヘン輸送や爆撃の標的、CIAの食料投下といった統制をとおして、ヴァン・パオは強固な民族的忠誠を生みだし、ひとつの「モン」を強化していった。[13] 汚染された多様性について、これほど適切な事例を考えつくのはむずかしい。

ミエン人のなかにはヴァン・パオの軍隊で戦った者がいるし、モン人とともにバン・ヴィナイ（Ban Vinai）難民キャンプに収容された者もいる。そこは一九七五年に米国が撤退した際、ヴァン・パオがラオスから逃れたあとに、タイに建設されたものである。しかし、戦争を契機としてモン人が民族政治的な団結を果たしたのに対し、ミエン人はそうした機会を得ることはなかった。ミエン人のなかには、ミエン人の将軍であるチャオ・ラ（Chao La）をふくむ、ほかの指導者のために戦った者もいるし、ラオスで共産主義が勝利するはるか以前にタイに移動していた者もいた。ラオス国内での北部ミエンや南部ミエンといった「地域」ごとの集団は特筆すべきものではないようではあるものの、ヨンソンが米国で暮らすミエン人から採録したオーラルヒストリーは、実は、それぞれのまとまりがヴァン・パオとチャオ・ラによって強制的に再移住させられた歴史に由来することを示唆している。[14] このことからヨンソンは、戦争がエスニック・アイデンティティを作りだす、と指摘する。[15] 戦争は人びとに移動を強いるだけではなく、祖先の文化として再想像されるものへの絆をも強固にする。モン人が混淆を深め、ミエン人もくわわっていった。

一九八〇年代にラオスからタイに越境してきたミエン人は、東南アジアから米国に反共産主義者を招きいれる政策に乗じ、難民の地位のままで米国の市民になることを許された。しかし、難民たちが米国に到着したのは、ちょうど福祉事業が削減されている最中であった。生計手段はもちろんのこと、アメリカ社会へ同化するための支援のほとんどが提供されなかった。かれらのほとんどは、ラオスかカンボジアの出身で、お金もなければ、西洋式教育もうけたことがなかった。かれらはマツタケ狩りのような網の目をすりぬけた仕事についた。オレゴンの森ではインドシナ戦争で磨いた技術が活用された。ジャングルでの戦闘を経験した者は、ほとんど道に迷うことはなかった。というのも、かれらは見知らぬ森でも道を探す術《すべ》を心得ていたからであった。それでも森は、一般的なインドシナ人――もしくはアメリカ人――のアイデンティティをかきたてることはなかった。タイでの難民キャンプの構造をなぞるように、ミエン人とモン人、ラオ人、クメール人はたがいの距離を保っていた。白人のオレゴン人たちはかれらを「カンボジア人」と呼ぶし、甚《はなは》だしい場合には「ホンコン人」などとも呼ぶ人もいる。さまざまな形をとった偏見と剝奪を繰りかえしながら、汚染された多様性は増殖していく。

この時点で、「こんなのは、別に珍しくもない！　わたしのまわりにも、似たような話はいくらでもある」と感じるにちがいない。それも、もっともである。そう。汚染された多様性は、どこにでもあふれている。こうした話がそれほど蔓延しており、それほど周知なものであるならば、反対に問うべきである。世界を理解するために、何故、これらの物語を利用しないのか？　そのひとつの理由は、汚染された多様性が複雑であり、しばしば醜く、屈辱的であるからだ。汚染された多様性は、拝金主義、暴力、環境破壊などの歴史を生きぬいてきた人びとを包摂している。商業伐採に起因するもつれた景観は、それ以前に存在していた代替するものがない優雅な巨人をわたしたちに想起させる。戦争の生存者は、かれらが乗りこえた――あるいは撃ち沈めた――屍《しかばね》をわたしたちに想起させる。こうした生存者を愛してよいのやら、憎んでよいのやら、わたしにはわからない。単純な道徳的判断など、容易にくだせるものではない。

さらに複雑なのは、汚染された多様性が、近代知の証《あかし》である「総括」がむずかしい点である。汚染された多様性は、個別的文脈と歴史的文脈を持ち、つねに変化するどころか、それぞれが関わりあってもいる。それは自己完結的な単位を持っていない。その単位とは、予期せぬ出会いから生じる協働である。自己完結した単位なしには、いかなるものでも費用と便益はおろか、機能性も算出することができない。偶発的な出会いにも気づかないまま、自己利益を担保する自己完結型の個人や集団などいない。自己完結にもとづくアルゴリズムがなければ、学者も政策立案者も危機に瀕している文化史と自然史について、なにかしら学ばなければならなかったかもしれない。しかし、それには時間がかかるし、とくにすべてをひとつの数式であらわせると考える人びとにとっては、時間がかかりすぎるであろう。かれらを責任ある立場においたのはだれなのか？　汚染された多様性について説明するに際し、問題だらけの物語が最適だとすれば、いまこそ、それを知識実践に組みこむべきである。おそらく、戦争を生きのびた人びとのように、死と死に瀕した物語や不当な人生の物語すべてが受容され、目下、直面している課題に挑戦できるようになるまで、わたしたちは語りつづけねばならない。不安定な状況のなかで、生きのびていくための最善策に出会う鍵は、問題を抱えた物語の不協和音を聴くことのなかにしかない。

本書は少しばかり、そのような物語を語るものである。その旅は、カスケード山脈だけではなく、東京での競《せ》りやフィンランドのラップランドにも、お茶をこぼすほどわくわくした科学者とのランチルームにもいざなってくれた。これらの物語を一度に追いかけるのは、大変ではあるが、それと同時に、それぞれの歌い手のメロディーが入れ替わり立ち替わり交錯するマドリガルを歌うのとおなじくらい難しくもあるが、一度、こつさえ摑んでしまえば容易にもなろう。そうして織りあわされたリズムは、いまなおわたしたちがしがみつこうとしている、統合された進歩の時間性にかわって、はつらつとしたテンポを奏でてくれる。

題辞　Mai Neng Moua, "Along the way to the Mekong," in *Bamboo among the oaks: Contemporary writing by Hmong Americans*, ed. Mai Neng Moua, 57–61 (St. Paul, MN: Borealis Books, 2002), 60.

1 多細胞生物はバクテリアの複合的な相互汚染によって可能となる〔リン・マーギュリス／ドリオン・セーガン『生命とはなにか――バクテリアから惑星まで』、池田信夫訳、せりか書房、一九九八年〕。

2 リチャード・ドーキンス『利己的な遺伝子』四〇周年記念版（日高敏隆・岸由二・羽田節子・垂水雄二訳、紀伊國屋書店、二〇一八年）。

3 批評家の多くは、これらの前提となる利己主義を拒絶し、これらの均衡に利他主義を盛りこもうとする。しかし、問題は利己主義ではなく、自己完結なのである。

4 種名は有効な経験則であり、それによって生物を指示することができる。しかし、種名は、その生物の特殊性も、ときおり生じる急激な集団的変形における位置づけも捕捉することがない。民族名称もおなじ問題を抱えている。しかし、これらの名称なしですますことは、もっとまずいことである。すべての樹木やアジア人など類似するものを想像するようにわたしたちはできている。物体に気づくためには、名前を必要とする。しかし、それらは将来的に変更しうる名称にすぎない。

5 Harold Steen, *The U.S. Forest Service: A history*（1976; Seattle: University of Washington Press, Centennial ed., 2004）; William Robbins, *American forestry*（Lincoln: University of Nebraska Press, 1985）.

6 オレゴンのブルー山脈に関係する生態については、Nancy Langston, *Forest dreams, forest nightmares*（Seattle: University of Washington Press, 1996）を参照のこと。カスケード山脈東部の生態に関する議論は第14章を参照のこと。

7 二〇〇四年一〇月におこなった林務官フィル・クルス（Phil Cruz）へのインタビュー。

8 Jeffery MacDonald, *Transnational aspects of Iu-Mien refugee identity*（New York: Routledge, 1997）.

9 Hjorleifur Jonsson, *Mien relations: Mountain people and state control in Thailand*（Ithaca, NY: Cornell University Press, 2005）.

10 William Smalley, Chia Koua Vang, and Gnia Yee Yang, *Mother of writing: The origin and development of a Hmong messianic script*（Chicago: University of Chicago Press, 1990）.

11 William Geddes, *Migrants of the mountains: The cultural ecology of the Blue Miao（Hmong Nyua）of Thailand*（Oxford: Oxford University Press, 1976）.

12　以下からの引用による。Douglas Martin, "Gen. Vang Pao, Laotian who aided U.S., dies at 81," *New York Times*, January 8, 2011, http://www.nytimes.com/2011/01/08/world/asia/08vangpao.html.

13　この記述は以下によっている。Alfred McCoy, *The politics of heroin: CIA complicity in the global drug trade* (Chicago: Chicago Review Press, 2003); Jane Hamilton-Merritt, *Tragic mountains: The Hmong, the Americans, and the secret war in Laos, 1942–1992* (Indianapolis: Indiana University Press, 1999); Gary Yia Lee, ed., *The impact of globalization and transnationalism on the Hmong* (St. Paul, MN: Center for Hmong Studies, 2006).

14　二〇〇七年の私信。

15　Hjorleifur Jonsson, "War's ontogeny: Militias and ethnic boundaries in Laos and exile," *Southeast Asian Studies* 47, no. 2 (2009): 125–149.

まつたけ
まつたけ
まつたけ

魔法の時間、東京。築地市場での競りの準備中。マツタケが目録と化す。それ以前の絆が切断されるときにだけ、商品は市場のテンポを加速する。

3　スケールにまつわる諸問題

いや、いや。君は考えていない。ただ理詰めで論じているだけだ。

——物理学者のニールス・ボーアが「アインシュタインの」「不気味な遠隔作用」を擁護しながら

たくさんの話に耳をかたむけ、多くを語ることはひとつの手法である。ならば、それを科学——新しい知識をくわえること——と声高に呼ぼうではないか。研究対象は汚染された多様性であり、分析単位は不確定な出会いである。なにを学ぶにしても、わたしたちは気づきの術《すべ》を取りもどすだけではなく、民族誌学と博物学にも目配りをしなければならない。とはいえ、わたしたちはスケールについての問題を抱えている。あふれ出てくる物語は、きれいにまとまることがない。スケールはまちまちで、それは地勢や調子《テンポ》に遮られる所為《せい》だと気づかされる。遮られることで、さらにたくさんの物語が引きだされる。それは科学としての物語の持つほとばしる力である。ただ、ほとんどの近代科学では、研究の枠組みを変えることなく、無限大に拡張していくことが要求されるため、そのような遮りは領域外とされてしまう。気づきの術では、「規模を拡張」することができないため、このやり方は時代遅れなものとされる。調査項目を変更せずに、研究枠組みをより大規模なスケールに適用させる能力は、近代知であることの証《あかし》になっている。マツタケで思考することにわずかでも望みがあるとすれば、スケールを拡大しないことだ。このことを肝に銘じ、「アンチ・プランテーション」としてのマツタケの森に分けいってみよう。

スケールの拡大をよしとするのは、なにも科学にかぎらない。進歩それ自体が、しばしば骨組みを変えずにプロジェクトを拡張していく能力によって定義されてきた。この資質をスケーラビリティ〔規格不変性〕と呼ぶことにしよう。しかし、この用語は若干、紛らわしい。なぜなら、「スケールの観点から議論できる」(able to be discussed in terms of scale) ことと解釈されうるからである。事実、スケーラブル〔規格不変〕なプロジェクトとノンスケーラブル〔規格不能〕なプロジェクトの両方とも、スケールとの関連で議論することができる。* フェルナン・ブローデル (Fernand Braudel) が説いた歴史の長期持続も、ニールス・ボーア (Niels Bohr) が唱えた量子論も、それぞれスケールについての考えを一変したが、いずれもスケーラビリティを有するプロジェクトではなかった。対照的にスケーラビリティは、プロジェクトの枠組みをまったく変化させずに、円滑にスケールを変えることができる能力である。たとえば、スケーラブルなビジネスは、スケールを拡大しようとも組織体制を変化させる必要はない。ビジネス関係が変形しない〔つまり汚染されない〕ときにだけ、これは可能となるのであって、ビジネスにあらたな関係が付与されれば、ビジネスは変化する。同様にスケーラブルな研究プロジェクトは、研究枠組みに適合するデータだけを受容する。スケーラビリティは、プロジェクト内要素間の出会いに内在している不確定性を無視することを要求する。それが、やすやすと拡張していける方策だからである。そのため、スケーラビリティは、物事を変化させるかもしれないという意味において有意味な多様性を駆逐してしまうのだ。

スケーラビリティは、自然が持つ通常の特性ではない。プロジェクトを拡張するには、あまたの作業を必要とする。それでもなお、スケーラブルな要素とノンスケーラブルな要素のあいだで、依然として相互作用が生じる。ブローデルやボーアのような思想家の貢献にもかかわらず、スケールを拡大することと人類の発展のあいだの関係があまりに強固なために、スケーラブルな要素ばかりに目が向きがちとなる。ノンスケーラブルなものは邪魔なのだ。記述の対象としてだけではなく、理論を練りあげていくためにも、いまこそノンスケーラブルなことに注意をはらうときである。

ノンスケーラビリティ〔規格不能性〕の理論は、スケーラビリティを持たせるために必要な作業とスケーラビリティが作りだす混乱を理解することから導くことができるかもしれない。そのために有意義なのは、スケーラビリティの代表事例を検討することであろう。それはヨーロッパ諸国の植民地におけるプランテーションである。たとえば、一六世紀と一七世紀のブラジルのサトウキビ・プランテーションにおいて、ポルトガル人の大農園主は、偶然、順調に拡大できる定石を発見した。かれらは自己完結型の、互換性のあるプロジェクトの要素を作りあげた。それはつぎのようなものであった。地元の人びとと在来の植物を根絶させたうえで、だれも所有権を主張しなくなった空っぽの土地に外部から労働者と作物を持ちこみ、孤立した状態のなかで生産する。スケーラビリティを持つこの景観モデルは、のちの産業化と近代化へのヒントとなった。このモデルと本書の主題であるマツタケ山における著しい対比は、スケーラビリティを批判的に検討する手がかりとなる。[1]

植民下のブラジルでポルトガル人が展開したサトウキビ・プランテーションの要素を考えてみよう。まずキビであるが、ポルトガル人にとってサトウキビとは、挿し木をし、発芽するのを待つものであった。すべてのサトウキビはクローンで、ヨーロッパ人は、このニューギニア産の栽培起源種を交配させる方法を知らなかった。** 繁殖による影響をうけない苗木の互換性は、ヨーロッパのキビの特徴であった。新世界に持ちこまれても、それはほとんど種間関係（interspecies relations）を持たなかった。キビに関しては、比較的に自己完結的で、出会いとは縁遠かった。

つぎにサトウキビ労働者である。ポルトガル人によるサトウキビ栽培は、かれらがアフリカ人を奴隷として連れだす権力なしには展開しえなかった。栽培者から見れば、奴隷となったアフリカ人は新世界におけるサトウキビ労働者としてうってつけであった。というのも、アフリカ人たちは地元に社会関係を持っていなかったため、逃亡ルートを確立することができなかったからである。サトウキビが新世界において伴侶種（companion species）も病害歴も持たなかったように、アフリカ人たちも孤立していた。*** かれらは自己完結化しつつあり、それゆえに抽象的労働者として標準化された。より効率的に統制するため、プランテーション経営は、さらに周囲から隔絶されるよう仕向けられた。製糖の工場操業が開始されると、すべての作業が工場のリズムにあわせておこなわれるようになった。労働者は、可能なかぎり素早く、しかも怪我をしないように注意深くキビを刈らねばならなかった。こうした状態のもと、労働者は、まさに自己完結型で互換性のある単位と化した。すでに商品とみなされていた奴隷たちは、製糖用に規則正しく段取りよく組まれた時間割にしたがって使役された。

こうした歴史的実験のなかから、労働と商品作物の両方について、プロジェクトの枠組みの範囲内で互換性が創発した。大成功であった。ヨーロッパ人は巨万の富を得たものの、あまりにも遠くにいたため、その影響について考えることはほとんどなかった。プロジェクトは、最初、スケーラブルであった――というよりも、スケーラブルに思えた、といった方が正しい(2)。サトウキビ・プランテーションは拡大し、世界中の温暖な地域に拡散していった。それらの偶発的な構成要素――クローンの苗木、強制労働、征服されて拓かれた土地――は、疎外と互換性、拡張がいかに先例のない利益をもたらすかをあきらかにした。この定石は、わたしたちが進歩と近代性と呼ぶ夢を具現化した。シドニー・ミンツ（Sidney Mintz）が指摘するように、サトウキビ・プランテーションは、産業革命期における工場のモデルでもあった。工場はプランテーション流の疎外を工場設備のなかに作りあげた(3)。スケーラビリティを通じた拡張が成功したことによって、資本主義的近代化が具現化された。プランテーション的な視点から、ますます多くの世界を構想することによって、投資家は、ありとあらゆる新商品を考案し、ついには地球上――さらにはその先――にあるものはすべてスケーラブルであり、それゆえに市場価値によって交換しうると仮定するようになった。これが功利主義であり、やがて近代経済学として凝結し、より多くのスケーラビリティをでっちあげることに貢献した――少なくとも外見上は。

マツタケ山と対比してみよう。サトウキビのクローンと異なり、ほかの種との変形関係がなければ、マツタケは生存できない。マツタケはある種の樹木と共生する土壌菌類の子実体《キノコ》である。宿主樹木《ホストツリー》の根との共生関係をとおして、菌は炭水化物（糖分）を獲得する。マツタケのおかげで、肥沃な腐植土がなく、痩せた土壊でも宿主樹木は育つことができる。その見返りとしてマツタケは宿主樹木から栄養を提供してもらう。この変形的相利共生関係こそが、マツタケを人工的に栽培できない理由である。日本の研究機関は莫大な予算をマツタケ栽培の実現のために投下してきたが、いまだ成功していない。マツタケはプランテーションの条件を拒んでいる。マツタケには、たがいに汚染しあう相関性と森の動的な複数種間の多様性が必要なのである。(4)

マツタケ狩りたちは、サトウキビ・プランテーションにおける統制され、使い捨てが可能な労働者とはまったく異なっている。統制された疎外がない以上、スケーラブルな事業を森林でおこすことはできない。マツタケ・フィーバーにほだされたマツタケ採取人が米国太平洋岸北西部に群がっている。かれらは独立しており、正規の雇用に頼らず、わが道を行く人びとである。

だが、マツタケ・ビジネスを原始的な生存策と見るのは間違いであろう。これは進歩思想にゆがめられた誤解である。マツタケの取引は、スケーラビリティ以前のどこかの段階に発生したものではなく、スケーラビリティの結末、つまり瓦解に起因するものだからである。オレゴンのマツタケ狩りの多くは、産業的経済活動からはじかれた人びとであり、森林それ自体はスケーラビリティをともなった産業の残骸である。マツタケの取引とマツタケの生態は、スケーラビリティとその瓦解の両方に依存しているのだ。

米国太平洋岸北西部では、二〇世紀、国家的林業政策と実務が競いあっていた。木材産業は、中西部の森林を破壊したあと、この地域に目をつけていた――それはちょうど、国家統治における科学的林業の存在感が増しつつあるときでもあった。民と官（のちに環境保護運動家も）の利害が、太平洋岸北西部では最後までぶつかりあった。両者がかろうじて合意できた科学的かつ産業的な林業は、多くの妥協の産物であった。それでも、そうした森林は、まるでスケーラブルなプランテーションとおなじであるかのようなあつかいをうけた森林に出会える空間である。それは、一九六〇年代から一九七〇年代にかけて、官民一体となった産業的林業が最盛期にあったころに作られた、樹種のおなじ木だけが生えている森である。[5] 管理するには、多大な労力を必要とした。残したい樹種以外の不要なものには、おしなべて農薬が噴霧された。火は完全に排除された。疎外された作業員たちは、「優良」種だけを植えていった。定期的に容赦ない間伐がほどこされた。木々は適切な間隔を保つことで、最大の成長率と機械による収穫が可能となった。木材用の木は、均一に成長するように管理され、マルチスピーシーズ〔複数種〕による介入もなく、機械と無名の作業員たちによって間伐・収穫される、あらたな種類のサトウキビであった。

しかし、その優れた科学技術をもってしても、森をプランテーションに変えようとしたプロジェクトは、たとえ首尾よくいったとしても、つづかなかった。それ以前、製材会社は、もっとも高価な樹種を収穫するだけで大儲けできていた。第二次世界大戦後に国有林が伐採用に開放されると、伐採会社は成熟した木を成長の早い若木に代替わりさせるとする錦の御旗のもと、高品質の木を選択的に伐採する「ハイグレーディング」というやり方を継続していたが、この手法は非効率であったため、皆伐あるいは「同齢管理」が導入された。ところが、科学的かつ産業的な管理のもとで育てられた木は、それほど魅力的な利益をあげえなかった。かつてアメリカ先住民たちによる火入れによって、すばらしい樹種が維持されていたところでは、「正しい」樹種を再生させることは困難であった。以前に偉大なポンデローサマツが優勢だった場所には、モミやロッジポールマツが跋扈《ばっこ》した。すると、太平洋岸北西部産の木材価格は急落した。いいとこどりができなくなった製材会社は、もっと安価な木材をほかの場所にもとめるようになった。政治的影響力と木材からの巨大な資金がなくなったため、当該地域の林野局は財源を失った。プランテーションのような森林を維持するには法外な費用がかかった。環境保護活動家は、より厳格な保護をもとめて裁判に訴えるようになった。

林野局は林業経済を潰したとして非難された。しかし、すでに製材会社も――ほとんどの大木も――姿を消してしまっていた(6)。

二〇〇四年に、わたしがカスケード山脈東部を歩きまわるようになったころには、かつてはポンデローサマツの木立のみが存在したところ一帯に、モミとロッジポールマツが繁茂していた。ハイウェイに沿った看板には「産業用木材」とあったものの、産業を想像するのは無理だった。あたりはロッジポールマツとモミの藪で覆われていた。木材用としては小さすぎるし、森林浴にも十分な景色でもない。しかし、なにかが地域経済で蠢《うごめ》いていた――マツタケだ。林野局の研究者は、一九九〇年代にマツタケの年間の商業価値が、少なく見積もっても木材と同額であることに気づいた(7)。マツタケは、スケーラブルな産業的森林が瓦解した土地で、ノンスケーラブルな森林経済を活性化した。

不安定性で思考するのがむずかしいのは、スケーラビリティを形成するプロジェクトの方法が、景観と社会を変質することを理解しながら、同時に、どこでスケーラビリティが失敗するか――どこでノンスケーラブルな生態的・経済的な関係性が噴出するかを見極めなければならないからである。スケーラビリティとノンスケーラビリティの両方の履歴に留意することが鍵である。しかし、スケーラビリティが悪で、ノンスケーラビリティが善だと仮定することは、大きな間違いである。ノンスケーラブルなプロジェクトも、その効果においては、スケーラブルなものと同様にひどいものになりうるからだ。規制されていない伐採者は、科学的な管理を指向する林務官よりも、より迅速に森林を破壊することができる。スケーラブルなプロジェクトとノンスケーラブルなプロジェクトのあいだの主要な特徴は、倫理的なふるまいではなく、むしろ後者がより多様性に富んでいるということである。なぜならば、ノンスケーラブルなプロジェクトは拡張に向けてエンジンをふかさないようになっているからである。ノンスケーラブルなプロジェクトは、ひどくもなりうるし、温和なものにもなりうる。両端を行き来する存在なのである。

ノンスケーラビリティがあらたに噴出するからといって、スケーラビリティが消滅してしまうわけではない。新古典派経済学による構造改革の時代では、スケーラビリティは市民も政府も企業も、ともに働くべきだとするように大衆を動員するのではなく、むしろ技術的な問題に矮小化される。第4章で詳述するように、スケーラブルな会計とノンスケーラブルな職場の人間関係のかねあいが、資本主義的な蓄積のモデルとして次第に受容されはじめている。エリートが会計帳簿を正しくつけることができるかぎり、生産はスケーラブルである必要はない。わたしたちは不安定な形式と駆けひきに浸りながら、スケーラビリティ・プロジェクトの支配がつづく様子を見届けることができるだろうか？

本書の第二部は、資本主義の体裁をとったスケーラブルとノンスケーラブル間の相互交流をあきらかにする。すなわち、スケーラブルな会計がノンスケーラブルな労働を生みだし、ノンスケーラブルな自然資源を管理している点について検討する。こうした「サルベージ」的資本主義（"salvage" capitalism）においては、サプライ・チェーンが、きわめて多様な形態や性質の仕事に値付けする、翻訳の過程として機能している。****第三部は、アンチ・プランテーションとしてのマツタケ山に戻る。そこでは変容をもたらす出会いが生命の可能性を創造し、生態学的関係の汚染された多様性が主役となる。

まずは不確定性——わたしが注目するアッセンブリッジの中心的特徴と考える不確定性——に迫ってみよう。ここまでわたしはアッセンブリッジを、そのネガティブな特質との関係で定義してきた。それらの要素は汚染されていて、それゆえに不安定であり、スムーズなスケールの拡張を拒絶する。それでもアッセンブリッジは、いつ消えるかわからない儚《はかな》さとおなじくらいに、そこに集まってくることで生まれる強みによっても定義される。アッセンブリッジは歴史を作っていく。このように、ことばではうまく表現できないが、たしかに存在するものが、マツタケのもうひとつの恵み——香りである。

題辞　以下に引用されたニールス・ボーアのことば。オットー・フリッシュ『何と少ししか覚えていないことだろう——原子と戦争の時代を生きて』（松田文夫訳、吉岡書店、二〇〇三年）、一一七頁。

1　サトウキビ・プランテーションについては、学際的研究——数あるなかでも人類学、地理学、美術史、農学史からなる文献——のゆたかな蓄積がある。とくに以下を参照のこと。シドニー・ミンツ『甘さと権力——砂糖が語る近代史』（川北稔・和田光弘訳、平凡社、一九八八年）; Sidney Mintz, *Worker in the cane*（New Haven, CT: Yale University Press, 1960）; J. H. Galloway, *The sugar cane industry*（Cambridge: Cambridge University Press, 1991）; Jill Casid, *Sowing empire*（Minneapolis: University of Minnesota Press, 2005）; and Jonathan Sauer, *A historical geography of crop plants*（Boca Raton, FL: CRC Press, 1993）.

2　サトウキビ・プランテーションは、決して農園主が望んだほどには完全にスケーラブル〔規格不変〕ではなかった。奴隷労働者は逃亡し、コミュニティを形成した。移入された菌による腐敗も、サトウキビとともに広がっていった。スケーラビリティ〔規格不変性〕は決して安定的ではなく、かりに安定的に機能したとしても、膨大な労働力を必要とする。

3　ミンツ『甘さと権力』、一一一頁。

4　マツタケの生態については、以下の文献を参照のこと。小川真『マツタケの生物学』、築地書館、一九七八年（『「マツタケ」の生物学』補訂版、築地書館、一九九一年）; David Hosford, David Pilz, Randy Molina, and Michael Amaranthus, *Ecology and management of the commercially harvested American matsutake mushroom*（USDA Forest Service General Technical Report PNW-412, 1997）.

5　きわめて重要な文献は以下のとおりである。Paul Hirt, *A conspiracy of optimism: Management of the national forests since World War Two*（Lincoln: University of Nebraska Press, 1994）; William Robbins, *Landscapes of conflict:*

The Oregon story, 1940–2000 (Seattle: University of Washington Press, 2004); Richard Rajala, *Clearcutting the Pacific rainforest: Production, science, and regulation* (Vancouver: UBC Press, 1998).

6　悪くなったものについては、第2章注6で参照したラングストンの『森の夢・森の悪夢』を参照のこと。カスケード山脈東部については、つぎを参照のこと。Mike Znerold, "A new integrated forest resource plan for ponderosa pine forests on the Deschutes National Forest," paper presented at the Ontario Ministry of natural resources workshop, "Tools for site specific silviculture in northwestern Ontario," Thunder Bay, Ontario, April 18–20, 1989.

7　Susan Alexander, David Pilz, Nancy Weber, Ed Brown, and Victoria Rockwell, "Mushrooms, trees, and money: Value estimates of commercial mushrooms and timber in the Pacific northwest," *Environmental Management* 30, no. 1 (2002): 129–141.

*　スケーラビリティ（scalability）とノンスケーラビリティ（nonscalability）は、著者独自の用法であり、本書のキーワードのひとつである。語根となるスケール（scale）自体が、規模や基準、尺度、縮尺など多義であり、いずれの場合も、スケールの原義を内包して多義的に使用されている。本章の初出となる「ノンスケーラビリティについて」という論文では、デジタル画像を例として、画像そのものを変化させずに、画像の大きさが伸縮可能となる性質をスケーラビリティと呼ぶ一方で、あらゆる規格化を拒絶する性質をさしてノンスケーラビリティが使用されている。スケールはscale upのように規模の拡大を暗示し、本書でもプランテーションやビジネスの規模拡張を議論する文脈でスケーラビリティがもちいられている箇所も少なくないが、著者の意図するスケーラビリティの原義は、そうした拡張をゆるす枠組み――規格――の不変性にあるようである。このことから、以下ではスケーラビリティを規格不変性、ノンスケーラビリティを規格不能性と訳出しておく。

**　栽培起源種（cultigen）とは、人為選択がおこなわれてきた結果、栽培種のみが存在し、対応する自然種が存在しない植物をいう。なお、サトウキビは、現在でも一般的に挿し木で育てられている。しかし、イネ科の植物に特徴的な穂を出すように、伝統的な品種改良は交配を通じておこなわれてきた。

***　「人間によって意図的に持ちこまれた生物」の意味で随伴種と訳されることもあるが、文脈上、ダナ・ハラウェイのいう「伴侶種」を意図しているものと思われる（『伴侶種宣言』、永野文香訳、以文社、二〇一三年）。

＊＊＊＊　サルベージ（salvage）は本書の鍵となる用語のひとつである。サルベージとは、「沈没船の引き揚げ」を意味し、そこから「再生利用するために回収される廃品」という意味も派生する。著者によれば、動物が腐肉をあさったり、人間がゴミをあさって、まだ使える物を集めるスカベンジ（scavenge）をイメージすることばとしてサルベージをもちいているとのことである（二〇一八年六月におこなった著者との会話）。

300g

優

とらえどころのない生存、東京。料理人がマツタケの香りを吟味して下拵えする。炭焼きされたマツタケはカボスとともに給仕される。香りは、わたしたち自身のなかの他者である。描写するのはむずかしいが、その生気あふれる香りが出会い——不確定性に導いていく。

幕間　かおり

何の葉？　何のキノコ？

——ジョン・ケージ訳による芭蕉の句

香りについて語るとは、どういうことだろう？　香ぐことについての民族誌ではなく、香りそのものについての物語とはどんなものだろう？　人と動物の鼻孔まで漂ってくるとともに、植物の根と土壌中バクテリアの細胞膜にまで影響を与える、そんな香りである。香りによって、記憶と可能性の絡まりあいに引きこまれてしまう。

わたしだけがマツタケに導かれるのではない。ほかの多くのものも同様である。北半球の荒廃地では、香りにほだされた人間と動物が、マツタケ探しに躍起となる。シカはキノコ類のなかからマツタケを選びだす。クマは丸太をひっくりかえし、土を掘って、マツタケを探しだす。オレゴンのあるマツタケ狩りによると、ヘラジカが鼻口部を血だらけにしながら、軽石土壌からマツタケを引きぬいていたそうである。ヘラジカは香りに惹きつけられ、ひとつのパッチからつぎのパッチへと誘引されていったそうだ。化学物質に対する感受性の特殊な形ということをのぞき、なにが香りにあるというのであろうか？　そう考えると、樹木も、マツタケの香りに感化され、自身の根にマツタケ菌を宿すこととなる。トリュフの場合、昆虫が埋まっている地面の上をグルグル飛んでいるのが観察されている。他方、ナメクジやほかの菌類、多くのバクテリア〔細菌〕類は、香りによって撃退され、マツタケの生息地域から逃散するケースもある。

香りはとらえどころがないが、その影響には驚かされる。強く、たしかな反応をするときでさえも、香りを微細に表現する術《すべ》はない。人間は空気を吸いこみ、そのおなじ空気を嗅いでもいる。香りをことばで表現することは、空気をことばであらわすのとおなじくらいむずかしい。しかし、空気とは異なって、香りは他者が存在している証《あかし》でもある。その存在に対して、わたしたちは反応しているのだ。反応は、つねになにか新しいものへといざなっていく。わたしたちは、もはや、わたしたち自身――少なくとも以前のわたしたち――ではない。他者と出会ったわたしたちなのである。出会いは、本質的に確定できるものではない。わたしたちは変容を余儀なくされるが、そのことを予測することはできない。どのようなものかわかったり、わからなかったりと、さまざまなことが入りまじっているけれども、香りは、出会いの不確定性についての有意義な案内たりうるのではなかろうか？

マツタケを評価するにあたり、不確定性は重要な鍵となる。米国人作曲家のジョン・ケージ（John Cage）は、不確定（*Indeterminacy*）と呼ばれる一連の短い演奏曲を書いた。その多くはキノコとの出会いを祝ったものだ。[1] ケージにとってキノコを狩ることは、ある特別な注意を必要とする。いま、この場における偶然や驚きに満ちた出会いへ傾注することである。ケージの音楽は、この「つねに変化する」いま、この場についてのものである。かれは、それをクラシック音楽の永続的な「不変性」と対照させた。ケージの作品は、聴衆に曲の音と同様に周囲の音にも耳を傾けるように作られている。かの有名な曲「四分三三秒」は、なにも演奏されることはない。聴衆はただ聴くことを強いられる。ことのなりゆきに傾聴することに気づいたケージは、事前に予測できない不確定性を愛《め》でるようになった。わたしが冒頭で引用したケージの詩は、一七世紀の俳人松尾芭蕉の句「マツタケや　知らぬ木の葉　へばりつく」である。とある英訳では「マツタケ。その上にくっついている、知らない葉」とされている。[2] それでは出会いの不確定性が十分ではないと確信したケージは、「何物かがキノコと葉っぱを一緒に連れてくる」ととらえてみた。たしかに出会いの不確定性を見事に表現してはいる。しかし、重苦しく感じられもする。「何の葉？　何のキノコ？」は、わたしたちに定説のない多様な解釈を提起してくれる。それは、ケージがキノコから学んだ大切なことであった。[3]*

不確定性は、科学者にとってもキノコから学びうる重要な点である。菌学者のアラン・ライネール（Alan Rayner）によれば、菌類の成長の不確定性が、菌類研究における醍醐味であるらしい。[4] 人体は確定的な形態を人生の初期に獲得する。怪我でもしないかぎり、人間の形態は、青年期から大きな変化はない。余分な手足を獲得することなどありえないし、みながひとつずつの脳のままでいる。しかし、人間とは対照的に菌類は成長しつづけ、一生にわたって形態を変えつづける。菌類は出会うものや環境に順応して変形していく。

多くは「潜在的に不死身」である。つまり、病気や損傷、栄養不足で死ぬことはあっても、老齢が原因で死ぬことはない。この小さな事実でさえも、わたしたちの知識と存在についての見解が、いかに限定的な生活形態や老いを前提としたものであるかを気づかせてくれる。不死身な生命など想像することはめったにないが、想像してみれば、そこは魔法の世界だ。ライネールはわたしたちに、キノコについて別の考え方をさせようとする。かれによれば、わたしたちの生には、菌類の不確定性と通じる面があるという。わたしたちはつね日ごろの習慣を繰りかえしているが、それらは固定的なものではなく、さまざまな機会と出会いに対応して変化する。わたしたちの不確定な生活形態が、わたしたちの身体の形ではなく、ときとともに変わる動きの形によるものであったとすれば、どうだろうか？　そのような不確定性は人間の生についての概念を広げ、わたしたちが出会いによっていかに変容しうるかを提示することとなる。人類と菌類は、出会いを通じた、いま、この場での変容を共有している。両者がたがいに出会うことは珍しいことではない。別の一七世紀の俳句は詠う、「松茸や　人にとらるる　鼻の先[5]」。「どいつだ？　どのキノコだ？」

　マツタケの香りによって、わたしの身体は変容した。はじめて料理したとき、そうでなければ美味しいはずであった炒め物を、マツタケが台無しにしてしまった。香りが強すぎたのだ。まったく手をつけることができなかった。マツタケの香りを嗅がずには、ほかの野菜だけを選りわけることさえできなかった。フライパンの中身を丸ごと捨て、白米だけを食べた。それ以降というもの、わたしは注意深くなった。マツタケは採取しても、食べようとはしなかった。ある日、ありったけを日本人の同僚に届けにいくと、彼女は狂気した。生まれてこの方、こんなに大量のマツタケなど目にしたことがないという。早速、いくつかで夕飯を作ってくれた。庖丁を使わず、マツタケを裂く方法を披露してくれた。庖丁の金属が風味を変えるという。彼女の母によれば、「マツタケの精は庖丁を嫌う」らしい。バターだと香りが強くなりすぎる。マツタケは炙るか、汁にいれるにかぎる。油もバターもマツタケを駄目にしてしまう。炙ったマツタケを少量のライムの搾り汁を添えて給仕してくれた。驚嘆すべきものだった！　わたしは香りを愉快に感じはじめていた。

わたしの感覚は数週間で変化した。それはちょうどマツタケの当たり年のことであった。マツタケはどこにでもあった。いまや、かすかな香りをとらえただけで、幸せを感じるようになった。わたしは数年間、ボルネオ島に住んだことがあり、ドリアンで似た経験をしたことがある。ドリアンは、ありそうもないほどに臭い、熱帯の果物である。はじめてドリアンをだされたとき、わたしは吐きそうになった。しかも、その年は、ドリアンの当たり年であった。ドリアンの匂いが、そこらじゅうに漂っていた。そうこうするうち、わたしは、その香りにワクワクするようになっていた。マツタケも似ている。なにを嫌に思ったのかすらも、もはや覚えていない。いまや、歓喜のような香りを覚えるばかりだ。

そうした反応を示すのは、わたしだけではない。上田耕司は、京都の錦市場にある意匠をこらした八百屋の主人である。マツタケの季節に来店する客のほとんどはマツタケを買うつもりはない、とかれは断言する（かれの店のマツタケは高価だ）。人びとは香りを嗅ぎたいだけなのである。お店に足を運ぶだけで、人びとは幸せになれる。マツタケが人びとに与える喜びのためにマツタケをあつかっているのである。

おそらく、マツタケを嗅いだときの幸せ因子にほだされ、日本の香気技術者たちはマツタケの香りを合成することになったのであろう。いまや、マツタケ風味のポテトチップスをはじめ、マツタケ風味のインスタント味噌汁などもある。わたしも食べてみた。たしかにマツタケを食べたときの淡い記憶を舌の先で感じることはできた。しかし、それは本物と遭遇したときのようなものではなかった。それでも日本人のほとんどは、このかたちか、もしくは松茸ご飯や松茸ピザに使用される冷凍マツタケでしかマツタケを知ることがない。だから、マツタケについて蘊蓄《うんちく》をたれる人びとに対して、「それがどうした」と揶揄してみたくもなる。

本物の香りにかなうものはない。

日本のマツタケ愛好家は、こうした冷笑を理解していて、そのための反論を用意している。「マツタケの香りは、若者たちが知らない昔を思い出させてくれる」「マツタケは、田舎に祖父母を訪ね、トンボを追いかけた幼少期の香りだ」。マツタケの香りは、見通しのよい、明るい松林を思いおこさせてくれる。しかし、そんな林など、いまや藪と化してしまっていて、死滅しつつある。小さな記憶がかたまって、香りと一体化してしまっている。それは田舎の家の障子を想起させる。ある女性によれば、彼女の祖母は正月を迎えるたびに障子紙を張り替えていたものだが、その古紙で翌秋のマツタケを包み、焼いていたそうである。それは自然が劣化し、居心地が悪くなる以前の、心地よい時代のことであった。

だが、こういったノスタルジーにも利用価値がある。京都のマツタケ科学のすぐれた先達である小川真の言である。わたしたちが訪問したのは、かれが引退した直後のことであった。残念なことに研究室を片付けてしまったばかりで、蔵書類も処分してしまっていた。それでも小川博士は、マツタケ学とその研究史についての生き字引であることにちがいなかった。むしろ、引退したために、より自由にマツタケへの情熱を吐露してくれた。日本のマツタケ研究は、つねに人びとと自然の権利とを擁護してきた。マツタケ山の育て方を提示することによって、都市と田舎のつながりが活性化されることを願ってのことであった。都会人が田舎の暮らしに興味を持つ一方で、村人にはマツタケが貴重な収入源となる。経済が活況を呈してくるにつれ、マツタケ研究も研究資金を獲得できるようになった。それは基礎研究、とくに変化しつづける環境のなかで生きているもの同士の関係性を解明する研究に多大なる恩恵をもたらした。ノスタルジーが、この研究プロジェクトの一部であるとすれば、なおさら好都合であった。それはかれ自身のノスタルジーでもあった。小川博士は、わたしたちを古寺の裏にある、かつて賑わっていたマツタケ山に案内してくれた。いまや、丘陵地は一変してしまっていた。植林された針葉樹で暗いところと、常緑広葉樹が鬱蒼《うっそう》としているところがあり、枯れかけたマツがほんのわずかばかり残っていただけであった。無論、マツタケを見つけることはできなかった。かれの記憶では、かつては、その丘陵はマツタケで溢れていた。プルースト（Marcel Proust）のマドレーヌのように、マツタケは失われた過去をしのばせてくれる。

小川博士はかなりの皮肉と陽気さをともなってノスタルジーを味わっている。マツタケが消えた古刹《こせつ》の森の脇で雨に打たれながら、日本人のマツタケを尊重する習慣が朝鮮半島起源であることを説明してくれた。その語りを聴く前に、まずは日本人の国家主義者と韓国／朝鮮人のあいだには確執があることを思いだしてもらいたい。朝鮮半島の貴族たちが日本の文明化の先鞭をつけたと小川博士が指摘することは、日本人の感情を逆なですることでもある。文明化は、つねにうまくいくとはかぎらない。かれらが日本列島中央部にやってくるはるか以前、朝鮮半島人は、自分たちの森林を伐採し、寺を建て、鉄を鋳《い》り、荒らし散らした跡地に開けたマツ林を発達させた。するとマツタケが発生した。それは、まだ日本でマツ林が出現する、はるか以前のことである。八世紀に朝鮮半島人が日本に進出すると、林は伐りはらわれた。そうした伐採跡地にあらわれたのがマツであった。マツと一緒にマツタケも、ひょっこりとあらわれた。朝鮮半島人はマツタケの香りを感じ、故郷を懐かしんだ。最初のノスタルジーであり、マツタケへの愛情だ。日本に誕生したあらたな貴族たちが、秋の香りとして讃えたのは、朝鮮への強い憧れであったと、小川博士はいった。なるほど、海外にいる日本人たちがマツタケに憑かれているのも不思議ではない、ともつけくわえた。＊＊かれは、オレゴンで会った日系アメリカ人のマツタケ狩りのおかしな逸話で語りを終えた。その日系人は、日本語と英語のひどくまじった意味不明なことばで、「おれたち日本人はマツタケ狂いだ」と、小川博士の調査に敬意をあらわしたのだという。

小川博士の話は興味深かった。ノスタルジーに言及したからだけではなく、もうひとつの点をも強調していたからである。すなわち、マツタケが発生するのは、かなり攪乱された林という点である。本州地方ではマツタケとアカマツはパートナー同士である。両者とも人びとがかなりの森林破壊をおこしたところにのみ生育する。事実、世界中でマツタケは、もっとも攪乱された部類の森林と関連づけられている。氷河や火山、砂丘――あるいは人為的活動――が、ほかの樹木と有機土壌さえも排除してしまった場所だ。わたしが歩きまわったオレゴン中部の軽石だらけの平坦地は、マツタケが生きる術を知っている、ある意味で典型的な土地である。ほとんどの植物とほかの菌類はとりつく島がない。そのような疲弊した環境では、出会いの不確定性が立ちはだかる。ここに進出してきた開拓者は、どんなものだったのか？　それらはいかにして生存しえたのか？　どれほどたくましい実生《みしょう》でも、おなじようにたくましいパートナーの菌が、岩だらけの地面から栄養分を吸収してくれなければ、生きのびることはできなかったはずだ。（何の葉？　何のキノコ？）菌類の成長の不確定性も重要である。はたして受容してくれる樹木の根と出会うことができるだろうか？生息環境は栄養を与えてくれるだろうか？　不確定な成長を通じて菌は環境を学んでいく。

人間との出会いもある。薪を刈り、緑肥を集める過程で、無意識に菌類を育てたりするのだろうか？　それとも競合種を植えたり、外から病気を持ちこんだり、あるいは郊外開発でそこらじゅうを舗装してしまったりするだろうか？　こうした景観では、人間が問題となる。（菌類と木のように）人類は、歴史を携えて、出会いから生まれる課題に取りくもうとする。これらの歴史は、人間も人間以外も、決してロボットのようにプログラム化されたものではなく、むしろ、不確定ないま、ここがぎゅっと詰まったものである。わたしたちが把握する歴史、それは哲学者のヴァルター・ベンヤミン（Walter Benjamin）が指摘する「危険な瞬間にひらめく」記憶である。(6)　わたしたちは歴史を演じている。ベンヤミン曰く、「すでに過ぎ去ったものへのトラのような跳躍」[7]。科学研究者のヘレン・ヴェラン（Helen Verran）は、もうひとつのイメージを提供している。彼女の説明によれば、オーストラリアのヨルング人のあいだでは、現在の課題を解決するために、先祖の夢の回想を凝縮したある儀式をおこなう。その儀式が最高潮に達すると、話者の輪の中心に槍が投げこまれる。槍を放りあげることにより、過去と現在が融合される[8]。香りを通じて、わたしたちは槍の放擲《ほうてき》とトラの跳躍を理解する。出会いに持ちこまれる歴史は、香りに凝縮される。子どものころに祖父母を訪問したときの香りを嗅ぐことで、歴史が凝縮される。それは、単に二〇世紀中葉のいきいきとした田舎暮らしだけではなく、それ以前に生じた一九世紀の景観を丸裸にした森林伐採と、その後に生じた都市化と林の放棄の歴史が凝縮されたものなのである。

　たしかに自分たちが攪乱した林でノスタルジーを嗅ぎとる日本人がいるとはいえ、人びとがみな、そうした荒れ地に同様の感情を抱くわけではない。マツタケの香りについて再考してみよう。ヨーロッパ起源の人びとのほとんどは、その匂いを我慢することができない。ノルウェー人は、ヨーロッパのマツタケの学名を *Tricholoma nauseosum* とした。吐き気を催させるようなキシメジという意味である（最近、分類学者は先取規則の例外を認め、そのキノコを日本人の趣味を尊重し、*Tricholoma matsutake* に改名した）。ヨーロッパ人の子孫であるアメリカ人も、同様に太平洋岸北西部のアメリカマツタケ（*T. magnivelare*）の匂いにほとんど感銘をうけないようである。その匂いの特徴を説明してくれるように依頼すると、白人のマツタケ狩りは、「かび」「テレピン」「泥」と形容した。わたしたちの会話を聞き、腐ったキノコの不潔な匂いを連想した人も少なからずいた。カリフォルニアの菌学者デイヴィッド・アローラが「レッドホッツ・キャンディー（Red hots）と汚れた靴下が混淆した刺激的な匂い」と特徴づけたことを知っているものもいた。いずれも「食べたい」と思わせるものではない。[9]***オレゴンの白人マツタケ狩りがマツタケを料理するときには、ピクルスにするか、スモークにするかである。そうすれば、匂いを抑えることができるからだ。マツタケを匿名化し、香りに蓋をするというわけだ。

マツタケの香りを研究する際、米国の科学者がその香りを忌避するもの（ナメクジ）に着目するのに対し、日本の科学者は誘引されるもの（飛翔昆虫）に注目するのも、驚くべきことではないだろう。[10] もし人びとが出会いの場に持ちこむ感性がそれほどに異なるならば、両者は「おなじ」香りといえるのだろうか？　この問題は、人びとだけではなく、ナメクジとブヨのちがいにも発展するのだろうか？　もしマツタケも、出会いを通じて変化することができたら、どうなるのであろうか？

オレゴンのマツタケは、多数の宿主樹木《ホストツリー》と関係している。オレゴンのマツタケ狩りは、マツタケの大きさと形状にもよるが、その香りによっても、宿主樹木を特定することができる。そのことがわかったのは、ひどい匂いのするマツタケが売られているのに出くわしたときであった。そのマツタケを採取した者によれば、これらのマツタケは、マツタケの宿主樹木としては稀な白いモミの周囲で見つけたという。伐採人たちは、この白いモミを「小便モミ」と呼ぶらしい。なぜなら伐採したときに、臭い匂いを発するからというのである。そのマツタケは傷ついたモミとおなじくらいの悪臭がした。まったくマツタケらしい香りではなかった。しかし、この匂いも、小便モミとマツタケの出会いの結果ではある。

それらの不確定性には、自然と文化の興味深い結び目が存在している。香りのうけとり方や香りの質のちがいが、一緒に包みこまれている。香りに凝縮されている文化的歴史と自然的歴史に言及せずしてマツタケの香りを叙述することはできそうもない。決定的なもつれをきちんとほどこうとするあらゆる試み――人工的なマツタケの香りなど――は大事な要点を見失うこととなろう。香りは出会いと過去から隔離されることはない。香りには、それ以外になにがあろうか？

マツタケの香りは記憶と歴史を包みこみ、もつれさせる。それは、人間にとってだけではない。いろいろな生き方が、それぞれが影響しあう、独自の集団をまとめている。出会いから創発し、香りは、いままさに形成されつつある歴史を示してくれる。嗅いでみよう。

題辞　John Cage, "Mushroom haiku," http://www.youtube.com/watch?v=Xnz vQ8wrcB0.

1　つぎを参照のこと。http://www.lcdf.org/indeterminacy/. ライブ演奏については、つぎを参照のこと。http://www.youtube.com/watch?v=AJMekws6b9U.

2　この翻訳は以下の九七頁に掲載されている。R. H. Blyth, "Mushrooms in Japanese verse," *Transactions of the Asiatic Society of Japan*, 3rd ser., II (1973): 93–106.

3　翻訳に関するケージの議論は、以下を参照のこと。http://www.youtube.com/watch?v=XnzvQ8wrcB0.

4　Alan Rayner, *Degrees of freedom: Living in dynamic boundaries* (London: Imperial College Press, 1997).

5　ブリスによって載録され、翻訳された向井去来の俳句。"Mushrooms," 98.

6　Walter Benjamin, "On the concept of history," *Gesammelte Schriften*, trans. Dennis Redmond, (Frankfurt: Suhrkamp Verlag, 1974), sec. 6, 1:2.〔ヴァルター・ベンヤミン『〔新訳・評注〕歴史の概念について』、鹿島徹訳、未來社、二〇一五年〕

7　Ibid., sec. 14. かれはファッションと革命を比較している。それぞれ過去から収穫し、現在に合致するようにする。

8　二〇一〇年に交わしたヴェランとの会話。ヴェランはヨルングに関する多数の著作で「いま、ここで」の概念を発展させている。たとえば、ヨルングの知識は、ドリーミングを世俗に侵入させている。特別な人物が、特別なときに、特別なことをすることによって、ドリーミングは、いま、この場にもたらされる。……知識はドリーミングでしか表現されえず、ドリーミングによって、ほかのドメインの構成要素に関する「いま、ここ」に命が吹きこまれる（キャロライン・ジョセフ Caroline Josephs のつぎの論考に引用されたヴェランの文章 “Silence as a way of knowing in Yolngu indigenous Australian storytelling,” in *Negotiating the Sacred II*, ed. Elizabeth Coleman and Maria Fernandez-Dias, 173–190［Canberra: ANU Press, 2008］, 181）.

9　David Aurora, *Mushrooms demystified*（Berkeley: Ten Speed Press, 1986）, 191.

10　William F. Wood and Charles K. Lefevre, “Changing volatile compounds from mycelium and sporocarp of American matsutake mushroom, *Tricholoma magnivelare*,” *Biochemical Systematics and Ecology* 35（2007）: 634–636. わたしは、日本人の研究を見つけだしていないが、小川博士にそのことを教えてもらった。その香りのエッセンスとして、おなじ化学物質が分離されたかどうかについてはわかっていない。

*　ジョン・ケージの著作については、小沼純一編『ジョン・ケージ著作選』（ちくま学芸文庫、二〇〇九）もある。同書には、ケージがキノコについて綴った「音楽愛好家の野外採集の友」（一九五四）も収められている（一四－二五頁）。

**　この説は、小川氏のエッセイ集『マツタケの話』（築地書館、一九八四年）に収められた「マツタケ好きのルーツ」（四一－四八頁）に詳しい。

***　レッドホッツは、シナモン風味のキャンディーである。

MUSHROOM
BUYER

第二部　進歩にかわって――サルベージ・アキュミュレーション

資本主義の周縁効果、オレゴン。キノコのバイヤーがハイウェイ沿いに待機している。こうした不透明な取引が規律のない労働と資源を結びつける。その中心には商品目録が位置しており、資本主義的に翻訳された価値が積みあがっていく。

マツタケのことをはじめて耳にしたのは、菌学者のデイヴィッド・アローラからであった。かれは一九九三年から一九九八年にかけてオレゴンのマツタケ・キャンプで調査をしたことがある。わたしは、文化によって意味づけが異なるグローバルな商材を探していて、アローラから聞いたマツタケ話に好奇心がそそられたのだった。マツタケを買いつけるためにバイヤーは、夜間にハイウェイ脇にテントをはる。「昼間はなにもすることがないから、話す時間は十分あるはずだ」とアローラはいってくれた。

はたしてバイヤーたちはいた――それよりも、もっとすごいことがあった！　大きなキャンプは、まるで東南アジアの田舎に足を踏みいれてしまったかのようであった。ミエン人がサロンをまとい、三個の石でこしらえた竈《かまど》に載せた灯油缶でお湯をわかしていただけではなく、野鳥や魚を割いたものを竈に吊して乾燥させていた。モン人ははるばるノース・カロライナから自家製のタケノコの缶詰を持参し、売っていた。ラオ人のテントではフォー〔米粉麺〕だけではなく、生血と唐辛子、内臓が入った、これまでに米国で食べたなかで、もっとも本格的なラープ〔サラダ〕を食べさせていた。ラオ語のカラオケが電池式スピーカーから鳴り響いていた。チャム語は話せないものの、チャム人のマツタケ狩りもいた。もし、かれがチャム語を話せたら、マレー語との近さから、なんとか会話できていたはずだ。わたしの言語力をあざ笑いながら、四つの言語――クメール語、ラオ語、英語、黒人英語――を操ることができると自慢するグランジを着たクメール人の少年もいた。地元のアメリカ先住民が、ときどき、マツタケを売りにきた。白人とラテンアメリカ系もいた。しかし、かれらの多くは公定キャンプ場を避け、森のなかに独りか少数のグループで滞在していた。まだいた。サクラメントのフィリピン人は、ミエン人の友人についてきて一年になるが、まだ要領が摑めていないとこぼしていた。ポートランドの韓国人は、そのうちマツタケ狩りにくわわってもいいかなと考えていた。

しかし、そこには、なにかコスモポリタン的ではないことも存在していた。こうしたマツタケ狩りとバイヤーたちを日本の小売店や消費者から隔てる深い溝である。(日系アメリカ人市場で数パーセントが消費される以外) マツタケが日本に行くことをみなが知っている。どのバイヤーとバルカー〔大口集荷人〕も、直接日本に売りたがっていた――しかし、だれも、どうしたらよいのか、わからなかった。日本とオレゴン以外の供給地におけるマツタケ貿易に関する誤解ばかりが膨れあがっていた。白人のマツタケ狩りは、日本人がマツタケをもとめるのは媚薬を期待してのことだと断言した(日本ではマツタケが陰茎を暗示することがあるとはいえ、強壮剤として食べられているわけではない)。中国の人民解放軍についての苦情を口にする者もいた。軍が村人をけしかけ、マツタケを狩らせるために、グローバルな価格が低くおさえられている、というのだ(中国の採取人たちは、オレゴンと同様に自立している)。インターネットで東京の気違いじみた値段を見つけても、それらの価格が日本産マツタケだけに適用されることを理解している者はいない。日本語に堪能な、ある中国人バルカーだけが、こうした誤解についてこっそり教えてくれたが、かれは部外者である。この男性をのぞき、日本側の事情について、オレゴンのマツタケ狩りもバイヤーもバルカーも、だれひとりとしてなにも理解していない。かれらは日本の市況を勝手に妄想しているが、それを評価する術《すべ》を持っていない。かれらには独自のマツタケ世界がある。そこは、ひとりひとりのやり方とそれぞれにとっての意味が集結したパッチであるが、そこから先のマツタケの行方について、知る場所ではない。

本書の探究は、こうしたコモディティ・チェーンにおける、米国と日本のあいだに存在する断絶によって方向づけられている。価値を創造し、それを手にいれるためのプロセスの差異が、それぞれを特徴づけているのである。こうした多様性をふまえ、わたしたちが資本主義と呼ぶグローバル・エコノミーを構成している要素とは、いったいどのようなものなのか？

資本主義の周縁効果、オレゴン。マツタケ狩りがマツタケを道路沿いのバイヤーに売っている。不安定な生計が資本主義的な統治の周辺にあらわれる。不安定な状態は、そこかしこに存在している。そこでは過去は未来に導いてはくれない。

4 周縁を活かす

資本主義を移ろいゆくアッセンブリッジと多方向に向かう歴史を重視した理論をもちいて検討するなど、いささか奇妙に思えるかもしれない。結局のところ、グローバル・エコノミーは進歩の中心的存在であったし、急進的な評論家でさえも、グローバル・エコノミーの前進する姿勢が世界を埋めつくしていると説明してきた。たしかに巨大なブルドーザーのように、資本主義が仕様書に沿って地球を平坦にしているように見える。しかし、だからこそ、特定の保護区域だけでなく、むしろ地球上のいたるところで、ほかにどのようなことが進行しているのか問うことが重要となる。

一九世紀に工業が興ったことをうけ、マルクスは資本主義を、賃金労働と原材料の合理化を追求するもの、と提示した。以来、評論家のほとんどは、この先例にしたがってきた。つまり、国民国家と手を取りあいながら、一貫した統治構造をともなうものとして工業システムをとらえてきたわけである。しかし、今日、経済の大部分は、従来とは根本的に異なる場でおこっている。サプライ・チェーンは、空間だけではなく規制をもまたいで、くねくねと進んでいる。チェーンをつらぬく唯一の合理性を特定するのは困難であろう。それでも、将来の投資に向けて資産は蓄積されつづけている。いかに機能しているのだろうか？

サプライ・チェーンは、ある特定のコモディティ・チェーンで、大手企業が商品の流通を統括するものだ。(1) 本章は、オレゴンの森でマツタケを狩る人びとと日本でマツタケを食べる人びとをつなぐサプライ・チェーンについて報告する。このチェーンは驚くべきもので、文化的多様性に満ちている。そこには資本主義を理解するための入口であるべき工場労働など見当たらない。それにもかかわらず、マツタケのサプライ・チェーンは、現代の資本主義について、なにか重要なことをあきらかにしてくれる。すなわち、労働と原材料を合理化することがなくとも、富を蓄えていくことが可能だということである。そのかわり、そのためには多様な社会的・政治的空間を越えた翻訳作業が必要となる。生態学の用語から借用して、その空間をパッチ（patch）と呼んでおこう。* 佐塚志保の考えにしたがえば、翻訳は、ある世界制作プロジェクトを、別のものに引きこむことである。(2) 翻訳というと言語を思い浮かべてしまうが、ほかの形式での部分的同調を指すこともできる。たがいの差異をまたぎ、両者をつなぐ翻訳が資本主義である。翻訳によって投資家は富を蓄積することができるようになる。

フリーダムの戦利品として探しだされたマツタケは、いかにして資本主義的資産となり──のちには日本で典型的な贈り物となるのであろうか？　この問いに答えるには、サプライ・チェーンの構成要素をつなぐ予期せぬアッセンブリッジだけではなく、それらのつながりがトランスナショナルな回路へと引きこまれていく翻訳過程の双方に目を向けねばならない。

資本主義は富を集中させるシステムであり、その富はあらたな投資を可能とし、そのことがさらなる富を集中させていく。この過程が蓄積である。従来の理論では工場を例として説明されてきた。工場主は、労働者が日々、生産する商品の価値よりも少ない賃金を労働者に支払うことによって、富を集中させ、この余剰価値から投資資産を「蓄積」していく。

しかし、工場においてさえも蓄積を可能とする要素は、ほかにも存在している。一九世紀に資本主義がはじめて研究対象となったとき、原材料は自然から人間へ与えられた無限の贈り物だと考えられていた。ところが、いまや原材料は所与のものとみなすことができなくなった。たとえば、現代の食料調達システムでは、資本家は生態系を作りなおすだけではなく、その収容力を巧みに利用することによって生態系を搾取する。工業的農業でさえも、光合成や動物による消化のような、自分たちが管理できない生命現象に依存している。資本主義的な農場においては、生態系の働きのなかから生まれる物も、富の集積のために回収される。これが、わたしがサルベージと呼ぶものだ。つまり、資本家による統制がなくとも、生産される価値を巧みに利用することである。（石炭や石油などの）多くの資本主義的原材料は、資本主義の誕生よりもはるか以前から存在していた。資本家は、労働の必須条件である人間の生命さえも生産できやしない。サルベージ・アキュミュレーション〔サルベージを通じた蓄積〕は、大企業が資本を蓄えていく工程なのだ。その際、大企業は商品が生産される諸条件を管理することはない。サルベージは日常的な資本主義的過程の装飾なのではなく、いかに資本主義が作用するかを特徴づけるものである[3]。

　サルベージをおこなう場は、資本主義の内側でも外側でもある。これを周縁資本主義《ペリキャピタリズム》と呼んでおきたい[4]。周縁資本主義によって生産されるすべての種類の商品とサービスは、人間であれ、人間以外のものであれ、資本の蓄積のためにサルベージの対象となる。小農一家が、資本主義的フード・チェーンで流通する農作物を栽培したとしよう。その畑で生産された価値をサルベージすることによって、資本は蓄積されていく。いまやグローバル規模のサプライ・チェーンが世界中の資本主義を特徴づけているので、この過程はいたるところにあふれている。「サプライ・チェーン」は、コモディティ・チェーンであり、価値を大企業の利益へと翻訳する。非資本主義的価値体系と資本主義的価値体系のあいだの翻訳こそが、サプライ・チェーンの実体である。

　サルベージ・アキュミュレーションがグローバルなサプライ・チェーンを通じてなされることは、なにも目新しいことではない。よく知られている初期の事例を見てみよう。ジョセフ・コンラッド（Joseph Conrad）の小説『闇の奥』が物語るように、中央アフリカとヨーロッパをつなぐ一九世紀の象牙のサプライ・チェーンを検討してみよう[5]。物語は敬服するヨーロッパ人貿易商が象牙を生産するために残虐化したことを発見した語り手を軸に展開する。残虐性は驚きであった。というのも、ヨーロッパ人がアフリカにいることが、文明化と進歩への推進力たることを、みなが期待していたからである。ところが、文明化と進歩は、暴力を通じて産出される価値にアクセスするための翻訳装置とまやかしにすぎなかった。典型的なサルベージである。

　サプライ・チェーンがほどこす翻訳の、よりわかりやすい事例として、ハーマン・メルヴィル（Herman

Melville）による、一九世紀のヤンキー投資家による鯨油の獲得過程を考えてみよう。[6]『白鯨《モービィ・ディック》』は捕鯨船の物語である。無骨な捕鯨者たちが世界を股にかける様子は、規律ただしい工場のステレオタイプと鋭い対照をなしている。それでも、捕鯨者たちが世界中の鯨を捕殺して採取する鯨油は、米国を基盤とする資本主義サプライ・チェーンに搬入される。不思議なことにピークォド号の銛打ちたちは、全員がアジアやアフリカ、アメリカ、太平洋出身の、同化していない先住民たちである。こうした米国の産業的規律にまったく通じていない人びとの知識がなければ、捕鯨船は一頭の鯨たりとも捕ることができない。しかし、この作業の結果としての製品は、結局のところは、資本主義的価値の形式に翻訳されねばならない。しかも、捕鯨船は資本家の出資があってこそ出帆が可能となる。先住民の知識を資本主義的利益に変換することは、サルベージ・アキュミュレーションである。鯨の命を投資に変換することも同様である。

サルベージ・アキュミュレーションなど、すでに廃れてしまったものだと結論づける前に現代の事例に移らせてもらおう。在庫を管理する科学技術の進歩が、今日のグローバルなサプライ・チェーンの原動力となっている。在庫管理は資本主義的であろうとなかろうと、あらゆる種類の経済的なお膳立てを通じて商品を調達することである。そのような技術革新を導入するのに一役買った企業が、巨大小売業者のウォルマートである。ウォルマートは他社に先駆けて白黒の縞（バーコード）でコンピューターによる商品の在庫管理ができる統一商品コード（UPC）の使用を制度化した。[7]一方で在庫が一目瞭然であることは、商品が生産される労働と環境についてウォルマートが目配りする必要がないことも意味している。たとえ略奪と暴力をふくむ周縁資本主義の手法が、生産過程の一部であったとしても。ウディ・ガスリー（Woody Guthrie）**の曲に共感しつつ、UPCタグの表と裏の両面をとおして、生産と会計のあいだの対比について考えてみよう。[8]バーコードによって商品は瞬時に追跡され、査定される。しかし、バーコードの裏面は空白であり、商品がいかに生産されたかについてウォルマートが無関心であることを暗示する指標となる。というのも、価値は、会計を通じて翻訳されるからである。ウォルマートは、サプライヤーに対して商品をつねにより安く生産するよう強いることで、サベージ〔残虐〕(savage) な労働と環境破壊をおこなうよう仕向ける会社として有名になった[9]。サベージとサルベージは、しばしば対をなす。サルベージは暴力と環境汚染を利益へと翻訳する。

在庫が楽に管理できるようになるにつれ、労働と原材料を管理する必要性はなくなっていく。サプライ・チェーンは、まったく異なった環境で生産されたさまざまな価値を翻訳し、資本主義的な在庫目録にくわえることによって、価値を形成していく。この点に関しては、変化する関係をゆがめずに拡張していく技術的な妙技としてのスケーラビリティを通じて思考するのがよい。一目で把握できる在庫目録によって、ウォルマートは、生産がスケーラブルでなくとも、スケーラブルな小売を拡大させることができた。しかし、生産現場は、相変わらずひどくノンスケーラブルな多様性を有したままで、それぞれの関係性に特有の夢やスキームを保持している。このことをもっともよく示すのは「底辺への競争」である。強制労働や危険に満ちたブラック企業、有害な代替原料、無責任な環境破壊と不法投棄を奨励するグローバルなサプライ・チェーンの役割。大手企業がサプライヤーに圧力をかけて、より廉価な製品を供給するように迫れば、こうした生産条件になることは予測できる。『闇の奥』のような無秩序な生産は、コモディティ・チェーンのなかで翻訳され、進歩とさえとらえなおされる。恐ろしいことだ。J・K・ギブソン゠グラハム (J.K. Gibson-Graham) が、「ポスト資本主義的ポリティクス」を前向きにとらえた著書で論じているように、経済的に多様であることには希望が持てる[10]。周縁資本主義の経済形態は、自明のことと思われてきた資本主義の権威を再考する場となりえる。少なくとも多様性は、たったひとつではなく、複数のやり方で前進していく好機を提供してくれる。

西アフリカとフランスを、また東アフリカとイギリスをつなぐインゲンマメのサプライ・チェーンに関する洞察力に富んだ比較研究において、地理学者のスザンヌ・フリードバーグ（Susanne Freidberg）は、植民地史および国家史を参照しながら、サプライ・チェーンが異なる経済形態を推進している様をあきらかにした。[11] フランスの新植民地主義的なやり口は農園労働者の組合を動員する。英国のスーパーマーケットの基準は国外での不正行為を助長する。[12] こうしたちがいはあれども、それぞれがサルベージ・アキュミュレーションと対峙したり、誘導したりするための特有な、あるいは共通するポリティクスを構築する余地は残されている。しかし、ギブソン゠グラハムにしたがって、このポリティクスを「ポスト資本主義」と呼ぶことは、時期尚早のように思われる。サルベージ・アキュミュレーションを通じて、生命と製品は非資本主義的形式と資本主義的形式のあいだを往来する。これらの形式は、たがいを成し、浸透しあっている。「周縁資本主義」なる用語は、それらの翻訳にとらわれるわたしたちが、資本主義から完全に遮蔽されていないことを意味してもいる。周縁資本主義的な空間は、安全な防衛と回復のための場ではなさそうだ。

また、経済多様性を無視する評論家たちが名声を博してはいるが、これもいまとなっては馬鹿げたことのように思われる。資本主義についての評論のほとんどは、資本主義体制の単一性と均質性を強調している。マイケル・ハート（Michael Hardt）とアントニオ・ネグリ（Antonio Negri）のように、多くは資本主義的帝国の外側には、もはや空間など存在しないと断じがちである。[13] すべてが単一の資本主義的論理で支配されているというわけである。ギブソン゠グラハムについていえば、その主張は資本主義を超越した批判的な政治的立ち位置を構想しようとするものである。世界中を覆いつくす資本主義が保持する統一性を強調する評論家は、連帯こそが克服の鍵だと考えている。しかし、この望みをかなえるには、どれだけのことに目をつぶる必要があるのだろう！　そうではなく、経済の多様性を認めればすむのではないか？

ギブソン＝グラハムおよびハートとネグリをもちだしたのは、かれらを批判したいからではない。実際に、かれらは二一世紀初頭のもっとも切れのよい反資本主義の評論家であろう。事実、わたしたちが考えるであろうことと、ふるまうであろうことのあいだには、あきらかに対照的な規則や条件があるとして、かれらはともに重要な議論を展開した。資本主義は、すべてを制圧する単一で包括的な体系なのか？　それとも、あまたあるうちの、ひとつの棲み分けされた経済形態なのか？[14]　これらのふたつの見解を念頭に、資本主義的形式と非資本主義的形式が周縁資本主義空間で、いかに相互に作用しあうのかを見てみよう。ギブソン＝グラハムがいうには、みずからが「非資本主義的」形式と呼ぶものは、廃れた僻地でなくとも、資本主義世界の中心部のどこででも見つけることができる。このこと自体は非常に適切である。問題は、ギブソン＝グラハムたちがそのような形式を資本主義にとってかわるものだと考えていることである。そうではなく、資本主義自身が依存している非資本主義的要素を探求すべきだ、とわたしは考えている。たとえば、ジェーン・コリンズ（Jane Collins）が報告するところによれば、メキシコの衣服縫製工場の労働者は、女性だからという理由で、まだ仕事をはじめないうちから縫い方を知っていて当然と思われている。[15]　ここに非資本主義的経済形式と資本主義的経済形式がともに作用していることを、わたしたちは垣間見ることができる。女性は成長過程で裁縫を学ぶ。サルベージ・アキュミュレーションは、工場の所有者の利益のために、女性が家庭で習得した技術を工場に引きこむ工程である。資本主義とそれにまつわるものすべて（代替手段だけではなく）を理解するためには、資本主義の論理のなかにじっとしていてはならない。蓄積を可能とするような経済の多様性を見るためには、民族誌的な観察眼を必要とする。

どんな概念も、具体的な歴史なしには生命力を持たない。進歩という概念にかわって目を向けるべきは、マツタケ狩りではなかろうか？　オレゴンと日本のあいだのマツタケ・サプライ・チェーンにおける断絶と調停は、経済の多様性を通じて達成された資本主義をあらわしている。周縁資本主義を遂行する過程で採取され、取引されたマツタケは、翌日には日本へ送られ、資本主義的な商品となる。こうした翻訳は、多くのグローバルなサプライ・チェーンの中心的課題である。サプライ・チェーンの導入部から見ていこう。[16]

アメリカ人はミドルマンが嫌いである。ミドルマンが上前《うわまえ》をはねていると考えるからである。しかし、ミドルマンは熟練した翻訳家である。ミドルマンによって、わたしたちはサルベージ・アキュミュレーションへと導かれていく。オレゴンから日本へマツタケを輸出するコモディティ・チェーンの北米側の様子を見てみよう（無数のミドルマンが介在する日本側の事情については後述する）。独立したマツタケの渉猟者たちは、国立公園でマツタケを狩る。かれらは独立したバイヤーに売却する。すると、バイヤーは、バルカー〔大口集荷人〕のフィールド・エージェント〔現地集荷人〕に転売する。フィールド・エージェントは、ほかのバルカーもしくは輸出商に売却する。輸出商は最後に日本の輸入商に売り、出荷する。なぜ、そんなに多くのミドルマンが介在するのだろうか？　その答えは歴史にある。

日本の貿易商がマツタケを輸入しはじめたのは、一九八〇年代のことであった。*** 国内産マツタケの不足が明白になったときだ。日本は投資のための資本であふれそうだった。マツタケは極上の贅沢品であり、心づけや贈り物、賄賂に適していた。アメリカ産マツタケは、東京では、まだ目新しかったため、高価だったにもかかわらず、料亭は競って入手しようとした。日本に出現したマツタケ貿易商たちは、ほかの貿易商たちと同様に、サプライ・チェーンを構築するためなら、みずからの資本を投資するつもりでいた。

マツタケは高価だったので、サプライヤーへの誘因は十分すぎた。北米の貿易商は、一九九〇年代を、桁外れの価格と高リスクの博打の時代として記憶している。もしサプライヤーが日本市場を正確にとらえることができれば、その報酬は巨額となった。しかし、林産物であるマツタケは品質にばらつきがあるうえ、傷みやすく、需要動向も突如として変化するため、全滅させられる可能性も小さくなかった。みな、当時をカジノという隠喩をもちいて回顧する。日本の貿易商には、当時の輸入商を第一次世界大戦後の世界中の港を仕切っていたマフィアにたとえる者もいる。輸入商たちは博打をぶっていただけではなく、博打をあおり、博打がつづくままにまかせていたのだ。

日本の輸入商は北米側のノウハウを必要とした。そこで輸出商との連携に動いた。太平洋岸北西部では、最初の輸出商はバンクーバーのアジア系カナダ人であった――この実績のために米国産マツタケのほとんどは、そうした会社を通じて輸出されつづけた。これらの輸出商はマツタケだけに関心があったわけではなかった。すでに水産物やサクランボ、ログハウスなどを日本に輸出してきた実績があった。マツタケは、そうした既存の経済活動に追加された。ある人――とくに日系移民――は、日本の輸入商と長期にわたる関係を構築するためにマツタケを輸出しはじめたと、語ってくれた。関係性を確固たるものとして維持していくため、損をしてでも、進んでマツタケを輸出したものだという。

輸出商と輸入商の連携は、太平洋を横断する貿易の基礎を形成した。しかし、輸出商――魚類や果物、木材の輸出商――は、マツタケの入手方法については無知であった。日本では、マツタケは個人で出荷されることもあれば、農協を通じて市場に出荷されもする。北米のマツタケは広大な米国の国立公園とカナダの連邦公園に散在している。ここに、わたしがバルカーと呼ぶ小規模な会社が介在する余地がある。バルカーは輸出商に転売するためにフィールド・エージェントからマツタケを集荷する。フィールド・エージェントは、バイヤーからマツタケを買う。そのバイヤーは、マツタケ狩りからマツタケを買う。フィールド・エージェントは、バイヤー同様に地理とマツタケ狩りをやっていそうな人びとに通じていなければならない。

米国太平洋岸北西部におけるマツタケ貿易の初期、ほとんどのフィールド・エージェントやバイヤー、マツタケ狩りは白人で、ベトナム帰還兵や住むところを失った伐採者、進歩的な都市生活を拒絶する「伝統主義者」のような森林に癒やしを見いだした人びとであった。しかし、一九八九年以降は、急増したラオスとカンボジアからの難民がマツタケを狩りはじめた。するとフィールド・エージェントは、東南アジア人たちと協働する能力を習得しなければならなくなった。結局、東南アジア人たちがバイヤーとなり、少数はフィールド・エージェントにもなった。おたがいの近くで働くうちに、白人と東南アジア人たちは、「フリーダム」に共通したことばを見いだした。たとえ、それらがおなじものでなくとも、フリーダムは、それぞれの集団にとって大事な、多くのことを意味することができた。アメリカ先住民も共鳴した。しかし、ラテンアメリカ系のマツタケ狩りは、フリーダムのレトリックを共有しなかった。こうした差異にかかわらず、みずから隠遁した白人と東南アジアからの難民の、重なりあう関心事が貿易の中心となった。マツタケを世に送りだしたのは、フリーダムであった。

フリーダムについて共有する関心事を通じ、米国太平洋岸北西部は、世界でも有数のマツタケ産地のひとつとなった。それでも、このような生活様式は、サプライ・チェーンのほかの部分から隔離されていた。バルカーとバイヤーは、日本に直接マツタケを送りたがっていたものの、成功しなかった。アジア系カナダ人の輸出商たちにとっては、しばしば英語は第一言語ではなく、やりにくい取引をやりくりしていたバイヤーもバルカーも、それ以上に参入することができなかったのだ。バイヤーとバルカーたちは不公正な商慣行について不平をこぼしたが、実際、商品目録を作る際に必要となる文化的翻訳において、かれらは使いものにならなかった。なぜならオレゴンのマツタケ狩りとバイヤー、バルカーを日本人の貿易商から隔てるのは、単に言語だけではなく、商品が生産される状態だったからである。オレゴンのマツタケはフリーダム文化の慣行で染められている。

ここで例外的な物語を紹介しよう。「ウェイ」という男は最初、音楽を勉強するために生まれた祖国中国から日本へ渡った。音楽で食べていくのがむずかしいことを悟ると、かれは日本の野菜輸入貿易業界に入った。ところどころ日本の生活に神経をつかわねばならなかったとはいえ、かれは日本語に堪能であった。会社が社員を北米に派遣しようとしたとき、みずから志願した。こうしてウェイは、フィールド・エージェントとバルカー、輸出商のバイヤーを組みあわせた独特な存在となった。産地を訪問し、買いつけの様子を観察するところまでは、ほかのフィールド・エージェントとおなじだが、ウェイは日本に直接つながっている。ほかのフィールド・エージェントと異なり、かれはたえず、日本の貿易商と電話で好機と価格をはかっている。自分のマツタケを卸すことはないが、ウェイは日系カナダ人の輸出商とも連絡をとる。日本語で話をすることができるので、かれらは自分たちが買うマツタケのフィールド・エージェントの行動もふくめて、現場の状況を説明してくれるよう、ウェイに依頼する。その一方で、ほかのフィールド・エージェントは、ウェイを仲間はずれにし、ウェイのバイヤーを陥れようとする。ウェイは、そうしたフィールド・エージェントたちに歓迎されていない。事実、フリーダムを愛する森の人びとから敬遠されている。

ほかのフィールド・エージェントとはちがって、ウェイは自分のバイヤーに手数料ではなく、給料を払っている。そのかわり、かれは従業員に忠誠と規律を要求する。ほかのバイヤーたちのような自由気ままな自立を許さない。ウェイはそれぞれが要求してくる個別の出荷目的に沿ってマツタケを仕入れている。他人がするように自由競争における楽しみと腕前のために買いつけることはない。その証拠に、かれは買いつけ用テントで在庫目録を作ってしまう。ウェイだけがちがうということが、むしろフリーダム・アッセンブリッジがパッチとして独特であることを際立たせている。

二一世紀に入って以降、日本ではマツタケの国際貿易の秩序化が進行している。多数の国でサプライ・チェーンが発達したおかげで、価格も安定してきた。外国産マツタケの序列が確立したうえ、日本では心付け用の予算が削減され、マツタケ需要はさらに特殊化してしまった。今日でもマツタケは不規則にしか供給されない天然食材であるにもかかわらず、日本におけるオレゴン産マツタケの価格は比較的安定している。しかし、この安定性はオレゴンでは反映されていない。一九九〇年代のような高価格に戻ることはありえないとはいえ、オレゴンではジェットコースターのように価格が激変を繰りかえしている。この食いちがいについて日本の輸入商に訊くと、アメリカ人の気質だと説明してくれた。オレゴン産マツタケに特化している輸入商は、かれがオレゴンを訪問したときの写真を興奮気味に見せてくれ、現地で経験した西部の原生自然《ウィルダネス》体験を語ってくれた。競《せ》りにおける興奮がなければ、白人と東南アジア人のマツタケ狩りとバイヤーたちは、マツタケを生産しない、という。だから、価格が上下すればするほど、よい買い物ができる（かれによれば、対照的にメキシコ人のマツタケ狩りは、オレゴンでも定額取引をうけいれる傾向にあるらしい。しかし、ほかの民族がマツタケ貿易を支配している）。かれの仕事は、アメリカ人の特性をうまく引きだすことである。かれの会社は並行して中国産マツタケの専門家を雇っており、その担当者の仕事は中国人の特異な行動を受容することだ。変化に富んだ文化的経済を捌《さば》きながら、かれの会社は、世界のマツタケをあつかうマツタケ・ビジネスを確立した。

この男性が期待するような文化的翻訳が必要とされていることが、最初にサルベージ・アキュミュレーションについての関心を喚起してくれた。一九七〇年代、資本のグローバリゼーションは、米国のビジネス・

スタンダードが世界中に広がることにひとしい、とアメリカ人たちは考えていた。対照的に日本の貿易商は、国際的なサプライ・チェーンを構築し、それらを翻訳装置として活用し、日本的な生産施設や雇用基準がなくとも、日本に商品を持ちこむ専門家になった。これらの商品が、日本への輸送中に判読可能な在庫目録に仕立てられるかぎり、日本の貿易商たちは、それらを資本の蓄積のために使うことができた。二〇世紀末までには、日本の経済的影響力は凋落してしまい、二〇世紀の日本のビジネス・イノベーションは新自由主義的改革によって輝きを失ってしまった。しかし、だれもマツタケのサプライ・チェーンを改革しようなどとは考えていない。あまりにも小さすぎるし、あまりにも日本的すぎるからである。したがって、マツタケのサプライ・チェーンこそが、世界を揺るがせた日本の貿易戦略を探究する場でもある。その中心には多様な経済のあいだの翻訳が存在している。翻訳家としての貿易商がサルベージ・アキュミュレーションの達人となる。

翻訳に挑む前に、わたしたちはフリーダム・アッセンブリッジを訪れなくてはならない。

1　コモディティ・チェーンは、生産者と消費者のあいだをつなぐ、全工程を調整する。サプライ・チェーンは、大手企業がアウトソーシングによって組織するコモディティ・チェーンである。大手企業は生産者かもしれないし、貿易業者かもしれないし、小売店かもしれない。つぎを参照のこと。Anna Tsing, "Supply chains and the human condition," *Rethinking Marxism* 21, no. 2（2009）: 148–176.

2　Shiho Satsuka, *Nature in translation*（Durham, NC: Duke University Press, 2015）. 佐塚は、ポストコロニアル理論と科学研究における「翻訳」の、拡大された意味をもちいている。さらなる議論については第16章を参照のこと。

3　この用語は、マルクスの「本源的蓄積」、つまり産業労働を運命づけられている人びとから権利を剝奪する暴力に由来している。マルクスの分析視角になぞらえて、本書では産業構造の（既存の）枠組みから一歩出たところで資本主義のあり方を探っている。本源的蓄積とは対照的に、サルベージは決して完全ではない。蓄積はつねにサルベージに依存している。サルベージ・アキュミュレーション〔サルベージを通じた蓄積〕は、労働力を生産するためにも必要とされる。資本家によって完全には支配されえない生命過程を通じて工場労働者は生産され、再生産される。工場では、資本家は労働者の技量を利用して製品を生産する。しかし、資本家は、これらの技量を生産することができない。労働者の技量を資本主義の価値に転換するのが、サルベージ・アキュミュレーションなのである。

4　本書では「非資本主義」という用語を、資本主義の論理の外部でおこなわれる価値形成のあり方としてもちいている。「周縁資本主義」は、わたしの用語で、それは資本主義の内部でもあり、外部でもある場を示す。これは分類的なヒエラルキーではなく、むしろ、曖昧さを探究していくための方策である。

5　ジョセフ・コンラッド『闇の奥』、黒原敏行訳、光文社古典新訳文庫、二〇〇九年。

6　ハーマン・メルヴィル『白鯨』（上中下巻）、八木敏男訳、岩波文庫、二〇〇四年。

7　Misha Petrovic and Gary Hamilton, "Making global markets: Wal-Mart and its suppliers," in *Wal-Mart: The face of twenty-first-century capitalism*, ed. Nelson Lichtenstein, 107–142 (New York: W. W. Norton 2006).

8　「そこの高い壁がわたしを止めようとした、ペンキで描かれたサインはいう。私有物、しかし裏側にはなにも書かれていない――この土地はあなたとわたしのために創られた」。Woody Guthrie, "this land," 1940, http://www.woodyguthrie.org/Lyrics/this_Land.htm.

9　出典は、つぎをふくんでいる。Barbara Ehrenreich, *Nickled and dimed: On (not) getting by in America* (New York: Metropolitan Books, 2001); Lichtenstein, ed., *Wal-Mart*; Anthony Bianco, *The bully of Bentonville: How the high cost of Wal-Mart's everyday low prices is hurting America* (New York: Currency Doubleday, 2006).

10　J. K. Gibson-Graham, *A post-capitalist politics* (Minneapolis: University of Minnesota Press, 2006).

11　Susanne Freidberg, *French beans and food scares: Culture and commerce in an anxious age* (Oxford: Oxford University Press, 2004).

12　Susanne Freidberg, "Supermarkets and imperial knowledge," *Cultural Geographies* 14, no. 3 (2007): 321-342.

13　アントニオ・ネグリ／マイケル・ハート『〈帝国〉――グローバル化の世界秩序とマルチチュードの可能性』、水

嶋一憲・酒井隆史・浜邦彦・吉田俊実訳、以文社、二〇〇三年。

14　ネグリとハートの共著の『コモンウェルス』とギブソン＝グラハムの *Post-capitalist politics* は、考えるのに最適である（アントニオ・ネグリ／マイケル・ハート『コモンウェルス——〈帝国〉を越える革命論』、水嶋一憲・幾島幸子・古賀祥子訳、ＮＨＫブックス、二〇一二年）。つぎも参照のこと。J. K. Gibson-Graham, *The end of capitalism (as we knew it): A feminist critique of political economy* (London: Blackwell, 1996).

15　Jane Collins, *Threads: Gender, labor, and power in the global apparel industry* (Chicago: University of Chicago Press, 2003).

16　リーパ・フェアーは、日本のマツタケのコモディティ・チェーンについて関連ある見方を述べている。Lieba Faier, "Fungi, trees, people, nematodes, beetles, and weather: ecologies of vulnerability and ecologies of negotiation in matsutake commodity exchange," *Environment and Planning A* 43 (2011): 1079–1097.

*　パッチは、群集生態学（community ecology）における群集（community）の単位のひとつである。群集生態学では、群集の単位として便宜的にパッチ（patch）、局所（local）、地域（regional）の三つの空間スケールを設定する。パッチは周囲とは多少異質ながらも、その内部環境がほぼ均質な小空間であり、同時に種が相互作用しあうことが可能な範囲でもある。パッチの例としては、寄生虫にとっての宿主一個体や、樹木にとっての倒木ギャップ（倒木によってできた林内の空き地）などがある（宮下直・野田隆史『群集生態学』東京大学出版会、二〇〇三年、一一頁）。

**　一九一二―一九六七年。米国の代表的フォークシンガー。労働者の抱える問題を歌にした。

***　旧大蔵省による『日本貿易月表』に「まつたけ（生鮮または冷蔵のもの）」の記載がはじまったのは一九七六年のことで、同年に輸入されたマツタケは韓国から二二八トン、北朝鮮から四トン、米国から〇・〇二トンであった。もともとマツタケを消費する文化を持った韓国と北朝鮮と比較すれば、たしかに米国の輸出は微々たるものであるが、米国の輸出量が七七年二トン、七八年三・七トンと拡大し、八〇年に一二・九トンだった輸入が八八年には二七八トンと、前年比一八倍にも急増するほど、八〇年代後半に拡大したことは特筆に値しよう。本章と9章で

も、北米産のマツタケがバンクーバー経由で輸出されるようになった経緯が述べられているように、関連してカナダ産の動向にも触れておく。カナダが『日本貿易月表』に登場するのは、七八年で一・七トンであったが、八一年には一五・三トン、八八年には二三二トンと短期間に拡大していることが、著者の分析を裏づける傍証となるであろう。近年、輸入されるマツタケの六割が中国産、三割が北米産と考えてよい。

フリーダム……

みんなの目論見、オレゴン。ミエン人のマツタケ狩りのキャンプ地。ミエン人たちは村の生活を思いだすとともに、カリフォルニアの都市生活を忘れることができる。

5　オレゴン州オープンチケット村

人里はなれた辺鄙な場所で
——マツタケ・タウン構想に意欲的なフィンランドの自治体の公式スローガン

一九九〇年代後半のある寒い一〇月の夜、モン系アメリカ人のマツタケ狩り三名が、テントのなかで身を寄せあっていた。あまりにも冷えてきたため、料理用ガスコンロをテントのなかに引きいれ、すこしばかりの暖をとることにした。ところが、コンロをつけたまま、三名は寝入ってしまった。ときは過ぎた。翌朝、三名は息絶えていた。一酸化炭素による中毒死であった。それ以来というもの、マツタケ狩りたちは、そのキャンプ場を忌避するようになった。かれらの幽霊に祟られるというのだ。亡霊たちが金縛りにかけ、動いたり話したりする力を奪い去ってしまうという。モン人のマツタケ狩りたちが去ってしまうと、ほかの人びとも出ていった。

幽霊について林野局は関知していなかった。ただ、マツタケ狩り用のキャンプ場を整備し、警察と救急隊が出動できるようにしておきたかったし、キャンプ場の所有者が利用料を徴収するのを容易にしておきたかっただけであった。一九九〇年代初頭、国有林を訪問する人びととおなじく、東南アジア人のマツタケ狩りたちも、好きなところにキャンプしていた。白人たちによれば、東南アジア人たちは大量のゴミを散らかし放題だという。その不平を考慮し、林野局はマツタケ狩りたちを気づかれにくい小道へと押しやった。死亡事故がおきたときには、マツタケ狩りたちは、小道沿いにキャンプするようになっていた。事故後、ほどなくして林野局は（格子状の）グリッドを組み、キャンプ用地に番号をふり、あちこちに簡易トイレを設置した。利用者からの苦情をうけ、巨大な水槽をキャンプ場の入り口に設置したものの、そこまでには幾分の距離があった。

キャンプ場には利便設備は、なにひとつなかった。しかし、幽霊から逃げてきたマツタケ狩りたちは、すぐに環境を自分たちのものに作りかえていった。多くが一〇年以上も生活したタイの難民キャンプの構成に倣い、それぞれの民族ごとに分かれて滞在していた。一方の端にはミエン人が、そのつぎにモン人、半マイルほど離れた場所にはラオ人、そのつぎにクメール人が、ずっと後方の孤立した小さな渓谷には、わずかの白人たちが陣取った。東南アジア人たちは、細いマツの柱を防水布で覆い、そのなかにテントを張った。なかには薪ストーブを構えるものもあった。東南アジアの田舎のように持ち物は垂木《たるき》から吊りさげられ、囲いは水浴びをする際のプライバシー保護に役立った。キャンプ場の中央部では、大きなテントがあったかいフォーを売っていた。食べながら、音楽を耳にしながら、そこにある品々を眺めていると、オレゴンの林ではなく、まるで東南アジアの山中にいるような錯覚におそわれた。

救急隊が難なく接近できるようにという林野局のアイディアは、想定したとおりの結果をだせなかった。その二、三年後、重傷を負ったマツタケ狩りのために救急隊が呼ばれたことがあった。マツタケ・キャンプのために作成された規則では、救急車は警察官の護衛を待ってから、キャンプ場内に入ることになっていた。救急車は何時間も待たねばならなかった。ついに警察官が姿を見せたときには、その男性は死んでしまっていた。緊急事態のアクセスは、場所によって制約をうけたのではなく、差別によって制限されていたのであった。

その男もまた、怖い幽霊となり、その場に居残ることになった。だれもかれのキャンプ地の近くには寝たがらなかった。しかし、オスカーという白人男性だけは例外だった。かれは数少ない地元民で、東南アジア人の跡を辿ってマツタケを渉猟していた。オスカーは酒に酔って、一度、大胆にも死亡した男性のキャンプ地の近くで寝たことがあった。無事に夜を明かすことができたオスカーは、地元の先住民たちが神聖視し、かれらの霊が出没する山でもマツタケを狩るようになった。わたしが知る東南アジア人たちも、その山とは距離をおいていた。東南アジア人たちも幽霊について知っていた。

二一世紀になった最初の一〇年間、オレゴンにおけるマツタケ・ビジネスの中心は、どの地図にも示されていない、「人里はなれた場所」であった。マツタケの商売に携わる者なら、だれもがそこがどこであるかを知っていた。しかし、それは町でもなければ、レクリエーションの場でもなかった。公式には見えざる場所であった。バイヤーたちは、幹線道路に沿ってテントの群れを形成していた。毎日、夕方になるとマツタケ狩りとバイヤー、フィールド・エージェント〔現地集荷人〕たちが集まってきて、その場をサスペンスとアクションに満ちた劇場のように一変させた。その場所は、人目から避けるように地図から消されている。人びとのプライバシーを保護し、マツタケの取引現場の活気あふれる様子を描写するために仮名をもちいたい。わたしが合成した調査地は、オレゴン州の「オープンチケット」村だ。

「オープンチケット」とは、実のところ、マツタケを買いつける際の商慣行をさす名称である。夕方、森から帰ってくると、マツタケ狩りはバイヤーから提示されたポンド〔四五三・六グラム〕あたりの価格でマツタケを売る。価格は、マツタケの大きさと成熟度によって仕分けされた等級次第である。マツタケ以外の野生キノコ類のほとんどは、安定した価格を維持している。しかし、マツタケの価格は、激しく乱高下する。一晩のうちにポンドあたり一〇ドルか、それ以上は、たやすく変動してしまう。シーズン中の価格変動は、ずっと大きなものとなる。二〇〇四年から二〇〇八年までのあいだ、最高級のマツタケのポンドあたりの価格は二ドルから六〇ドルのあいだを推移した。この変動幅は、それ以前のものと比較しても、大騒ぎするほどのものでもない。「オープンチケット」は、実際に支払われた価格とおなじ日のうちにつけられた、さら

なる高値との差額をもとめて、マツタケ狩りがバイヤーのところに戻ってもよいことを意味している。自身が買いつける量に応じた歩合金で稼ぐバイヤーたちは、オープンチケットを保証することによって、マツタケ狩りたちが、価格があがるのを待ってからではなく、宵のうちに売るようにうながすことができる。オープンチケットは、買いつけ交渉において、マツタケ狩りが潜在的な力を持っていることの証《あかし》である。同時にバイヤーの戦略も示している。バイヤーたちは、商売敵《がたき》を倒そうとたがいに仕掛けあう。オープンチケットは、マツタケ狩りとバイヤーが、ともにフリーダムを確立し、確認しあう慣行なのである。それは、フリーダムが遂行される場にふさわしい名前のように思われる。

毎日、夕方に交換されるものは、マツタケと現金だけではない。マツタケ狩りとバイヤー、フィールド・エージェントは、それぞれ自分たちがフリーダム劇場の役者であることを理解しており、戦利品を手にし、おたがいを鼓舞しあいながら、フリーダムを交換しあう。実際、本当に重要な交換はフリーダムなのであって、マツタケと現金という戦利品は、いわば行為遂行《パフォーマンス》の証でおまけのようなものではないか、と考えさせられるほどである。結局のところ、フリーダムという心情が、マツタケ・フィーバーを刺激しているのである。フリーダムがバイヤーを活気づけ、最高額を提示せしめ、マツタケ狩りたちを翌朝、まだ夜の明けぬうちから、ふたたびマツタケ狩りに出かけるように仕向けているのだ。

では、マツタケ狩りたちが語るフリーダムとは、何なのか？　そのことについて訊ねれば、訊ねるだけわからなくなってくる。これは経済学者が想定するフリーダムではない。経済学者はフリーダムという術語を、個人の合理的な選択における秩序という意味で使用する。また、政治的な意味での自由主義《リベラリズム》でもない。マツタケ狩りたちのフリーダムは、不規則であり、合理性の外側にある。繰りかえされる行為を通じて形になるものであり、共同体ごとに異なっていて、活気あるものだ。マツタケ狩りたちのフリーダムは、その場の騒々しいコスモポリタンな雰囲気と無関係ではない。フリーダムは開かれた文化の相互作用や潜在的な対立と誤解から生まれる。フリーダムは亡霊との関係においてのみ存在するものだ、とわたしは思う。フリーダムとは、憑かれた景観における霊の交渉なのである。それは悪霊を追い払うのではなく、才覚を発揮し、生きのび、交渉していくためのものである。

オープンチケットは、多くの霊に憑かれている。不慮の死を遂げたマツタケ狩りの「生なましい」霊や米国の法律と軍隊に強制的に移転させられた先住民コミュニティの霊、無謀な伐採者によって伐り倒されたまま放置された偉大な樹木の切り株の霊、拭いさることのできない忌まわしい戦争の記憶といったものだけではなく、霊のようなぼんやりとした権力のあり方もまた、日常の採取と売買という行為のなかに入りこんでいる。顕在化していないものの、ある種の権力が存在している。しかし、それはつねに存在しているわけではない。なにかしらの力がそこにあるような、ないような。ここに憑いているものから、多くの文化が幾重にも重なりあってフリーダムが繰り広げられていることが理解できてくる。オープンチケットをオープンチケットたらしめているのは、そこに存在しないものだ、ということを考えてみよう。

オープンチケットは、権力の集中から縁遠い。それは都市の正反対である。社会秩序が欠如してもいる。このことはラオ人マツタケ狩りのセンのいう「ブッダは、ここにはいない」との発言にあらわれている。マツタケ狩りは自己中心的で貪欲だ、とセンはいう。かれは一刻もはやくお寺に戻りたがっていた。寺ではすべてがきちんと整っているからだ。その一方で、クメール人の少女ダラは、ここここそがギャングたちの暴力から離れて暮らせる唯一の場所だと説明してくれた。けれどもトンは、ラオ人のギャングの（元？）メンバーでもある。かれは逮捕状から逃亡してきているはずだ。オープンチケットは、都会から逃げてきた人びとの吹溜りである。白人のベトナム戦争の退役軍人らが、群衆から離れていたいと語ってくれたが、それは群衆のなかにいると、突然、戦場体験のフラッシュバックを引きおこし、制御しようもないパニック状態に陥ってしまうからである。モン人とミエン人は口をそろえる。アメリカには失望させられた。アメリカはフリーダムを約束してくれたはずであった。しかし、実際は小さな都会のアパートに押しこめられただけではないか。唯一、山中においてのみ、東南アジアでの記憶にあるフリーダムを享受することができた。とくにミエン人は、かつての村での生活をマツタケ林で再構築することを望んでいた。マツタケ採取は、普段はちりぢりに生活している友人と再会する機会でもあり、大家族のしがらみから自由になる機会でもある。ミエン人の祖母のナイ・トンは、毎日、娘からの電話で、家に戻ってきて孫の世話をしてくれと懇願されるが、少なくとも採取許可の元をとるまでは帰れないとおだやかに答えるのだった。しかし、こうした電話では、重要なことが語られていない。アパート暮らしから解放され、ナイ・トンが山中でフリーダムを享受していることである。お金は、フリーダムにくらべれば、ささいなことなのである。

マツタケ採取は、都市にとらわれてはいるが、都市ではない。マツタケを狩ることは、労働（labor）でもないし、仕事（work）ですらもない。ラオ人マツタケ採取人のサイによれば、仕事とは上司にしたがうことだ。上司が指示したことをやるだけだ。それに対して、マツタケを狩ることは探査である。自分の幸運を探しているわけであり、職務（job）を遂行しているわけではない。キャンプ場を所有する白人が、マツタケ狩りたちは非常に勤勉で、夜明け前に起き、日照りのなかでも雪のなかでも耐えているので、もっと儲けてよいはずだ、と同情気味に語ってくれたとき、彼女の見方のなにかが気になった。というのも、マツタケ狩りたちがそのようなことを口にするのを一度たりとも耳にしたことがないからである。わたしが会ったどのマツタケ狩りも、マツタケから得たお金を労働報酬だとは考えていなかった。ナイ・トンにいたっては、子守の方がマツタケ狩りよりも仕事（work）に近かった。

マツタケ狩りとして二年を過ごした経験を持つ白人フィールド・エージェントのトムは、まさに労働（labor）を拒否したひとりである。かれは大手製材会社に雇われていたが、ある日、自分の道具をロッカーにしまうと、ドアから出ていき、以後、元の生活に戻ることはなかった。家族で森に移住し、大地からもたらされるもので稼ぐようになった。種子会社のために球果を集め、毛皮目的にビーバーを捕獲した。トムはあらゆるキノコ類を摘み――それは自分で食べるためではなく、売るためだった――そうした技術を買いつける業につぎこんだ。トムは自由主義者《リベラルズ》たちがいかにアメリカ社会を駄目にしたかをしきりに説いた。曰く、もはや人間はいかに人間らしくありつづけるかを知らない。ならば、リベラル層にとっての「標準的雇用」を拒むことにしか答えはないのだ、と。

トムは、自分と働くバイヤーたちは、かれが雇用しているのではなく、それぞれが独立したビジネスマンだ、と滔々と語ってくれた。トムはバイヤーたちにマツタケを買いつけるための多額の現金を支払うが、バイヤーはその金で買ったマツタケを別のフィールド・エージェントに売却することもできるし、実際そうしたケースがあることをわたしも知っている。すべては契約なしの現金取引なのだ。だから、もしバイヤーがトムの現金を持ち逃げしようとしても、トムにはなす術《すべ》がない（驚くべきことには、失踪したバイヤーが別のフィールド・エージェントと取引するために戻ってくることも少なくない）。しかし、トムがバイヤーに貸与したマツタケを計量するための計器はトムの所有物だ。だから、トムは計器については、警察を呼ぶことができる。かれは最近、数千ドルを持ち逃げしたバイヤーの話をしてくれた。そのバイヤーは計器ごと逃走するという間違いを犯してしまった。トムはバイヤーが向かったと信じる方向へ車を走らせると、案の定、道脇に捨てられた計器を発見することができた。もちろん、現金は消えていた。しかし、それは自営業者たるリスクである。

マツタケ狩りたちが労働（labor）を拒否するのは、自分たちが継承してきた文化である。怒れるジムがマツタケ狩りで身を立てることができているのは、自身のアメリカ先住民の血筋のおかげである。幾多の仕事を渡り歩いたあと、かれは海辺の店でバーテンダーとして働いていた。ある日、先住民の女性が一〇〇ドル札を手にして店に入ってきた。びっくりして、どこで得たのかと訊くと、「マツタケを摘んだのよ」とのことだった。その翌日、ジムは出かけた。学ぶのは容易ではなかった。藪を這いまわり、動物のあとをつけてみた。いまやジムは砂丘に埋もれたマツタケを見つける方法を知っている。山中でもつれたシャクナゲの根元のどこを探せばよいかも知っている。以来、かれは二度と賃金労働には戻っていない。

ラオ・スウは、マツタケを狩っていないときは、カリフォルニアのウォルマートで働いており、時給一一・五ドルを稼いでいる。もっとも、その時給を得るためには、医療手当が支給されないことに同意しなくてはならなかった。仕事で背中を痛め、商品を持ちあげることができなかったとき、かれは療養のために長期休暇を与えられた。会社に復帰できることを期待しつつも、ウォルマートよりもマツタケ狩りの方が、よりたくさんのお金を稼ぐことができるという。マツタケのシーズンは、わずか二カ月であるにもかかわらず、だ。それだけではなく、かれもかれの妻もオープンチケットの活気あるミエン・コミュニティに毎年、くわわることを楽しみにしている。週末には子どもたちや孫たちもやってきて、一緒にマツタケを狩ったりもする。

マツタケ狩りは「労働」（labor）ではない。しかし、労働に憑かれてもいる。所有権も同様である。マツタケ狩りたちは、まるで森林が広大なコモンズ〔みんなのもの〕のようにふるまっている。しかし、それらの土地は公式にはコモンズではない。だいたいが国有林と、国有林に隣接する一部の私有地であり、いずれも州によって保護されている。しかし、マツタケ狩りたちは、なんとかして所有権の問題を無視しようとつとめている。白人のマツタケ狩りたちは、とくに連邦政府が所有する森林の利用制限にいらだっており、そうした規則を破ろうと躍起になっている。東南アジア人のマツタケ狩りたちの方が、一般的に政府に友好的で、政府にもっと規制してほしいと要望するほどである。許可を取得せずに採取することを自慢しがちな白人のマツタケ狩りとは異なって、東南アジア人のマツタケ狩りのほとんどは、林野局に登録し、採取許可を取得している。しかし、根拠なしにアジア人ばかりが検挙されるという法的処置の事実――クメール人のバイヤーのことばを借りれば「アジア人であるという理由で停車を命じられる」――をふまえると、もはや法を遵守しても無意味なようにも思えてくる。ごく少数が規則にしたがっているだけだ。

あまりにも広大で境界標のない土地であるため、許可された採取区域のなかにとどまっているのはむずかしい。このことはわたし自身の経験からも断言できる。あるとき、マツタケを手に車に戻ってくると、許可書なしのマツタケ狩りを取り締まる保安官が張りこんでいたことがあった。どんなに熱心に地図を読んだとしても、この場所が制限区域の内なのか外なのかを判断することはできなかった。[1] わたしは幸運だった。まさに境界の上にいたのだ。そこには何らかの印がつけられていたわけではなかった。ラオ人の家族にマツタケ狩りに連れていってくれるように頼んだとき、わたしが運転するなら、という条件で引きうけてもらったことがある。林のなかの目印もない砂利道を進み、何時間もかかったような気がしたころ、ようやくここだという場所に着いた。わたしが路肩に停車しようとすると、何故、見えないところに停めないのかと訊くのだった。そのとき、はじめて自分たちが立ち入り禁止区域内に侵入していたことに気づかされた。

罰金は巨額である。フィールドワークの期間中、国立公園で違法に採取した場合の罰金は、初犯で二〇〇〇ドルであった。とはいえ、公園内に警官はまばらだし、道路や小道は無数にある。国有林には放棄された伐採道路がはりめぐらされている。そのため、マツタケ狩りたちは広範囲を動きまわることができる。若者たちは、穴場を探して、遠くまでいこうとする。そこは立ち入り禁止区域かもしれないし、そうではないかもしれない。バイヤーのもとに届けられたマツタケが狩られた場所など、だれも訊ねたりはしない。(2)

そもそも、公共財とは、何であろうか？〔公共（みんなのもの）と財産（だれかのもの）は、矛盾しているのではなかろうか？〕林野局が近年、公有地に関する問題を抱えているのはたしかである。法律は、私有地と接する周囲一平方マイルの公有林では、火災予防のための間伐をおこなうこと、と定めている。このことにより、わずかな私有財産のために多額の公的資金が必要となる。(3)一方で、民間の製材会社は、その間伐事業に従事し、公有林からさらなる利益を得ている。植生遷移の後期にある保安林で伐採が許される一方で、マツタケ狩りがマツタケを採取することは禁止されている。というのも、だれもマツタケ採取が環境に与える影響を評価するための資金を持っていないからだ。もしマツタケ狩りたちが、どの土地が立ち入り禁止かを区別できなかったとしても、混乱しているのはかれらだけではない。このふたつの混乱のちがいも、また教訓的である。というのも、たとえ公共性を無視してでも、林野局は財産を守るようにもとめられているからである。マツタケ狩りたちは、自分たち自身が閉めだされる可能性が憑いているコモンズを追いもとめるなかで、極力、所有権が行使されないようにしようとしている。

フリーダムと憑かれることは、おなじ経験の両面である。呪いで過去に満ちみちた未来を呼びだしてみよう。ここで霊に憑かれたフリーダムとは、進むための方法でもあり、記憶に留めておくための方法でもある。工業生産にとって重要な「人と物の分離」を免れるのが、マツタケ狩りなのだ。マツタケはまだ疎外された環境で生産される商品ではない。マツタケはマツタケ狩りたちのフリーダムがもたらすものである。マツタケ狩りという経験には、フリーダムと憑かれるというふたつの側面があり、風変わりな慣習のなかで売買がおこなわれているからこそ、この光景が存在するのだ。バイヤーは、厳しい「自由市場での競争」を経て、フリーダムという戦利品を交易品へと翻訳する。こうして市場のフリーダムはフリーダムの混沌にくわわり、集中権力や労働、財産、疎外などの影響がおよばない状態がより強く効果的であるように見せる。

オープンチケットの買いつけ現場に戻ろう。午後の遅い時間、白人のフィールド・エージェントの数人が冗談を交わしながら座っている。かれらはたがいに嘘つきと責めたて、たがいを〔スパイダーマンに登場する〕ヴァルチャーや〔ロード・ランナーに登場する〕ワイリー・コヨーテと呼びあっている。たしかに、それも一理ある。一ポンドの一等級品のマツタケを一〇ドルで買うことに合意しても、ほとんどだれもしたがうことはない。フィールド・エージェントはバイヤーに電話して、始値《はじめね》を伝達する。もしフィールド・エージェントたちが一〇ドルで合意したとすれば、始値は一二ドルかもしれないし、一五ドルかもしれない。買いつけの現場でなにがおこっているかを報告するもしないも、バイヤー如何《いかん》である。マツタケ狩りがやってきて価格を訊くとしよう。しかし、定期的に売りにくる馴染みであるか、あるいは手持ちのマツタケを見せないかぎり、価格は秘密にされる。バイヤーのなかには、友人にマツタケ狩りのふりをさせて競合相手の価格を訊かせたりする者もいる。だから、価格は、だれにでも教えるようなものではないのだ。もしバイヤーが競争に勝つために価格をあげる場合、フィールド・エージェントに電話をかけることになっている。もし、そうしなかった場合、バイヤーはその差額を自身に支払われるコミッションから穴埋めすることになる。にもかかわらず、多くのバイヤーは進んでこのリスクに挑もうとする。ほどなくしてマツタケ狩り、バイヤー、フィールド・エージェントのあいだで電話が頻繁に往来するようになる。価格はたえず変化する。ある

フィールド・エージェントは、買いつけ現場を大股でうろうろしながら、「やばい」とわたしに告げた。状況を観察していたかれは、買っている最中は、わたしに話しかけることなど不可能であった。買いつけは細心の注意を必要とする。携帯電話にほえるような指示をだしながら、優勢の座を守ろうともし、他人をつまずかせようともする。一方、フィールド・エージェントたちは、バルカー〔大口集荷人〕や輸出商たちに電話し、いくらまでなら価格をあげてもよいかを協議中である。自分が買いつけることはもとより、競争相手をだしぬくのにもワクワクし、骨のおれる仕事である。

「携帯電話以前の時代を想像してみてよ」と、あるフィールド・エージェントが回想する。ふたつしかない公衆電話にみんなが列をなし、価格が変わるたびに連絡しようとしていたという。現在でも、フィールド・エージェントはみな、戦場における昔気質《かたぎ》の将校のように買いつけ現場を臨検してまわる。電話は、戦場での無線機のように、つねに耳にあてられている。スパイも送りこまれる。素早く対応しなくてはならない。もし適切な時期に価格をあげることに成功したとしたら、そのバイヤーは、最高のマツタケを買いつけることができる。もっとよいことには、かれは競争相手にも価格を高騰させ、競争相手に大量のマツタケを買わせるよう仕向けることもできる。万事がうまくいけば、競争相手を数日間、休業させることもできる。あらゆる種類のごまかしが横行している。もし価格がずばぬけて高騰したら、バイヤーはマツタケ狩りたちに自分のマツタケを持っていかせ、ほかのバイヤーたちに売らせたりする。きっと下品な笑いが数日間はつづき、ひとしきりおたがいを嘘つき呼ばわりしあうことであろう。それでも、これほどしのぎを削っても、だれも廃業したりしない[4]。競争は商売上必要なのではなく、パフォーマンスなのだ。ドラマなのである。

暗くなって、マツタケ狩りたちが買いつけのテントの前に整列しているとしよう。このバイヤーが選ばれたのは、単に価格だけではなく、そのバイヤーが熟練した仕分け術を持っているからである。選別は価格と同様に重要である。というのも、バイヤーがすべてのマツタケに等級をつけるためである。価格は等級次第なのである。しかも、なんと芸術的なのであろう！　選別は人目を引き、足はじっと固定していても、連続して矢継ぎ早におこなわれる腕だけのダンスのようだ。白人男性はジャグリングのように仕分けていく。ラオ人の女性は、もう一方のバイヤーのチャンピオンで、ラオスの宮廷舞踊のように優雅に仕分けする。すぐれた仕分け人は、マツタケに触っただけで、たくさんのことを見抜いている。幼虫のいるマツタケは、荷物が日本に着く前に、その梱包全体を駄目にしてしまうので、バイヤーはそうしたマツタケを刎ねなければならない。経験の浅い未熟なバイヤーはマツタケを割いて幼虫を探すが、すぐれたバイヤーなら、感触で判断できるものだ。香りからマツタケが採れた場所をあてることもできる。宿主樹木《ホストツリー》、マツタケが採取された場所、シャクナゲなどのほかの植物。それらがマツタケの大きさと形に影響する。みな、巧みな選別のパフォーマンスを鑑賞するのを楽しんでいる。マツタケ狩りが選別の様子を撮影することもあるし、ときには、自分が狩った最上級のマツタケの写真を撮ることもある。あるいは一〇〇ドル札が数枚になると、現金の写真を撮ることもある。これらは狩りの戦利品である。

バイヤーたちは、マツタケ狩りたちを囲いこみ、グループを組織しようとする。ひとりでも多くの誠実なマツタケ狩りに集まってもらいたいからである。しかし、マツタケ狩りたちは、どのバイヤーに対しても、売りつづける義務など感じていない。だから、バイヤーはマツタケ狩りの機嫌をとるのである。親族関係の絆を利用したり、同一言語のよしみを活用したり、おなじ民族であることを強調したり、特別なボーナスを用意したりする。バイヤーは軽食とコーヒーをマツタケ狩りにふるまう。薬草とサソリを漬けこんだ強壮酒も提供されたりする。マツタケ狩りたちはバイヤーのテントの周囲で、食べたり飲んだり、バイヤーと戦争体験を共有したりして、夜更けまでだらだらと時間を過ごす。しかし、そんな仲間意識が長続きすることはない。そうしたグループは一過性のものである。別のバイヤーが高値をつけたとか、特別のサービスがあるらしいという噂がたてば、それだけでマツタケ狩りたちは別のテントに移動してしまう。しかし、価格はそんなにかわるものではない。だから、パフォーマンスが重要な要素のひとつとなるのかもしれない。競争と独立は、すべての人にとってのフリーダムを意味している。

どのバイヤーの価格にも満足しない場合、マツタケ狩りたちはマツタケを持ったままピックアップ型トラックに座り、待ちつづけることになる。とはいえ、夕暮が終わるまでにはマツタケを売ってしまわねばならない。マツタケを持ったままではいられないのだ。待つことも、フリーダムを履行することの一部なのである。好きな場所でどこででも狩るフリーダム――礼節と労働、所有から距離を保ちつつ。あるいは、マツタケをどのバイヤーに売ってもよいフリーダム、バイヤーにとってはどのフィールド・エージェントに売ってもよいフリーダム、ほかのバイヤーを廃業させるフリーダム、大儲けするかすべてを失うかのフリーダム。

かつて経済学者にこの買いつけの状況について話したことがある。すると、興奮しながら、これこそが利益と不平等に汚染されていない、真の資本主義のあり方だといった。競う場が平等であり、そうであるべき、真の資本主義であると。しかし、オープンチケットの採取と売買は資本主義なのであろうか？　問題は、どこにも資本が存在しないことだ。所有者の手を渡っていくお金はあまたある。しかし、いずれも徐々に消えていき、投資を形成することはない。唯一の蓄積は、下流のバンクーバーや東京、神戸でおこなわれる。そこでは輸出業者や輸入業者が、会社のためにマツタケを取引している。オープンチケットのマツタケは、そうした流れにくわわっているとはいえ、資本形成にあずかっていないように思われる。

市場原理が存在している、といってもよいものだろうか？　経済学者によれば、競争の激しい市場の肝は、価格をさげ、もっと効率よい方法で商品を調達するよう供給者に強いることである。しかし、オープンチケットにおける買いつけ競争には、価格をつりあげるという明確な目標が存在している。みんなが、そのような状態にもっていこうとしている。マツタケ狩りも、バイヤーもバルカーも。価格をもてあそぶのは、価格が上昇しうるかどうかを見極めるためである。そうすれば、オープンチケットのだれもが利益を得ることができる。日本には枯れることのない金の泉があるかのようだ。だから、競争劇場の目的は、その泉のパイプを開けさせることであって、そうすれば、お金がオープンチケットに流れてくるというのだ。老人たちはみな、一九九三年のことを記憶している。オープンチケットのマツタケの価格が上昇し、マツタケ狩りの手元でも、一ポンドあたり六〇〇ドルにもなった。なすべきことは、一本の太ったボタン状のマツタケを見つけることであった。そうすれば、三〇〇ドルも手にすることができた。[5] それほど高騰したあとでさえも、一九九〇年代には、マツタケ狩りは一日で数千ドルを稼ぐことができた、という。どうしたら、そんなお金の流れがふたたび生じうるであろうか？　オープンチケットのバイヤーとバルカーたちは、価格をつりあげるための競争に懸けている。

わたしが思うに、ふたつの状況が組みあわさり、この信条と実践のセットが開花しているようだ。まず、アメリカ人のビジネスマンは、米国政府が自分たちのために影響力を行使するという期待を信じてうたがうことがない。みずからが競争しているかぎり、かならずや政府は外国のビジネスパートナーの腕をへし折り、米企業が望んだ価格と市場占有率を高めてくれる。[6] オープンチケットのマツタケ取引は、小規模すぎて目立たないので、政府が注目することはない。それでも、バイヤーとバルカーたちは勝負を懸けたパフォーマンスにふけっており、日本人がかれらに最高の価格を提示するという米国的期待を当然だと考えている。自分たちがアメリカらしさを適切に提示するかぎり、みずからが成功して当然だと考えている。

つぎに日本人の貿易商たちは、すでに言及した輸入商が「アメリカ的気質」と呼ぶものに耐えているように思える。日本の貿易商たちは、不可思議なパフォーマンスの内外でたちまわることをわきまえている。もし、それで商品が手に入るのであれば、やらせておくしかない。その後、輸出商と輸入商はアメリカ的フリーダムに由来する外来の商品を日本の商品目録に翻訳する――そして商品目録を通じて蓄積がおこなわれる。

このアメリカ的気質とは、いったい、何なのか？　オープンチケットには、あまりにもたくさんの人と歴史がありすぎて、「文化」というひとことで端的にあらわすことはできない。アッセンブリッジの概念――存在のあり方についての開かれた絡まりあい――の方が、わかりやすい。アッセンブリッジにおいては、あちこちに向いた軌跡がおたがいに絡まりあっているが、この先どうなるかわからない。アッセンブリッジを学ぶには、結び目をほどいていかねばならない。オープンチケットにおけるフリーダムのパフォーマンスを理解するには、オレゴンよりはるか遠くからの歴史を辿らねばならないが、それによりオープンチケットにおける絡まりあいがどのように生じたかを見ることもできる。(7)

1　マツタケ狩りたちが林野局から採取許可を購入すると、採取してもよい区域と採取してはいけない区域を図示した地図が与えられる。しかし、区割りは抽象的にしか示されていない。地図には主要な道路しか描かれておらず、地勢も、線路も、小道も、植生も図示されていない。したがって、忠実に地図を見極めようとしている人でさえも、地図上のどこにいるかを理解するのは、ほとんど不可能である。くわえて、多くのマツタケ狩りは地図を読むことができない。あるラオ人のマツタケ狩りは、地図に記載された採取禁止区域として湖を指し、わたしに示してくれた。マツタケ狩りのなかには、キャンプ地では不足しがちなトイレットペーパーとして地図を使用した者もいた。

2　規則上、マツタケの採取地をバイヤーが記録することになっている。しかし、そのような記録が作成されているのを、わたしは一度も見たことがない。買いつけ場によっては、この規則がマツタケ狩りの自己申告によって執行されているところもある。

3　これは業界によって推進され、二〇〇三年の再生林健全化法（Healthy Forests Restoration Act）が命じた山火事予防策である。Jacqueline Vaughn and Hanna Cortner, *George W. Bush's healthy forests*（Boulder: University Press of Colorado, 2005）.

4　買いつけの様子を観察した四シーズンのあいだ、シーズン途中に去っていったバイヤーは二名であった。それぞれのフィールド・エージェント〔現地集荷人〕との口論が理由であったが、うちひとりは失踪した。競争を理由として廃業した者は皆無であった。

5　ジェリー・グインのつぎの著作はマツタケ狩りの一九九三年の日記を掲載している。Jerry Guin, *Matsutake mushroom: "White" goldrush of the 1990s*（Happy Camp, CA: Naturegraph Publishers, 1997）.

6　一例として、つぎの本にあるマルボロ社の歴史を参照のこと。Richard Barnet, *Global dreams: Imperial corporations and the new world order*（New York: Touchstone, 1995）.

7　合衆国太平洋岸北西部の林内における不安定な労働（labor）についての驚くべき報告については、以下も参照のこと。Rebecca McLain, "Controlling the forest understory: Wild mushroom politics in central Oregon"（PhD diss., University of Washington, 2000）; Beverly Brown and Agueda Marin-Hernández, eds., *Voices from the woods: Lives and experiences of non-timber forest workers*（Wolf Creek, OR: Jefferson Center for Education and Research, 2000）; Beverly Brown, Diana Leal-Mariño, Kirsten Mcilveen, Ananda Lee Tan, *Contract forest laborers in Canada, the U.S., and Mexico*（Portland, OR: Jefferson Center for Education and Research, 2004）; Richard Hansis, "A political ecology of picking: Non-timber forest products in the Pacific northwest," *Human Ecology* 26, no. 1（1998）: 67–86; Rebecca Richards and Susan Alexander, *A social history of wild huckleberry harvesting in the Pacific Northwest*（USDA Forest Service PNW-GTR-657, 2006）.

6 戦争譚

みんなの目論見、オレゴン。ライフルを肩に渉猟する。マツタケ狩りのほとんどは悲惨な戦争経験を持っている。マツタケ・キャンプ地のフリーダムは、数かずのトラウマと排除された歴史から生まれている。

フランスには、ふたつある。フリーダムと共産主義だ。米国には、
ただひとつしかない――フリーダムだ。
――オープンチケットのラオ人バイヤーがフランスではなく、
米国に来た理由を説明して

それほどたくさんのマツタケ狩りとバイヤーが言及するフリーダムは、身近なものだけではなく、ほとんどの人が遠く離れたものも示している。オープンチケットでは、フリーダムを譲れない理由として、インドシナ戦争とそれにつづいた内戦で経験した身のすくむような、悲惨な体験をあげている。マツタケを狩ることをふくめて、なにが自身の人生を形成したかを語るとき、ほとんどが戦争を生きのびたことに言及する。かれらはマツタケ山中に潜んでいる、少なからぬ危険に進んで挑戦していく。というのも、それは戦争を生きのびてきたことの延長線上にあるからである。つまり、憑かれたフリーダムの形式なのであって、戦争の記憶はつねにかれらにまとわりついている。

　それでも戦争体験は、文化的、民族的、人種的に異なっている。マツタケ狩りが構築する景観は、継承されてきた戦争体験によって変化する。マツタケ狩りのなかには、戦争を生きぬいていなくとも、戦争の物語に自分たちをくるみこんでいる者もいる。しかめ面をしたラオ人の老人が、迷彩服を好む若い世代のマツタケ狩りたちを指し、「こいつらは兵士ではない。兵士のふりをしているだけだ」と眉をひそめた。鹿狩りに夢中となっている白人ハンターの目につく危険性について訊ねると、あるモン人のマツタケ狩りは、こんなたとえ話をしてくれた。「迷彩服を着てれば、隠れることができるだろ。もし、俺らがハンターを先に見つけることができれば、の話だけどね」。ということは、ハンターたちに先に見つけられてしまったら、撃たれかねないことを暗示しているわけだ。マツタケ狩りはみずから差異の迷路に分けいり、山中におけるフリーダムを舵取りしている。フリーダムはマツタケ・コミュニティのみんなで構築してきたものであるが、それでもフリーダムの意味することは、それぞれの民族で異なっている。かれらがいうフリーダムは、共通の軸であるとともに、共同体ごとに思いいれ《アジェンダ》がわかれる分岐点でもある。だが、さまざまに抱えているアジェンダの差異にもかかわらず、マツタケ狩りたちの多様なやり方が、フリーダムによって活力を吹きこまれている様子を提示してみたい。本章は、かれらが語る戦争についての物語に向きあって、マツタケ狩りとバイヤーがフリーダムを口にするときに云わんとしているものについて考えてみる。

太平洋岸北西部の山や森では、フロンティアへのロマンティシズムが熱狂的に支持されている。白人がアメリカ先住民を賛美する一方で、先住民を根絶させようとした開拓者とみずからを同一視するのはよくあることである。自給自足や徹底した個人主義、白人男性の勇敢さを美化する力が、かれらの誇りの核心にある。白人のマツタケ狩りの大多数は、米国の海外侵略、小さな政府、白人至上主義を支持している。それでも北西部の田舎には、ヒッピーや因習を打破しようとする人びとも集まっている。インドシナ戦争の白人退役軍人は、特有の恨みや愛国心、トラウマ、脅威を混ぜながら、自分たちの戦争体験を、この粗野と独立心が混淆したものに投射している。戦争の記憶は、この種の適所《ニッチ》を形成する際に邪魔にもなるし、生産性を発揮することもある。戦争は損害を与える一方で、男になる機会でもある、とかれらはいう。フリーダムは、反戦だけではなく、好戦においても見いだすことができる。

ふたりの白人の退役軍人が、フリーダムの体現のされ方にも幅があることを教えてくれた。子ども時代に負った怪我が悪化したためにインドシナから帰国させられたとき、アランは幸運をかみしめた。それからの六カ月間、米国内の基地で運転手として勤務した。しかし、ある日、かれはベトナムへ戻れとの命令をうけとった。ジープを倉庫まで運転すると、歩いて基地を出て、そのままAWOL（職務離脱）となった。それからの四年間、アランはオレゴン山中で隠れていた。そこで新しい目標を得た。森に住み、決して家賃は払わない。のちに生じたマツタケ・ラッシュに乗じ、うってつけの仕事にありついた。ほかの退役軍人とは異なり、アランは自分を戦闘文化に批判的な、穏やかなヒッピーだと考えている。ところが、ラスベガスに行ったところ、カジノでアジア人たちに囲まれた途端に、強烈なフラッシュバックを経験してしまった。森で生活することは、トラウマを回避するための、かれなりの方策なのである。

穏やかな戦争体験ばかりではない。ジェフに最初に会ったとき、森について豊富な知識を持っている人を見つけて、わたしは大喜びしたものだった。ワシントン州東部で過ごした幼少期の楽しかった思い出を語るとき、ジェフは目を輝かせながら詳細に描写してくれた。しかし、ティムの話を聞き、ぜひともジェフと一緒に調査したいというわたしの昂揚は一変してしまった。ティムによれば、ジェフはベトナムで長期間にわたって困難な任務に従事していたらしい。あるとき、かれの小隊はヘリコプターから降下する奇襲攻撃をおこなった。多くの仲間が殺され、ジェフも首を撃ちぬかれたが、奇跡的に生きのびることができた。しかし、帰還してからも、夜中に何度も叫び声をあげるので、ジェフは家にいることができなかった。だから、かれは森に戻ってきたのだ。それでも、かれの戦争は終わっていなかった。ティムは、自分とジェフがカンボジア人のマツタケ狩りの集団と鉢合わせしたときの様子を語ってくれた。その場所は、ジェフがとっておきの場所のひとつだと思っているマツタケのパッチであった。すると、ジェフは咄嗟に銃を撃ちはなった。カンボジア人たちは、大慌てで藪のなかに逃げこんでいった。ティムとジェフは山小屋に泊まったが、ジェフは一晩中、物思いにふけながら、ナイフを研ぎつづけていた。「ベトナムで何人、殺したか、知ってるか？」とティムに訊ねた。「あとひとりくらい、なんてことないさ」。

白人のマツタケ狩りは、自分たちを暴力的な退役軍人であるだけではなく、自給自足する自然人だと考えている。孤独を好み、不屈の精神を持ち、才覚がある。かれらと戦闘にくわわらなかった人びとをつなぐのは狩猟である。ある白人のバイヤーは歳を食いすぎていてベトナムに行くことはなかったものの、戦争の熱烈な支持者である。そんなかれの説明によれば、狩猟は戦争と同様に人格を形成するものらしい。かつての副大統領チェイニー（Cheney）が話題となった。チェイニーは鳥撃ちの最中に誤って友人を撃ってしまった。*こうした事故が当たり前のようにおこることを通じて、狩猟は人間を形成していく、とバイヤーはいった。狩猟を通じて、非戦闘員も、フリーダムを形成する場としての森を経験することができる。

カンボジア人難民は、すでに確立されていた太平洋岸北西部の恩恵に浴することができなかった。かれらは自分たちで米国におけるフリーダムの歴史を作りだしていかねばならなかった。そのような歴史は、米国による爆撃やその後につづいたクメール・ルージュ政権の恐怖と内戦だけではなく、かれらが米国にやってきた一九八〇年代の米国の社会保障制度の停止の影響も被っている。カンボジア人たちに、給付金つきの安定した仕事を提供してくれる者などいるはずがなかった。ほかの東南アジア人からの難民と同様、かれらは自分たちが持ってきたもの――戦争体験をふくむ――から、なにかを産みだしていかねばならなかった。マツタケ・ブームにほだされ、山中を探しまわることは魅力的な選択肢となった。それは勇敢さを頼りに、生計を立てていく機会であった。

フリーダムとは何であろうか？　戦争の快楽を称賛する、ある白人のフィールド・エージェント〔現地集荷人〕がヴェンを紹介してくれた。米国による帝国主義的戦争を愛しているアジア人もいる、というのだ。かれが紹介するほどのことである。米国が軍隊を投入してまで追求するフリーダムをヴェンが支持していることは驚くにあたいしない。それでも、わたしたちの会話はフィールド・エージェントが予期していなかった方向に進み、その話には山中にいたほかのカンボジア人たちも同調してくれた。まず、カンボジア内戦の混乱のさなか、どちら側と戦っているかが、人びとには定かではなかったことである。白人の退役軍人がフリーダムをまったくの人種的景観としてとらえているのに対し、カンボジア人が語るには、戦争は人びとが知らないうちに、一方からもう一方へと行きつ戻りつしていた、という。ふたつめに、白人の退役軍人が戦争のトラウマに満ちたフリーダムを生きのびるために森に入ったのに対し、カンボジア人は米国的なフリーダムに満ちた森のなかで、立ちなおれるという楽観的な見通しを持っていることである。

一三歳でヴェンは村を離れ、武装闘争にくわわった。ベトナム人の侵入者を撃退するのが目的だった。だが、自分の集団が、どの体制についているか知らなかった。のちにクメール・ルージュだったことが判明した。まだ幼かったため、司令官がやさしく接してくれ、リーダーの近くに配置されたおかげで、ヴェンの安全は保たれていた。しかし、やがてその司令官が左遷されると、ヴェンも政治的抑留者となった。その政治犯一行は、密林に送られ、自活を強いられた。偶然にも、そこはかつての戦闘時代に勝手知ったる場所であった。他人には空っぽに見えても、ヴェンは秘密の道と林産物の在処《ありか》を知っていた。この時点で、かれが逃亡したという展開をわたしは想像した。というのも、ヴェンは自身の森についての知識について鼻高々だったからである。しかし、話の展開は異なっていた。かれは秘密にしていた泉をみんなに教えてやったのだという。それなくしては、新鮮な水を得ることができなかったからである。おそらく、森のなかの抑留には、なにか力づけるものがあったのであろう。たとえ、それが強制されたものであったとしても。森に戻れば、森がこうした活力を引きだしてくれる――しかし、それもアメリカの帝国主義的なフリーダムに守られた安全のなかにおいてだ、とヴェンは説明した。

ほかのカンボジア人たちによれば、マツタケ採取は戦争で負った傷を治癒することだという。ある女性は彼女が米国にやってきたとき、いかに弱よわしかったかを描写してくれた。足が悪かったために、ほとんど歩くこともできなかった。だが、マツタケ狩りによって、彼女は健康を取りもどすことができた。彼女にとってのフリーダムは動きまわれる自由のことだ、という。

ヘンはカンボジアの民兵としての経験について語ってくれた。かれは三〇人の民兵を率いるリーダーだった。しかし、ある日、パトロール中に地雷を踏んでしまい、足が吹き飛ばされてしまった。かれは同志に自分を撃ってくれと懇願した。というのも、片足の人間がカンボジアで人間らしく生きていくのは無理だと悟ったからであった。しかし、幸運にも国連の派遣団によって救いだされ、無事にタイに移送された。米国では義足でうまくやっていた。それでも、マツタケを狩りたいと親戚に懇願してみたところ、冷笑され、同伴することを拒絶されてしまった。ついてこれっこない、というのだった。オバから自分で道を見つけな、といわれ、山麓で車から降ろされもした。しかし、なんと、そこでマツタケを発見したのである！　それ以来、マツタケ狩りはかれの可動性の証《あかし》となった。かれの相棒はもう一方の足を失っているので、山中では、二人で一人だ、と冗談をいった。

オレゴンの山は、古くからの習慣と夢を忘れさせるものでもあり、思いださせるものでもある。ある日、鹿狩りについてヘンに訊いたとき、そのことを目の当たりにした思いであった。その日の午後、わたしもマツタケを狩っていた。そのとき、突然、近くで射撃音が鳴り響いた。震えがとまらなかった。どっちに逃げてよいかわからなかった。あとでヘンに訊ねてみると、「走っては駄目！」といわれてしまった。「走るっていうことは、怖がっているということだ。わたしは絶対に走らない。だから、リーダーになれたんだ」。いまでも森は戦争で満ちている。狩猟はそのことを思いおこさせてくれる。狩猟者のほとんどが白人で、アジア人を見下しがちであるという事実が、狩りと戦争の類似性をより明白にしている。このテーマは、モン人のマツタケ狩りにとっては、より重大であった。多くのカンボジア人とは異なり、モン人はみずからを追われた者というだけではなく、追う者とも位置づけているからである。

インドシナ戦争のあいだ、モン人は米国がラオスを侵略する、その最前線にいた。ヴァン・パオ将軍に招集され、すべての村は農業をやめ、ＣＩＡが投下した食料に依存していた。かれらの身体を危険にさらし、米国の爆撃機を呼び寄せてくれたおかげで、アメリカ軍はラオスを空爆することができた。[1] この政策がモン人と攻撃目標とされるラオ人のあいだの緊張を悪化させたことは、驚くにあたいしない。米国ではモン人難民は比較的、よい暮らしをしてきた。しかし、戦争の記憶は根深い。戦時下のラオスの景観は、モン人難民には鮮明である。これがフリーダムについての政治的立場と日常生活を規定している。

モン人ハンターであり、米国陸軍の狙撃手でもあったチャイ・ソウア・ヴァン（Chai Soua Vang）について考えてみよう。二〇〇四年一一月、かれはウィスコンシンの森でハンター用の隠れ家に立ち寄った。ちょうど、白人の地主たちが視察にきていたときであった。地主たちはかれに向きあうと、出ていけ、と命じた。どうも人種差別的な悪口も吐いたようだ。誰かが発砲した。すると、すかさずヴァンは半自動式ライフルで八人を撃ち、そのうちの六人を殺してしまった。

たちまちニュースとなった。報道の論調は悲憤に満ちていた。ＣＢＳニュースは、地元の郡保安副部長のティム・ジーグル（Tim Zeigle）の談話を引用した。ジーグルによれば、ヴァンは地主たちを追いまわし、殺害したらしい。かれらを狩ったというのである。[2] モン人コミュニティの代表は、ただちにヴァンと距離をとって、モン人の評判を守ろうとした。若いモン人たちが、ヴァンの裁判で人種差別について発言したものの、敵を倒すためにヴァンが当然のように狙撃手の姿勢をとった理由については、だれも公の場では口にしなかった。

オレゴンで話を訊いたモン人たちは、なぜヴァンがそのような姿勢をとったかを知っているようで、つぎのように力説してくれた。ヴァンの姿勢は、かれらにとって見慣れたもので、自分の兄か父も、そうしたかもしれない、というのだ。ヴァンは若すぎて、インドシナ戦争に参加することがなかったとはいえ、その行動は、かれがいかに上手にあの戦争の景観に適応していたかを示している。そこでは同志ではない。すべての人間は、敵であった。戦争は、殺すか、殺されるかを意味していた。モン・コミュニティの年配の男たちは、まだこうした闘いの世界に生きている。モン人が集まれば、特定の戦闘におけるロジスティックス――地形、適時選択、奇襲――の話で盛りあがる。モン人の老人に人生について訊ねたところ、待ってましたとばかりに、手榴弾の投げ返し方と撃たれたときの対処法について力説してくれたこともあった。戦時を生きのびるためのロジスティックスは、かれの人生の本質なのであった。

米国にあっても、狩りはモン人にとってラオスへの親近感を感じさせてくれる。モン人の老人がラオスで成人したときのことを説明してくれた。少年ともなれば、狩りの仕方を学ばねばならなかった。狩りの技術は密林での戦闘にも応用できた。いまは米国で、息子たちに狩りの方法を教えている。狩りはモン人の男性を追跡、生存、男らしさの世界へいざなってくれる。

モン人のマツタケ狩りは、山中でくつろいでいる。それは狩猟のおかげである。モン人はめったに迷子になったりしない。狩猟で培ったナビ術を駆使するのだ。森は老人たちにラオスを思いださせる。もちろん、多くが異なってはいる。しかし、険しい丘があって、つねに周囲に気を配っておかねばならない。こうした親近感から、年配世代は毎年、マツタケ狩りへと駆りたてられている。狩りのように、森の景観を思いだす絶好の機会である。森の音と匂いがなければ、人間は衰える、と老人はいう。マツタケ狩りはラオスとオレゴンを、さらには戦争と狩猟を重ねあわせてくれる。戦争によって引き裂かれたラオスの景観は、現在の体験を満たしている。わたしには不合理な推論と思えることが、逆に刺激を与え、そのような重なりあった層の存在に気づかせてくれた。わたしがマツタケについて訊ねても、モン人のマツタケ狩りはラオスのことや狩猟のこと、戦争のことばかりを語るのであった。

トウと息子のゲールは、親切にもわたしと助手のルゥを連れて何回もマツタケ狩りに出向いてくれた。ゲールは熱意あふれる教師であった。しかしトウは、もの静かな老人であった。だからこそ、わたしはトウの発言を尊重している。ある午後、長時間にわたる心地よいマツタケ狩りのあとで、トウは車の前の座席に身を沈め、ため息をついた。ルゥがモン語から通訳してくれた。「ラオスのようだ」。かれのふるさとについて語りながら。発言のつづきを、わたしは理解できなかった。「しかし、保険に入っておくことは重要だ」。かれの云わんとすることを理解するのに三〇分もかかった。かれの物語はこうだ。かれの親戚がラオスを訪問した。あまりにも丘陵地に魅了されたため、その親戚は魂の一部を置き去りにしたまま、米国へ戻ってきた。その結果、かれはすぐに死んでしまった。ノスタルジーが死を招くこともある。したがって、生命保険に加入しておくことが大事なのだ。そうすれば、家族はモン流の葬儀のための牛を買うことができる。ハイキングしたり狩猟採集をしたりして景観に馴染んでいたので、トウはそのノスタルジーを経験していた。これもまた、狩猟の景観であり、戦争の景観でもある。

仏教徒であるラオ人は狩猟に反対する傾向がある。そのかわり、ラオ人はマツタケ・キャンプにおける商売上手である。東南アジア出身のマツタケ・バイヤーの多くはラオ人である。キャンプ地では、ラオ人は麺屋を開き、賭博場、カラオケ屋、バーベキュー屋を経営している。わたしが会ったラオ人マツタケ狩りの大半は、ラオスの都市出身者か、都市に移住させられた人であった。かれらは、よく山中で迷う。しかし、かれらはマツタケ狩りのリスクを楽しんでおり、起業家精神にあふれたスポーツだと説明する。

ラオ人のマツタケ狩りと一緒に過ごして以降、わたしは戦争の文化性について考えるようになった。迷彩服はラオ人男性のあいだで人気である。多くは護身用の入墨もしている——軍隊で彫った者もいれば、ギャングに彫ってもらった者、武道の道場で彫った者もいる。ラオ人が喧嘩早いことから、林野局はキャンプ地での発砲を認めないほどである。わたしが会ったラオ人たちは、ほかのマツタケ狩りグループと比較すると、実際の戦争からうけた傷は浅いものの、森のなかでの戦争ごっこに、かなりいれこんでいるように感じられた。しかし、傷とは何であろうか？　米国によるラオスの爆撃は、地方人口の二五パーセントを移住させ、逃げまどう難民を都市に追いやった。可能な場合は、海外へも追いやった[3]。もし、米国内のラオ人難民が難民キャンプ地からなにかを引きずっているとしたら、傷でなくして何であろう？

ラオ人マツタケ狩りのなかには、軍人の家庭で成長した者もいる。サムの父はラオス王国軍に奉仕していた。** 父の足跡を辿るように宿命づけられており、サムも合衆国陸軍に入隊する予定であった。入隊する前年の秋、友だちと最後の遊びにでかけた。それがマツタケ狩りだった。あまりにも大金が稼げたために、かれは入隊計画を反故にしてしまった。サムは両親もマツタケ狩りに連れだした。かれは、あるシーズンに違法に狩る興奮を体験した。国立公園に不法侵入し、一日に三〇〇〇ドルも稼いだのだ。

白人のマツタケ狩り同様に、わたしが知るラオ人は、境界線を越え、秘密の穴場を探索している（それにひきかえ、カンボジア人やモン人、ミエン人のマツタケ狩りは、注意深い観察者で、馴染みある場所しか渉猟しない）。ラオ人のマツタケ狩りは——これまた白人同様に——法律を破り、困難な状況を抜けだす能力を自慢することを喜びとしている（ほかのマツタケ狩りたちは、法を犯すにしてもこっそりと犯すものだ）。起業家としてラオ人は仲介者であり、仲介に喜びと危険を感じている。わたしは経験がないので、起業家であることと喧嘩早いことは矛盾しているような気がするのだが、それでもリスクが高い事業ほどやりがいがあるのだろうということは何となくわかる。

トンという、逞しくてハンサムな三〇代半ばの男性は、矛盾だらけの人物のように思われた。戦士、ダンスの名手、思慮深い人、批評家。体力にまかせ、トンは高くて近づきにくい場所でマツタケを狩る。かれは警察と鉢合わせした経験を語ってくれた。ある夜、スピード違反で警官に停止させられた。それはマツタケ・キャンプから四〇マイルも離れたところだった。かれは警官に、どうぞ、車を押収ください、といった。凍える夜中、かれは歩きだそうとした。すると警官は諦め、かれを行かせてくれた。マツタケ狩りたちが逮捕や捜査などの令状から逃げて森にいるとトンがいったとき、わたしは、かれ自身について語っていることを直感した。事実、そのとおりであった。トンはつい最近まで結婚していた。離婚するに際し、かれは給料のよかった仕事を辞め、マツタケ狩りとなった。少なくとも、かれは子どもの養育費の義務から逃げようとしていた、とわたしは信じている。矛盾は増殖する。子どもを棄て、森を選んだマツタケ狩りを侮蔑しておきながら、トン自身は子どもと連絡をとろうとしていない。

メタは仏教についていろいろと思考している。メタは寺で二年間過ごしたことがある。実世界に戻ってくると、断捨離に励んだ。マツタケ狩りは、こうした世捨ての方法のひとつである。所有物のほとんどは、車に積んでいる。お金はたやすく入ってくるが、おなじくらいたやすく出ていく。かれは所有の泥沼に自身を陥らせることはない。しかし、だからといって、メタは西洋的な意味での禁欲主義者ではない。酒を飲むと、やわらかいテノールでカラオケを歌いだす。

わたしが会ったなかで、マツタケ狩りの家庭に生まれ、成人してマツタケ狩りとなったのは、ラオ人だけであった。パウラは、はじめは両親と一緒にマツタケ狩りにきた。両親は、その後アラスカに移住したが、彼女は両親がオレゴンの森で築いた社会的ネットワークを継承しているので、より経験豊富なマツタケ狩りがするような余裕あるふるまいができる。パウラは大胆不敵である。彼女と夫は、林野局がシーズンを開く一〇日も前にきて、狩りはじめる。警官にトラックの荷台にあるマツタケごと捕捉されると、彼女が警官を罵っているあいだ、夫は英語がわからないふりをしている。パウラはかわいらしく、少女のように見える。ほかの人より生意気な態度をとっても、彼女は罰を逃れることができる。それでも彼女の図太さには驚かされる。警官があえて彼女の活動を妨害するように挑発したのだ、という。警官がマツタケを見つけた場所を訊ねると、「緑の木の下よ」。その緑の木はどこなんだ？　「すべての木って、緑じゃないかしら」。それから彼女は携帯電話を取りだし、支援者に電話をかけはじめた。

フリーダムとは、何なのか？　米国の移民政策は政治難民と経済難民を区別していて、前者だけに亡命を認めている。このことから、入国に際して移民はフリーダムを是認することがもとめられるわけだ。東南アジア系アメリカ人は、そうした事情をタイの難民キャンプで学ぶ。そこでは、多くが米国への移住に向け、何年もかけて準備する。本章のはじめに引用したラオ人のバイヤーが、フランスではなく米国を選んだ理由を説明するに際し、当意即妙に答えるように。「フランスには、ふたつある。フリーダムと共産主義だ。米国には、ただひとつしかない。フリーダムだ」。かれはつづけた。「マツタケ狩りの方が好きだ。よい収入の安定した仕事よりも」——かれは溶接工だった——フリーダムがあるから。

フリーダムを成立させるラオ人の戦略は、「もっとも法に悩まされている」番付を争う、ラテンアメリカ系住民などほかの採取集団とはっきりと対照をなしている。中南米系のマツタケ採取人は不法移民である場合が多く、かれらは年間を通じた屋外労働の一部にマツタケ狩りを組みこんでいる。マツタケのシーズンには、法で定められている商業用キャンプ地かモーテルではなく、森のなかに隠れて暮らしている。定められた場所では身分証明書と採取許可書がチェックされるかもしれないからである。捕まると、罰金だけではすまず、（書類に不備があるために）車も失い、国外退去となる。法律に抗《あらが》うかわりに、ラテンアメリカ系マツタケ狩りは、沈黙を保っている。そして、もし捕まった場合には、書類と身元保証書を不正に書き換えようとする。それとは対照的に、ほとんどのラオ人マツタケ狩りは、難民ながらも市民であり、フリーダムを受容しており、さらなる余地をもとめて精をだす。

このような差異は、白人の退役軍人やカンボジア人難民、モン人難民、ラオ人難民の、それぞれのフリーダムの営みを形成した戦争との関わりについて理解したい、というわたしの研究の動機となった。退役軍人と難民は、フリーダムを認め、演じながら、アメリカ市民としての身分と折りあいをつけている。この営みのなかには、軍国主義が内包されている。それは景観のなかに満ちており、マツタケの探り方とか、マツタケでの儲け方などの戦略を喚起する。

オレゴンでマツタケ狩りを商売にしている人びとのあいだでは、フリーダムは、「バウンダリー・オブジェクト」である。つまり、それは共通の関心事でありながらも、人により意味合いも、方向性も異なるものだ。(4) マツタケ狩りたちは、日本人が出資するサプライ・チェーン向けのマツタケを探すために、毎年やってくる。森のフリーダムへの各自のいれこみ様には、重なる部分も、異なる部分もある。マツタケ狩りは、戦争体験に駆りたてられ、自身の生存への闘いをつづけるために、毎年、戻ってくる。白人の退役軍人はトラウマを演じ、クメール人は戦争の傷を癒やし、モン人は戦った景観を思いだし、ラオ人は限界に挑んでいる。これらの歴史的な流れは、それぞれがマツタケ狩りの行為をフリーダムの営みとして収斂させる。こうして企業からの求人、訓練、規律がなくとも、マツタケは山となって日本に送られてくる。

1　ヴァン・パオ支持者の詳細な説明については、つぎの文献を参照のこと。Hamilton-Merritt, *Tragic mountains*.（第2章、注13で参照）

2　CBS News, "Deer hunter charged with murder," November 29, 2004, http:// www.cbsnews.com/stories/2004/11/30/national/main658296.shtml.

3　"The Refugee Population," *A country study: Laos*, Library of Congress, Country Studies, http://lcweb2.loc.gov/frd/cs/latoc.html#la0065.

4　Susan Star and James Griesemer, "Institutional ecology, 'translations' and boundary objects," *Social Studies of Science* 19, no. 3 (1989) : 387–420.

*　ジョージ・W・ブッシュ政権（二〇〇一年一月〜二〇〇九年一月）で副大統領を務めたディック・チェイニー（Dick Cheney）は、米国史上もっとも権勢を誇った副大統領といわれ、9・11以降の米国をイラク戦争へと導いた中心人物である。酒癖の悪い青年だったチェイニーが七転八起しながら妻と二人三脚で権力をのぼりつめる過程を描いた映画『バイス』（*Vice*）は、二〇一九年にアカデミー賞とゴールデン・グローブ賞を受賞した（アダム・マッケイ Adam McKay 監督）。本作品でも、二〇〇六年二月に起こったチェイニーによる誤射事件が「本人が謝らず

に、撃たれた方が謝った」と皮肉をこめて描かれている。映画全体も、チンが語る好戦的な米国の白人男性像で貫かれており、本書第7章で著者のいう「伝統主義者」の行動規範を理解するうえで参考となる。

＊＊　ラオス王国軍は左派ゲリラのパテート・ラーオ軍と戦った右派政権側の国軍である。つまり、サムの父は反共の立場で戦争に参加していたわけである。

みんなの目論見、オレゴン。圧倒的に日系アメリカ人が多い仏教寺院でマツタケ入りのすき焼きを準備する。日系人にとってマツタケ狩りは文化的遺産であり、世代をまたがった共同体の絆を構築することである。

7 国家におこったこと——ふたとおりのアジア系アメリカ人

吟友軽装上丘壑
鬱蒼松樹原始林
停車入山共探蕈
忽破寂寞呼子音
一同馳来歓声湧
秋光忘我返童心

吟友《ぎんゆう》軽装して丘壑《レニヤ》に上《のぼ》る
鬱蒼たる松樹《しょうじゅ》原始林
車を停《とど》めて山に入《いり》共に蕈《きのこ》を探る
忽《たちま》ち寂寞《せきばく》を破る呼子《よぶこ》の音
一同馳せ来《きた》って歓声湧く
秋光《しゅうこう》我を忘れて童心に返る

——レニヤマウント之《の》松茸狩《まつたけがり》　瓜生田《うりうだ》山桜《さんおう》(1)

オープンチケット村のすべてに、わたしは驚愕させられた。とくにオレゴン山中における東南アジア的な生活の雰囲気には、びっくりさせられるばかりであった。別のマツタケ狩りの集団——日系アメリカ人——に出会ったときには、さらに方向感覚を喪失してしまったように感じられた。わたしの中国系アメリカ人の素性とは異なることが多々あるけれども、日系アメリカ人は、わたしにとって馴染みがあり、家族のようなものだ。それでも、この親しみやすさゆえの動揺も、また一入《ひとしお》であった。まるで冷や水を浴びせられたかのようだった。二〇世紀の前半と後半にやってきた移民のあいだで、米国の公民権に対するなにかが、大きく複雑に変化したことに気づかされたのだ。奔放な、あらたなコスモポリタン主義によって、同化しきれていない、数々の文化や政治的大義のかけらがぶつかりあって、アメリカ人であることの意味をねじ曲げてしまっている。わたしの驚きは、いわゆるカルチャーショックなどではなかった。アメリカの不安定である様——瓦解に生きること——は、こうした構造化されていない複数性の、溶解しえない混乱のなかに存在している。もはや人種のるつぼ《メルティング・ポット》ではなく、わたしたちは誰だかよくわからない他者とともに生活しているのだ。アジア系アメリカ人世界でのことだけではない。この不協和音は、米国の白人にとっても有色人種にとっても、同様に感じられる不安であり、それは世界中に波及している。このことは同化のような別のやり方と比較してみれば、よく理解できる。

オレゴンで最初にマツタケ狂いとなったのは、日本人であった。一八八二（明治一五）年の中国人追放から一九〇七（明治四〇）年の「紳士協定」で日本人移民が禁止となった短期間に、日本人はこの地にやってきた。[2] 初期の日本人移民は伐採に従事し、山中でマツタケを発見した。定着して農業を営むようになると、シーズンごとに森に入っていった。春のワラビ、夏のフキ、秋のマツタケ。二〇世紀初頭にはマツタケ狩り——マツタケ採取をかねたピクニック——は日系人たちのレジャーとなっていた。そのことは、本章のはじめに紹介した詩吟に謳われたとおりである。

瓜生田の詩は、喜びとジレンマを理解するための手がかりとなる。かれらは森まで車をとばしていった。たとえ日本人の感覚を残していたとしても、懸命にアメリカ人になろうとしていた。新天地をもとめて明治期の日本をあとにしたほかの人びとと同様に、移民たちは真摯に異文化から学ぶ翻訳者であった。一世にくわえ、二世はアメリカと日本の両方の生き方を知る子どもとして育った。しかし、なにかが変化した。第二次世界大戦だ。

米国に到着して以来、日本人は公民権の停止と土地所有の禁止に苦しめられてきた。それにもかかわらず、農業——とくに労働集約的な、日光を避けなくてはいけないカリフラワーや手摘みを必要とするベリー類などの野菜と果物の栽培——で成功した。第二次世界大戦は、そうした軌跡を破壊した。日系人は農場から退去させられた。オレゴンの日系アメリカ人は「戦時強制収容所」に収容された。かれらの公民権のジレンマは根底から覆された。

二〇〇六年、マツタケ文化を継承する日系アメリカ人の集会で、瓜生田の詩が日本風に謳われるのをはじめて聞いた。それを謡った年配の男性は、強制収容所で詩吟を習ったという。実に多様な「日本」趣味が、収容所では栄えていた。日本の趣味を追求することはできたけれども、強制収容所は、米国で日本人であることの意味を一変した。戦後、収容所から戻ってきたとき、ほとんどが資産と農場へ立ちいる権利を失った（ジュリアナ・フ・ペグエス Juliana Hu Pegues は、日系アメリカ人の農夫たちが強制収容所へ追いやられたのとおなじ年に、米国は、ブラセロ計画を開始し、メキシコ人農業労働者を招きいれた、と書き留めている(3)。日系人たちは疑いの目で見られた。だからこそ、日系人たちは模範的アメリカ人になろうと全力をつくしたのだった。

ある男性が回顧するように、「すべて日本的なものを極力、遠ざけようとした。草履を履いていたとしても、外出するときには玄関で脱いでいったもんだ」。日本の日常的な習慣は、公の場で見せるべきものではなくなった。若い人びとは日本語を学ぶことをやめた。ふたつの文化を拡大させるのではなく、完全にアメリカ文化に浸ることが期待された。それを率先したのは子どもたちであった。日系アメリカ人たちは「一〇〇パーセント、アメリカ人」になった(4)。その一方で、強制収容所では日本趣味が栄えていた。戦前に衰退していた伝統的詩歌と音楽が蘇生した。収容所での活動が戦後のサークル活動の基盤となった。これらは私的なレジャー活動であった。マツタケ狩りをふくむ文化活動は、ますます盛んとなった。しかし、それらは、あくまでもアメリカ人としてのアイデンティティとは別のものと考えられるようになった。「日本人らしさ」は、アメリカ的様式における趣味としてのみ繁栄していった。

わたしの当惑をうすうすと感じた読者もいるだろう。日系のマツタケ狩りたちは、東南アジアの難民とはまったく異なっている——移民間の差異について、社会学でいうような「文化」や米国で過ごした「年月」によって説明することはできない。東南アジア系アメリカ人の第二世代は、公民権の行使において日系アメリカ人二世のごとくではない。そうした相異は長い時間をかけておこった出来事——敢えていうならば、不確定な出会い——と関係がある。そうした出会いを通じて、移民集団と市民たる要件との関係性は形成されてきた。日系アメリカ人は同化を強いられてきた。アメリカ人であるためには、徹底的な自己変革に取りくまねばならないことを収容所で教えられた。日系人の強制的同化は、東南アジア系難民のケースとは対照的であった。東南アジアの難民は、新自由主義的多文化主義の時代にアメリカ人になった。フリーダムへの愛さえあれば、アメリカの大衆にくわわることができたといっても過言ではないかもしれない。

この対比から、わたしは自身の体験に思い当たった。わたしの母は、第二次世界大戦直後に米国で学ぶために中国からやってきた。まだ両国が同盟国であったときのことである。しかし、中国で共産主義が勝利すると、米国政府は彼女に帰国を許さなかった。一九五〇年代と一九六〇年代初期を通じて、わたしの家族は、ほかの中国系アメリカ人と同様に、敵性外国人としてFBIの監視下にあった。したがって、わたしの母も、強制的同化を経験せずにはいられなかったひとりである。彼女はハンバーガーやミートローフ、ピザの作り方を学んだ。子どもが生まれると、子どもに中国語を学ばせることに断固反対した。彼女自身が英語で苦労していたにもかかわらず、である。もし、わたしたちが中国語を話したとしたら、わたしたちの英語が中国語訛りになってしまい、そのことによって、わたしたちが完全なアメリカ人ではないことが露呈されると彼女は信じていた。バイリンガルであることや間違ったしぐさをすること、アメリカ的ではない間違った食べ物を食べることは危険なことであった。

まだ子どもだったころ、わたしの家族は「アメリカ人」という用語を、白人の意味で使っていた。わたしたちは模倣と教訓の源として、アメリカ人を注意深く観察した。一九七〇年代、わたしはアジア系アメリカ人の学生集団に参加していた。まわりには中国や日本、フィリピンに出自を持つ人びとがいた。だが、たとえもっとも急進的な主張をおこなう参加者にしても、それぞれの集団がすでに経験済みだった強制的同化を当然のことと受容していた。わたしは、こうした生い立ちのために、オレゴンで出会った日系アメリカ人のマツタケ狩りに共感をいだくことができた。かれら流のアジア系アメリカ人であることが、わたしには心地よく感じられた。年配の人びとは、第二世代の移民であり、ほとんど日本語が話せなかったし、日本料理を作るために安い中国料理の食材をもとめたりしていた。マツタケへの強い情熱に見られるように、かれらが日本の遺産を誇りに思っていたことはあきらかである。しかし、その誇りは意識的にアメリカ人風に表現された。わたしたちが一緒に作ったマツタケ料理でさえも、コスモポリタンなクレオールで、日本料理の原則を犯していた。

日系人との出会いとは対照的に、オープンチケットのマツタケ・キャンプでアジア系アメリカ人の文化を発見することになろうとは、まったく想定できていなかった。とくにミエン人のキャンプ地では動揺させられた。というのも、かれらは、わたしの知っているアジア系アメリカ人ではなく、わたしの母が記憶している中国とわたしがフィールドワークをおこなったボルネオ島の村をあわせたようなものを想起させてくれたからである。ミエン人は、親族と隣近所の人びとからなる多世代の集団でカスケード山脈にやってきていた。ミエン人は村での生活を復興するという明確な目的を持っていた。だから、ラオスで重要だったたちがいにこだわっていた。というのも、ラオ人は床に座るが、ミエン人は、母がいまだに中国を思いだすものとして恋しく思っている低い台座に腰をおろす。ミエン人は生野菜を拒絶する——というのも、それはラオ人のためのものだからだ。その一方で、中国人がするようにスープや炒め物を調理し、箸を用意する。ミエン人のマツタケ狩りキャンプでは、ハンバーガーもミートローフも調理されることはない。たくさんの東南アジア人たちが集まっているので、カリフォルニアの家庭菜園からアジア野菜がいつでも届けられている。毎晩、料理が隣近所で交換され、訪問客たちは夜中まで水きせるをふかしながら話にふけっている。ミエン人のひとりが、サロンを身につけてしゃがみこみ、熟れすぎたジュウロクササゲを殻から取りだしたり、山刀を研いだりするのを目にしたとき、あたかもはじめて東南アジアについて学んだインドネシアの高地に移動したかのような錯覚におそわれた。わたしが知っている米国ではなかった。

オープンチケットのほかの東南アジア人の集団は、村の生活を再現することに、それほど熱心ではない。田舎ではなく都市からきている者もいる。それでも、かれらはミエン人たちとあることを共有している。興味がないこと――もしくは知らないこと――、わたしが育ったようなアメリカ人に同化することなどに関心を示さない、ということである。いかにしたら、かれらのように同化への圧力から逃遁《とうとん》できるのか、こちらが知りたいほどである。最初、かれらの感覚をおそろしく感じたものだが、同時に若干の嫉妬心もあった。のちに、かれらも別の様式で同化することをもとめられていることを知ることになった。ここそが、フリーダムと不安定性が、わたしたちの物語に再登場する場面である。フリーダムは、多様なアメリカ市民を調和させる表現であり、不安定な生活を抜けだすための唯一の公式な指針を提供してくれる。しかし、このことは、日系アメリカ人が到着したときとラオス系アメリカ人やカンボジア系アメリカ人が到来したときのあいだに、国家と市民の関係において、なにか重要なことが変化してしまったことを意味している。

日系アメリカ人のあいだに広まった高度な同化は、ニューディール政策から二〇世紀後半までつづいた福祉国家としての米国の政治文化によって形成されていった。国家は、強制だけではなく魅了することをもって、国民の生活に命令する権利を付与されていた。移民たちは、自分たちの過去を初期化し、人種のるつぼにくわわり、完全なアメリカ人になることを勧奨された。公立学校は、アメリカ人を養成する場であった。一九六〇年代と一九七〇年代の積極的差別是正政策《アファーマティブ・アクション》は、学校を開放しただけではなく、少数派が公立学校で学び、専門職に就くことを可能にした。いずれも人種的理由から、それらのネットワークにつらなることを排除されていたものだ。日系アメリカ人は甘言でつられたり、駆りたてられたりして、アメリカ人の集団に参入していった。

オープンチケットの東南アジア系アメリカ人たちが、アメリカの公民権に対して、日系人と異なる関係を発展させたのは、国家の福祉政策が崩壊してしまっていたからである。一九八〇年代なかば、かれらが難民として到着したころ、すべての国家プログラムは廃止されていた。積極的差別是正政策は違法とされ、公立学校の予算は削減され、労働組合は潰され、標準的雇用はだれにとっても失われつつある理想となってしまっていたが、それは経験のない労働者には、ことさらのことであった。たとえ、かれらが白人アメリカ人の完璧なコピーになったとしても、報酬はほとんどなかったであろう。とりあえず生計を立てなければ、という問題が迫っていた。

一九八〇年代、難民は拠るべきものをほとんどなにも有しておらず、公的支援を必要とした。それなのに福祉事業は徹底的に縮小されていった。多くのオープンチケットの東南アジア人たちの目的地だったカリフォルニアでは、一八カ月が州による支援の上限となった。オープンチケットのラオ人とカンボジア人の多くは、いくばくかの言語教育と職業訓練をうけることができた。しかし、そんなものは職を得るには、ほとんど役に立ちはしなかった。アメリカ社会において、みずからの道を自分で見つけるよう、見捨てられたも同然であった。(5) もちろん、西洋式教育をうけたことがある人や、英語ができる、お金があるなど、ごく少数の人には選択肢があった。しかし、それ以外の人びとにとっては、たとえば、戦争を生きぬく術《すべ》のような、かれらが身につけているものを活用できるところを見つけねばならない困難な状況にあった。米国に入国するためにかれらが大事にしてきたフリーダムは、生計戦略に翻訳されねばならなかった。

かれらが生存してきた歴史は、今度は生計のための技術として利用できるものになった。それは、かれらが使用に耐える高い能力を有していることの証《あかし》であった。しかし、このことも難民のあいだに差異を生みだした。そのちがいについて考えてみよう。首都ビエンチャン出身の実業家一家のラオ人バイヤーは、つぎのように説明してくれた。彼女は共産主義下のビジネスに見切りをつけ、国を出ることを決意した。ビエンチャンはメコン河に接していて、タイの対面に位置している。出国は河を渡るための夜陰を見いだすことを意味していた。もちろん撃たれる可能性もあった。しかも小さな娘を連れていかねばならなかった。そうした危険性にもかかわらず、彼女は機会をつかまねばならないことを経験から感じとっていた。彼女を米国へと後押ししたフリーダムは、市場のフリーダムであった。

対照的にモン人のマツタケ狩りは、民族的自立と結びついた反共産主義としてのフリーダムを断固として主張しつづけている。オープンチケットの年配のモン人は、ラオスでヴァン・パオ将軍が率いたCIA部隊のために戦った。中年のモン人は、共産主義が勝利したあと、タイの難民キャンプとラオスの反政府キャンプを行ったり来たりして数年間を過ごした。これらの人生はいずれも、密林での生存術と民族政治的な忠誠心とを結びあわせている。これらは米国での、親族を基盤とする投資に利用できる術であり、モン系アメリカ人たちは、このことで有名である。ときには、自然のなかで暮らすことによって、そうした感覚を覚醒せねばならないこともある。

わたしが話をした人びとはみな、民族的で政治的な物語と結びつけた生計戦略を夢見ていた。オープンチケットのだれもが、移住によって自分の過去が初期化され、アメリカ人になれるなどとは考えてもいなかった。カンボジア北部出身のラオ人は、将来はカンボジアとラオスのあいだでトラックを走らせるつもりであった。カンボジアを守るために国境を渡った、ベトナム出身のクメール人は、かれの家族の愛国心はカンボジア軍に入隊するにもふさわしいと考えていた。これらの夢の多くは満たされずにあるものの、夢についてのあることを教えてくれた。かれらの再出発は、かの「アメリカン・ドリーム」ではないということである。

もう一度やりなおしてアメリカ人になるべきだという考えは、考えれば考えるほど、奇妙なものだ。それでは、このアメリカン・ドリームとは、いったい何なのか？　経済政策の効果だけではないことは、あきらかである。罪人が神に告白し、以前の罪深い人生を払拭することを決意するキリスト教へ転向することの、アメリカ版なのかもしれない。アメリカン・ドリームは、かつての自己を放棄することを強要する、おそらくは転向のひとつの形式なのであろう。

プロテスタント復興主義は、アメリカ独立革命以来、アメリカ的な「わたしたち」を構築する鍵であった。[6]さらには、プロテスタント主義は二〇世紀にアメリカを世俗主義化――自由を推進する一方で自由をみとめないキリスト教的信仰の拒絶――へと導いていった。スーザン・ハーディング（Susan Harding）は、いかに二〇世紀中葉の米国の公教育が世俗主義によって形成されていったかをあきらかにした。そうした公教育では、キリスト教的信仰のいくつかの型が「寛容」の例として奨励され、ほかの型は、過去の風変わりな残余とされた。[7]その世俗形式において、このコスモポリティクスはキリスト教的信仰を超越している。アメリカ人になるためには、キリスト教ではなく、アメリカ的民主主義に転向しなくてはならないのだ。

二〇世紀中葉、同化はアメリカ的プロテスタントの世俗主義化のためのひとつのプロジェクトと化した。白人アメリカ人の身のこなしと話すときの癖のすべてを体得することによって、移民は「転向」することを期待された。発話能力はとくに重要であった――「わたしたち」を語るには。母がわたしに中国語を学ばせなかった所以《ゆえん》である。それはわたしのアメリカ的ハビトゥスをそっとはみだす、いわゆる悪魔の印だった。これが第二次世界大戦後に日系アメリカ人をおそった改心の波であった。

それは、必ずしもキリスト教徒になることを意味しなかった。わたしが調査をともにした日系アメリカ人は、おもに仏教徒である。実際、仏教の「教会」（幾人かの参加者が呼ぶように）は、コミュニティをまとめる機能を備えている。わたしが訪問したのは、好奇心をそそられる混淆物であった。毎週おこなわれるお参《まい》り用の大広間は、色鮮やかな仏教の供物《くもつ》台が最前列におかれていた。しかし、それ以外は、アメリカのプロテスタント教会の様式そのものであった。木製の座席の列があり、賛美歌集と解説書用の収納棚が座席についている。地階には日曜学校とチャリティ・ディナーとベイク・セールのための空間もある。信徒の中核は日系アメリカ人である。しかし、かれらは白人の指導者がいることを誇りに思っている。その指導者が説くことは、かれらのアメリカ人としてのアイデンティティを増幅させる。信者が「アメリカ人」へ転向することによって、より宗教的に認識しやすくなる。

オープンチケットの東南アジア難民と対比してみよう。コスモポリティクスからすれば、かれらもまたアメリカ的民主主義に「転向」したことは間違いない。かれらは、ひとりひとりが転向のための儀式をタイの難民キャンプで経験している——米国への入国の可否を審議する面接である。この面接では、「フリーダム」を信奉し、反共産主義への信任状を提示することがもとめられる。さもなければ、かれらは敵国人とされてしまう。囲いの外側だ。入国するためには、フリーダムへの厳格な支持が必要であった。難民たちは英語をそれほど知らなかったかもしれないが、ひとつの単語だけは必須であった。フリーダムである。

オープンチケットのモン系アメリカ人とミエン系アメリカ人のなかには、キリスト教徒に改宗した者もいる。それでもトーマス・ピアソン（Thomas Pearson）がノース・カロライナ州におけるベトナムのモンタニャール＝デガ（Montagnard-Dega）難民の事例で示したように、かれらが信心するキリスト教は、米国のプロテスタント的な視点から観れば、一風変わっている。(8) アメリカ的プロテスタントへの改宗の要点は、「かつて、わたしは迷っていました。しかし、神をうけいれました」と明言することである。そのかわり、難民はいう。「共産主義軍の兵士がわたしに銃口を向けました。すると、神がわたしを見えなくしてくれました」「戦争によって、わたしの家族は山中でちりぢりになりました。すると、神がわたしたちを再会させてくれました」。神は、危険を撃退する土着の精霊のような働きをしている。内面の変容を必要とするかわりに、フリーダムを支持することを通じて、わたしが会った改宗者たちは庇護されていた。

ふたたび対比してみよう。転向に関する求心性（内向きに回転すること）の論理は、包括的で拡大的な米国による同化的なアメリカ化にわたしの家族と日系アメリカ人の友人たちをふたたび引きこむこととなった。転向に関する遠心性（外向きに回転すること）の論理は、唯一のバウンダリー・オブジェクトであるフリーダムによってまとめられ、オープンチケットの東南アジア難民を形成した。これらのふたつの種類の転向は、共存可能であるものの、それぞれがそのときどきの公民権政策の歴史を背負っている。

したがって、これらふたつの種類のマツタケ狩りたちが混ざりあうことはない、と予想できそうなものだ。日系アメリカ人は、日本が輸入を開始したときから商売としてマツタケを狩ってきた。しかし、一九八〇年代後半には、白人と東南アジア人のマツタケ採取集団に凌駕されてしまった。いまや日系人は売るためではなく、むしろ友人と家族のために狩っている。マツタケはとっておきの贈り物なのであって、日本文化のルーツを確認できる食材なのである。しかも、マツタケ狩りは楽しい――老人が自分たちの知識を顕示し、子どもたちが林のなかで遊びまわり、みんなで美味しい弁当を共食する機会である。

この種のレジャーは、十分に可能である。なぜなら、わたしを案内してくれた日系アメリカ人たちは、都市における階級的雇用の適所におさまっているからだ。かれらは第二次世界大戦後、強制収容所から解放されたとき、先述したように自分たちの農園へのアクセスを失った。それでも、多くが勝手知ったる場所のなるべく近くに再定住した。工場労働者になった者は、差別のないあらたな労働組合に加入することができた。小さな食堂を開いたり、ホテルで働いたりした者もいた。それはアメリカがおしなべて富を成長させていた時代であった。日系人の子どもたちは公立学校で学び、歯科医師や薬剤師、商店経営者になった。白人と結婚した者もいた。それでも人びとはおたがいに連絡をとりあった。コミュニティは親密であった。マツタケはコミュニティを維持するのに役立っている。たとえ、だれもマツタケで生計を立てていなくとも。

日系人コミュニティのもっとも愛すべきマツタケ山のひとつは、マツが散りばめられ、日本の寺院の庭のように滑らかで綺麗なコケに覆われた谷である。日系アメリカ人は、この場所を自分たちと植物の両方のために丹精こめてきたことを誇りとしている。故人の狩り場もちゃんと記憶されており、気遣われている。一九九〇年代なかばに、図々しい白人のバルカー〔大口集荷人〕兼バイヤーが、オープンチケットから金目当てのマツタケ狩りを大勢、連れてきたことがあった。金目当てに採取する者が丁寧に狩るはずはなかった。広大な面積を渉猟しなくてはならなかったからである。コケを剝ぎとり、その跡を乱雑に放置するにまかせていた。対立が生じた。日系アメリカ人は林野局に通報した。すると、林野局はバイヤーに国立公園内の商売は禁止されている旨を忠告した。今度はバイヤーが林野局を人種差別で訴えた。「なぜ、日系人が特別な権利を有しているのか?」回想しながら語ってくれたときでも、まだ怒りはおさまっていなかった。結局、林野局は、その公園で商業目的にマツタケを採取することを禁止してしまった。バイヤーはオープンチケットに戻っていった。しかし、パトロールがなければ、金目当ての採取者は、いまだに忍びこんでくる。日系アメリカ人と東南アジア系アメリカ人のあいだの確執は、いまだにくすぶっている。かれらが異なる種類のアジア系アメリカ人であることはあきらかである。ある日系アメリカ人のマツタケ狩りが無意識に口にした。「アジア人がくるまで、すごくよかった森だったのに」。アジア人とは、だれのことだろう?

東南アジア人マツタケ狩りたちのフリーダムに戻ろう。処罰を逃れることができれば、禁止区域に侵入することが含意されているのはもちろんである。しかし、フリーダムは個人的な勇気以上のものである。それは、新興政治勢力による関与でもある。融合政策の産物であるわたし自身、二一世紀になって、とくに田舎に住み、疎外され、取り残されたと感じている白人たちが、この政策をどれほど嫌っているかを知って驚かされたが、それはわたしだけではないにちがいない。白人のマツタケ狩りとバイヤーのなかには、みずからの立場を「伝統主義者」と呼ぶ者もいる。かれらは融合政策に反対している。かれら自身の価値観を、ほかからの汚染がない状態で楽しみたいのだ。この志向も、かれらは「フリーダム」と呼ぶ。しかし、これは多文化主義のあり方ではない。だが、皮肉にも、それは合衆国がこれまでに経験したなかでも、もっともコスモポリタンな文化形成の実現に加担してもいる。あらたな伝統主義者たちは、人種的に交わることを拒絶し、強制的同化をともなって混淆を可能とする社会保障制度なる力強い遺産も拒絶する。伝統主義者が同化を拒絶するにつれ、あらたな構造が創発した。中心となる計画がなくとも、移民と難民は、生計を立てるために、かれらにとって最善の機会にくらいついてくる。かれらはフリーダムという一語を通じてアメリカ的民主主義に参加している。かれらは実際に自由で、トランスナショナルな政治や貿易をつづけることができる。かれらは外国の政権を転覆しようとたくらんだり、国際的ファッションにみずからの将来を託そうとしたりするかもしれない。初期の移民とは対照的に、かれらはアメリカ人に生まれ変わるために学ぶ必要はない。社会保障制度のあとをうけ、このように勝手なフリーダムが乱立する時代がやってきた。

なんてすばらしいグローバル・サプライ・チェーンの担い手なのだろう！　すでに起業した人や、これから起業したい人びとの結節点がここにある。資本があろうとなかろうと。かれらの民族的また宗教的な仲間を動員して、ほとんどすべての種類の経済的ニッチを埋めることができる。賃金も手当も必要ない。コミュニティの全体をコミュニティのために動かすことができる。社会福祉の普遍的基準は、ほとんど関係ないように思える。これらはフリーダムのプロジェクトである。サルベージ・アキュミュレーション［サルベージを通じた蓄積］を目論む資本家たちよ、気づくがよい。

1 この詩は、二〇〇五年九月一八日にオレゴン日系人遺産センターで開催された、マツタケ文化を愛《め》でる会で、コッカン・ノムラによる英語訳とともに日本語で紹介された。

2 紳士協定は、移民となりうる人びとに対して、日本政府によるあらたなパスポートの発給を停止させた。とはいえ、すでに米国に住んでいた男性の妻やその家族は対象外であった。この例外規定によって、「写真花嫁」が横行することになった。しかし、その慣行も、一九二一年の淑女協定（Ladies' Agreement）によって禁止された。

3 ペグエスはつぎのように書いている（私信、二〇一四年）。大統領令九〇六六号は一九四二年二月一九日に署名された。ほとんどの再定住と抑留／収監は、同年三月から六月にかけておこなわれた。八月には、西部防衛司令官が日系アメリカ人の排除と収監が完了したことを発表した。もうひとつの側面としては、メキシコが六月一日に枢軸国に宣戦布告し、米国はブラセロ計画を一九四二年七月に大統領令によって実施した。

4 この用語は以下の著作の第一三章に負っている。Lauren Kessler, *Stubborn twig: Three generations in the life of a Japanese American family* (Corvallis: Oregon State University Press, 2008).

5 オープンチケットの、多くの東南アジア人マツタケ狩りは、政府から身障者へ支給される手当を受給している。また、遺児手当をもらっている者もいる。しかし、これらでは出費を賄うことはできない。

6 キリスト教の最初の大覚醒は、一八世紀のアメリカ独立革命の前兆であった。二番目は一九世紀初頭におこり、南北戦争だけではなくアメリカン・フロンティアの政治文化を創造したとされている。三番目は一九世紀後半で、アメリカのナショナリズムの社会的福音に火をつけるとともに、その世界的布教活動の端緒となった。二〇世紀後半の新生運動を四番目の大覚醒と呼ぶ者もいる。こうしたキリスト教の信仰復興は、単に米国における市民動員の一種というより、むしろ公共文化の形成のための動員が成功裏におこなわれるパターンとして考える方が適切であろう。

7 Susan Harding, "Regulating religion in mid-20th century America: The 'Man: A course of study' curriculum," paper presented at "Religion and Politics in Anxious states," University of Kentucky, 2014.

8　Thomas Pearson, *Missions and conversions: Creating the Montagnard-Dega refugee community* (New York: Palgrave Macmillan, 2009).

移ろいゆきながら……

価値を翻訳する、東京。マツタケ、計算機、電話機。仲卸の静かな生活。

8　ドルと円のはざま

ここまで売ることを目的としたマツタケの採取が、不安定である様の一般的状況と、とくに「定職」を持たない生計の、よい事例となることを論じてきた。しかし、世界でもっとも裕福な国家とされる米国でさえも、いかにして賃金と利益をともなう仕事が、これほどまでに稀な状況に陥ってしまったのであろうか？さらに悪いことには、いかにして、そのような仕事についての希望と感覚が失われてしまったのであろうか？　これは近年の状況である。白人マツタケ狩りの多くは、以前の暮らしぶりから、そうした仕事を知っているし、少なくともそうした仕事への期待を抱いていた。しかし、なにかが変化してしまった。本章では大胆な主張をおこなうつもりである。つまり、見落とされてきたコモディティ・チェーンからの視点が、この驚くべき突然の——そしてグローバルな——変化についての理解を容易にするというわけだ。

マツタケ経済など、取るに足りないものではないのか？　それは井のなかの蛙のような視点を提供するにすぎないのではないのか？　たしかにオレゴン－日本間のマツタケのコモディティ・チェーンのささやかな成功は、氷山の一角にすぎない。しかし、海中に埋もれたままの氷山の周囲を辿っていけば、今日の地球をしっかりと捕捉しうる、忘れられていた物語が提起されるはずである。それどころではない。小さく見えるものは、しばしば大きなものである。マツタケのコモディティ・チェーンは無視できるほどのものなので、二一世紀の改革者はそんなものに見向きもしない。いや、だからこそ、本書は世界を揺るがした二〇世紀後半の歴史に固執しようとしているのである。これはグローバル・エコノミーを形成した日本と米国の出会いの歴史である。米国資本と日本資本が推移してきた関係が、グローバル・サプライ・チェーンを生みだし、さらにはともに発展を目指した進歩への期待に終焉をもたらした、と主張したい。

グローバルなサプライ・チェーンは進歩への期待に終止符をうった。というのも、大手企業が労務管理から手を引くことになったのは、グローバル・サプライ・チェーンそのものに起因しているからである。標準的な労働は教育と定職を必要としたため、利益と進歩は結ばれていた。対照的にサプライ・チェーンでは、あまたの手段を経て集められてきた商品が、大手企業にとって利益の源泉となる。したがって、企業が従業員の仕事や教育、福利に貢献することは、もはや修辞学的にも不必要となった。サプライ・チェーンは、特殊なサルベージ・アキュミュレーション〔サルベージを通じた蓄積〕を必要とし、それにはパッチを越えて翻訳していくこともふくまれる。日米関係の近代史は、コール・アンド・レスポンスの対位旋律であり、そのことが、この慣行を世界中に広めていくことになった。

ふたつの出来事が歴史のはじまりと終わりを物語っている。一九世紀中葉、米国のビジネスマンたちに日本市場を開放するため、米国の軍艦――黒船――が江戸湾（東京湾）を威嚇した。このことが革命の口火を切り、政治経済体制を転覆させ、日本を国際通商へと駆りたてた。このことから日本人は、間接的に衝撃を与えられることを、米国が脅迫した「黒船」という象徴をもちいて表現する。この象徴は、反対に一五〇年後の二〇世紀末に、日本の経済力が間接的に米国経済をひっくりかえしたときに生じたことを思考するにも有意義である。日本資本の成功に脅かされ、米国のビジネス界のリーダーたちは、社会的なものとしての企業を破壊し、米国経済を日本流のサプライ・チェーンの世界へと駆りたてていった。このことを「逆黒船」（Reverse Black Ships）と呼ぶ人もいる。一九九〇年代の吸収合併の荒波のなかで企業組織は改造され、企業は雇用を提供すべきだという社会通念は消し去られてしまった。そのかわり、労働はどこへでも外注《アウトソーシング》され、より不安定な状況に追いこまれていった。オレゴンと日本を結ぶマツタケのコモディティ・チェーンは、あまたあるグローバルな外注のお膳立てのひとつであり、一九六〇年代から一九八〇年代にかけて成功した日本資本が動機づけたものである。

こうした歴史は隠匿されるものである。一九九〇年代、米国のビジネスマンは世界経済における存在感を回復することができた。他方、日本経済は劇的に沈没してしまった。二一世紀までには日本の経済力は忘却され、かわりにアメリカ人の色づけによって刺激された進歩が、外注へと向かうグローバルな推移を説明しているように思われる。小さなコモディティ・チェーンに着目することによって、不可視化されてきたものを可視化することができる。どのような経済モデルが、そうした形式を生成したのであろうか？　この問いに答える唯一の方法は、二〇世紀に生じた日本経済のイノベーションのあとを辿ってみることである。そうしたイノベーションは孤立した状態で創出されたわけではなく、太平洋をまたがった緊張と対話から形成されたものである。マツタケのコモディティ・チェーンは、米国経済と日本経済の相互作用にわたしたちを定位すると同時に、忘れられた歴史に気づかせてくれる。以下では、物語の糸を解きほぐし、マツタケから遠くにのばしてみよう。いずれの段階においても、消し去られようとしているものを留めておくための迷子札が必要だ。これは単なる物語ではなく、手法でもある。大きな歴史は、たとえ微小であろうとも、徹底した細部を通じて、もっともよく語られるものである。

通貨は物語を開くことができる。米ドルと日本円の両通貨は、スペインのペソが支配していた世界に登場した。一六世紀以来、スペイン・ペソはラテンアメリカの銀を搾取して鋳造されてきた。米国は一八世紀に誕生したし、日本は一七世紀から一九世紀まで内向きな権力者によって統治され、外国貿易が厳しく統制されていたように、米国も日本も、草創期には重要な役割を果たしていたわけではなかった。米ドルも日本円も、はなばなしい未来は、その誕生時には自明なことではなかった。しかし、一九世紀中葉までには、米ドルは、その名のもとに配備された砲艦の強力な影響力を獲得した。

米国のビジネスマンは、徳川幕府による外国貿易の厳しい統制を苦々しく感じていた。[1] 一八五三年に合衆国海軍のマシュー・ペリー（Matthew Perry）准将が、艦隊を率いて江戸湾にやってきた。ペリーが誇示する軍事力に怖じけづいた将軍は、一八五四年に日米和親条約（神奈川条約）に署名し、米国との貿易用に開港した。[2] 日本のエリートたちは、英国によるアヘン「自由貿易」に反対したことをうけて、中国が屈服させられたことを知っていた。戦争を回避するため、かれらは自分たちの権利を手放してしまった。しかし、国内では難局がつづき、結果として幕府は打倒されてしまった。明治維新として知られる短期間の内戦を経て、新しい時代が到来した。勝ち組は西洋近代に刺激された。一八七一年、明治政府は円を日本の通貨に制定し、西欧で流通させようとした。こうして米ドルは間接的に日本円が誕生するのを幇助した。

しかし、明治期のエリートは、外国人が貿易を支配することに我慢ならなかった。エリートたちは急いで西洋の条約を学び、外国企業と同等な組織を国内に設立していった。政府はお雇い外国人を招きいれ、青年を派遣し、西洋の言語、法律、貿易慣習を学ばせた。帰国した青年たちは、専門職、工業、銀行、貿易会社を設立した。それらの企業は日本の「近代化」を後押しした。新しい通貨は、あらたな法律や政治形態、価値をめぐる議論と一心同体となった。

明治日本は起業家精神の熱気に満ちていた。国際貿易が経済の重要部門として急浮上した。[3]工業化に必要となる自然資源が不足していた日本では、原材料の輸入が国家建設のための不可欠な事業とされた。貿易は明治期の事業でもっとも成功した分野のひとつであった。貿易は綿糸や綿織物の生産など、勃興途上の国内産業と関連づけられた。明治期の貿易家は、みずからの仕事を日本と海外の経済を仲介するものと考えた。貿易家は海外経験をとおして訓練され、ふたつの文化の聡明さを獲得した。そのため、かれらは根本的な差異を超えて交渉できるようになった。かれらの仕事は佐塚のいう翻訳概念のよい事例となる。別の文化を学ぶことは、差異をつなぐとともに差異を維持することでもある。[4]あらたな貿易家は、ほかの場所でいかに商品が取引されるかを学び、日本にとって有利な契約となるよう、知識を活用した。かれらは経済学用語でいえば「不完全市場」、つまり、情報をすべての買い手と売り手が自由に入手できない市場における専門家であった。明治期の貿易家は国境を越えて市場を調整した。おなじ基準で計れない価値体系をまたがって働いた。日本人がいわゆる「西洋」と劇的に異なる「日本」を想像しつづけているように、国際貿易を翻訳として理解することは、今日でも根強く存在しており、今日のビジネス慣行をも特徴づけている。貿易は翻訳の作業を通じて、資本主義的価値を創造する。

明治期の貿易家は自分たちを殖産工業と結びつけた。工業は原材料を必要としたが、それらは貿易を通じて入手された。貿易と工業はともに繁栄していった。二〇世紀初頭、第一次世界大戦に端を発した好景気によって、金融業や鉱業、工業、国際貿易を網羅する、大きな複合企業体《コングロマリット》が形成された。(5) 二〇世紀の米国の巨大企業とは対照的に、こうした複合企業体である財閥は、製造業ではなく金融資本によって統合されていた。金融業と貿易は企業体の中核であった。財閥は最初から新政府に関与していた（たとえば三井は幕府を転覆させるための資金を提供した）。(6) 第二次世界大戦に向けた準備期間、日本の国粋主義者の圧力をうけた財閥は帝国主義的拡張に深く関与していった。日本が戦争に負けたとき、財閥は進駐軍の最初の標的となった。(7) 円は価値を失い、日本経済は滅茶苦茶になった。

占領初期、米国は小さな会社、もっといえば労働者の向上を望んでいるかに見えた。しかし、すぐに占領者たちは、面目を失っていた国粋主義者を復権させ、共産主義の防波堤として日本経済を再建していった。銀行や工業、貿易の専門家の提携が再構築されたのは、こうした風潮においてであった。それらはより非公式な「系列」と呼ばれる企業グループとしてであったけれども。(8) ほとんどの企業グループの中心には銀行と組んだ総合商社が存在していた。(9) 銀行は資金を商社に提供し、商社は少額ローンを関連企業に貸しつけた。銀行は貸しつけを監視する必要はなかった。ローンは商社が保障し、商社がサプライ・チェーンを形成していくことに役立った。このモデルは国境を越えて拡張していくように巧みに作られていた。商社はローン——あるいは設備や技術指導、もしくは特別なマーケティング協定——を、海外のパートナーに提供した。商社の仕事は、さまざまな文化的・経済的段取りを通じて調達された商品を目録に翻訳することである。この段取りのなかに、サルベージ・アキュミュレーションをともなった、現代社会を席捲するグローバル・サプライ・チェーンの萌芽を見いだすことができる。[10]

はじめてサプライ・チェーンについて学んだのは、インドネシアで森林伐採について研究していたときのことである。そこは、日本のサプライ・チェーン・モデルが、いかに作用するかを観察するのに適した場所でもあった。[11] 一九七〇年代から一九八〇年代にかけて日本が建設ラッシュに涌いていたとき、日本はインドネシアから木材を輸入し、建設用型枠《コンパネ》の合板を製造していた。しかし、日本企業は、一本たりとも伐採をしていなかった。日本の総合商社は、ローンや技術協力、貿易協定を他国の企業に提供するだけで、日本仕様に伐採していたのは、そうした企業であった。こうした手配は日本の貿易家に多くの利点をもたらした。まず、政治的リスクを回避することができた。日本人ビジネスマンは、中国系インドネシア人の政治的な立位置に気づいていた。かれらの富とインドネシア政府がくだす非情な政策に群がろうとする姿勢が、人びとの反感を買い、中国系インドネシア人たちは定期的な暴動の的《まと》となっていた。日本人ビジネスマンは、中国系インドネシア人に前貸し、かれらにインドネシア軍の幹部と取引させ、リスクを取らせた。第二に、手配はトランスナショナルな流動性を促進した。日本の貿易家は、インドネシアにやってくるまでに、フィリピンとマレーシアのボルネオ島の森林の大部分を伐採しつくしていた。みずからがあらたにインドネシア向けの対応をするよりも、むしろインドネシアで働く意志を持つ代理店を利用した方が便利であった。実際に、日本の貿易家から融資をうけたフィリピン人伐採者とマレーシア人伐採者が、インドネシアの森林を拓くためにやってきた。第三に、サプライ・チェーンの手配は、日本の輸入規格に合致させようとする一方で、環境への影響は無視した。糾弾の標的を探していた環境主義者たちは、いろいろな会社、しかも多くがインドネシアの会社しか見つけることができなかった。それもそのはずである。日本人のだれひとりとして森林に入っていなかったからである。第四に、サプライ・チェーンは、多重の下請契約を活用して、環境規制で保護されていた木を違法に伐採する者たちをも取りこんでいた。違法伐採者は、それらの丸太をより大きな請負業者に売り、その業者が日本に輸出した。だれも責任を負う必要はなかった。インドネシア国内で合板ビジネスが開始されたあとでさえも、日本型貿易モデルにもとづくサプライ・チェーンのヒエラルキーでは、木材はとても安かった！　伐採者や樹木、住民の生命と生計を考慮せずにコストが算出されていたからである。

日本の商社は東南アジアでの伐採を可能にした。ほかの商品でも、世界のほかの地域でも、商社は同様に多忙であった[12]。このシステムが発展した経緯をあきらかにするため、第二次世界大戦後の早い時期に戻ってみよう。サプライ・チェーンが誕生しつつあったころのことである。戦後初期のサプライ・チェーンは、かつての植民地であった韓国を利用した。このとき米国は世界でもっとも裕福な国家であり、世界各地で生産される商品がめざす最良の目的地であった。しかし、米国は日本から輸入する商品について厳格な割当を課した。歴史家のロバート・キャスレイ（Robert Castley）によれば、米国の割当を回避するため、日本が韓国の経済振興を支援したという[13]。より多くの商品を米国に輸出するため、韓国に軽工業を移転させたのであった。日本からの直接投資は韓国の人びとの不興を買った。そこで日本はキャスレイのいうプッティング・アウト・アプローチ〔下請商法〕を採用するにいたった。「下請商法は、最終製品を作るために下請業者にローンや信用、機械、設備を提供する商人（あるいは企業）を巻きこんだものだ。最終製品は、遠方の市場で商人によって販売される[14]」。キャスレイは、この戦略における貿易家と銀行家の力に注目する。「日本人は海外のサプライヤーに長期契約を提示し、資源開発のためのたび重なるローンを提供した[15]」。キャスレイによれば、この拡大方法は日本にとって経済の安全保障であるばかりでなく、政治の安全保障の形態でもあった。

下請制度によって、より利益が少ない製造業部門と旧式技術が韓国に移転された。このことにより障害が取りはらわれ、日本のビジネスはアップグレードすることができた。のちに日本人が「雁行」のイメージを与えたものであるが、このモデルによれば、韓国のビジネスはつねに一サイクルのイノベーション分だけ、日本より遅れることになる。(16) しかし、すべては前に向かって飛んでいた。韓国は部分的に古くなった製造業部門を、今度は東南アジアのより貧しい国ぐにへ移転することができた。そのことにより、韓国は日本のイノベーションを順繰りにうけつぐことができた。韓国のエリートは、日本資本から利益を得て、しあわせであった――それらの一部分は戦後賠償として移転された。結果としてのビジネス・ネットワークは、日本資本のトランスナショナルな拡張モデルを形成した。それは日本が支配するアジア開発銀行の業務もふくんでいた。

一九七〇年代までには、多くの種類のサプライ・チェーンが、日本から出たり入ったりして、くねくねと進んでいた。総合商社は原材料用の大陸間サプライ・チェーンを組織し、世界でもっとも資金力のある企業となった。銀行は日本とリンクするアジア中の企業に出資した。その一方で英語文献で「垂直的系列」と呼ばれるサプライ・チェーンを、生産者みずからが組織するようにもなった。たとえば、自動車会社は部品の開発と製造を下請契約することで経費を節減した。家族経営のサプライヤーは、そうした部品を自宅で製造した。サルベージ・アキュミュレーションとサプライ・チェーンの業務委託はともに成長した。

サルベージ・アキュミュレーションとサプライ・チェーンが統合され、優れた業績をあげたため、米国のビジネスと政府の支持者たちは、居心地の悪い状況におかれることになった。日本車の成功は、とくにアメリカ人の評論家には苦痛であった。というのも、かれらは米国経済を自動車との関連で考えることに慣れきっていたからである。米国内で日本車が出回る一方で、デトロイトの自動車会社が衰退していったことで、大衆も日本経済の上昇機運に気づかされた。ビジネスリーダーの一部は、「品質管理」と「企業文化」に興味を示し、慌てて日本の成功から学ぼうとした。[17] ほかのビジネスリーダーは、米国政府に日本への報復措置を要求もした。社会不安の緊張が高まった。その一例として、一九八二年に日本人と間違われた中国系アメリカ人ヴィンセント・チン（Vincent Chin）が、失業中だった白人の元自動車製造労働者にデトロイトで殺された事件が指摘できる。[18]

日本の脅威は、米国の革命を爆発させた。逆黒船の来襲が米国の制度を転覆させたのだ。しかし、それは米国自身の努力を通じてなされたものだ。米国が衰退するという社会不安に駆られ、そうでもなければ傾聴してもらう機会を与えられなかったはずの、物言う株主とビジネススクール教授陣の小さな集団が、アメリカ的企業を解体しはじめた。[19] 一九八〇年代の「株主革命」における活動家は、米国の力の崩壊と思えるものに反応した。かれらは企業を職業的管理者の手にゆだねるのではなく、むしろ企業の所有者たる株主のために取りもどすことに照準を定めた。資産を剝ぎとって、転売するために、企業は買収されていった。一九九〇年代までには、そうした運動は勝利をおさめていた。「レバレッジバイアウト」（ＬＢＯ）によるラジカル・シックが「吸収合併」の投資戦略の主流となった。もっとも利益を生みだす部門をのぞくすべてが処分されていくにつれ、かつてはそれらの企業の内部であったもののほとんどが、遠距離にあるサプライヤーに下請にだされるようになった。したがってサプライ・チェーンとそれぞれが身をゆだねる独自のサルベージ・アキュミュレーションの形式が、米国では資本主義の大勢を占めるようになった。これは投資家にとって好都合であったため、世紀が変わるころまでには、米国のビジネスリーダーは、この変換が自分たちの立ち位置をめぐる悪戦苦闘の一部であったことさえ忘れて、革命的過程の最先端に作りかえていた。リーダーたちは世界をこの過程に詰めこむことに躍起になった。実際、アメリカのバージョンを日本に押しつけた。[20]

日本の脅威が消えていった過程を理解するには、もう少し時代をさかのぼらねばならない――さらには、通貨を物語の主人公にすることを認めてもらいたい。一九八〇年代と一九九〇年代、米ドルと日本円が対立し、多くのことが変化した。

一九四九年、ブレトン・ウッズ協定の一環として円は米ドルに固定された。しかし、日本経済が繁栄するにつれ、部分的には米国への非互恵的な輸出を通じ、米国の対日国際収支は苦境に立たされるようになった。[21] 米国の視点からすれば、円は「過少評価」されており、米国国内の日本製品を安くする一方、米国製品の日本への輸出を割高にしていた。米国が金本位制を放棄した一九七一年の時点では、円に対する懸念は米国を金本位制の放棄へと導いたほんの一部であった。一九七三年、円は変動相場制に移行することになった。一九七九年、米国は金利をあげ、米ドルでの投資を惹きつけ、米ドルの価値を高く保とうとした。日本製品の米国への輸出がつづいたため、日本政府は米ドルを買ったり売ったりして、円の価格を低く保ちつづけた。一九八〇年代の最初の半分、資本は日本から流出し、米ドルに対して日本円を弱いままに据えおいた。一九八五年までには、米国のビジネスリーダーは、この状況に慌てふためいていた。ついに米国はプラザ合意なる国際協定を立案した。米ドルの価値は低下し、円の価値は上昇した。一九八八年までには円の対米ドル価値は二倍になった。日本の消費者は海外のものは、ほとんど何でも買うことができた――もちろんマツタケもふくまれていた。国民的なプライドが高まった。これが『「NO《ノー》」と言える日本』の背景である。[22] しかし、日本の企業は自分たちの商品を輸出しつづけることが困難となっていった。高くなりすぎたのだった。

日本企業は、より大量の製品を海外に送ることで事態に応えようとした。韓国や台湾、東南アジアのサプライヤーも同様だった。かれらも通貨価値の変化に動揺していた。サプライ・チェーンはどこへでも旅をした。ふたりのアメリカ人社会学者が状況を記述している。

要素投入のドルでの価値が急激に高まったことに直面し、自分たちの商品の価格を低く保ち、アメリカの小売店との契約を維持するため、アジアのビジネスは突然、多様化しはじめた。台湾の軽工業のほとんどは、……中国大陸……東南アジアへ移転した。日本の輸出志向型工業の大部分は東南アジアに移転した。くわえて、トヨタやホンダ、ソニーなどのいくつかの企業は、北米にビジネス拠点を確立した。韓国のビジネスは、労働集約的な操業をラテンアメリカや中央ヨーロッパの発展途上国だけではなく、東南アジアへも移転させた。新しいビジネスが確立されたそれぞれの場所で、低価格のサプライヤー・ネットワークが形成されはじめた。[23]

日本経済は大混乱に陥った——最初は一九八〇年代後半の不動産と株式が暴騰した「バブル経済」で、一九九〇年代の「失われた一〇年」の不景気に一九九七年の金融危機がつづいた。[24] しかしサプライ・チェーンは、かつてないほどにうまくいった。日本が出資するチェーンだけではなく、日本のサプライヤーが関与する、すべてのチェーンが開花した。それぞれが、いまや自身のチェーンを確立していた。サプライ・チェーン資本主義は世界中に拡散した。もはや日本が管理することはできなかった。

ある企業の歴史が、グローバル・サプライ・チェーンにおける日本と米国のリーダーシップの変化をくっきりと浮き彫りにしている。ナイキ、スポーツシューズの流行を作りだすブランドだ。ナイキは、日本のスポーツシューズの、米国における販売代理店としてはじまった（流通は、日本のサプライ・チェーンが持つ、多数の要素のなかのひとつである）。日本の貿易体制の影響下にあって、ナイキはサプライ・チェーン・モデルを学び、ゆっくりとそれをアメリカ流に変形していった。翻訳としての貿易を通じて価値を創造していくかわりに、ナイキは広告とブランド戦略というアメリカの長所を活用した。ナイキの設立者が、日本のチエーンから独立を果たしたとき、ナイキは独自のスタイルを添加した——トレードマークの「スウォッシュ」と黒人のスター選手を抜擢した広告という形で。しかし、日本の経験から学んでも、ナイキ自身がシューズを製造することはなかった。「わたしたちは、そもそも製造業についてはまったく無知です。わたしたちはマーケティング立案者であり、デザイナーなのです」とナイキの副社長は説明している。(25) そのかわり、ナイキはアジア中で発展し、急増するサプライ・ネットワークと契約し、先述した一九八五年以降に隆盛となった「低価格サプライヤー・ネットワーク」を活用した。二一世紀初頭までには、ナイキは九〇〇以上もの工場と契約を結んでいた。そしてナイキは、サプライ・チェーン資本主義の興奮と恐怖の両方の象徴と化した。ナイキ物語は、労働搾取工場の恐怖を一方で喚起し、もう一方ではデザイナー・ブランドの輝きをもはなっている。ナイキはこの矛盾をアメリカ的なものにすることに成功した。しかし、ナイキが日本のサプライ・チェーンから誕生したことは、蔓延している日本の遺産についても思いださせてくれる。*

その遺産は、マツタケのサプライ・チェーンにあきらかである。小さすぎるうえ、あまりにも特殊すぎるので、マツタケ・ビジネスにアメリカの大企業が関与することはない。それでもマツタケのサプライ・チェーンは、北米にまでのびてきて、アメリカ人を監督者ではなく、サプライヤーとして併呑《へいどん》している。ナイキとは真逆ではないか！　アメリカ人は、なぜ、そのような低い役回りに甘んじているのか？　これまで説明してきたように、オレゴンのだれも、自分たちが日本のビジネスに雇われているなどとは考えていない。採取人、バイヤー、フィールド・エージェント〔現地集荷人〕は、フリーダムをもとめてそこにいる。人びとがフリーダムを希求するのは、雇用されるという期待から解放されたいがためである。それを可能とするのは、太平洋をまたがった米国と日本の資本が対話した結果がチェーンとして存在しているからでもある。

したがって、マツタケのコモディティ・チェーンでは、わたしが叙述してきた歴史を吟味することになる。

現地パートナーを必要とする日本の貿易家、定職願望から解放されたアメリカ人労働者、アメリカのフリーダムを日本仕様の目録へ組みかえる翻訳など。わたしはコモディティ・チェーンの構造が、こうした歴史に気づかせてくれることを主張してきた。さもなければ、米国のグローバル・リーダーシップについてのごまかしによって、歴史は覆い隠されてしまう。つまり、取るに足りない商品が大きな歴史を照らすことを許されるとき、世界経済は歴史的なめぐりあわせのなかで出現していることがあきらかとなる。出会いの不確定性である。

もし、めぐりあわせが歴史を作るのであれば、すべては協調の瞬間に依存している——日本の投資家にアメリカでの調達から利益を産みだすことを許す翻訳。それは、あたかもマツタケ狩りが日本の富を巧みに利用するかのようである。フリーダムをもとめて調達されるマツタケは、いかにして在庫目録に変形されるのか？　オープンチケットとマツタケのコモディティ・チェーンに戻ろう。

1　米国の捕鯨への関心がこの主導権を後押しし、米国の捕鯨船への援助を要求した（アラン・クリスティからの私信、二〇一四年）。わたしは白鯨《モービィ・ディック》にとり憑かれている。

2　一八五八年の日米通商修好条約にしたがい、もっと多くの港が開港した。同条約は、米国人に治外法権を認めさせ、日本に関税自主権を与えなかった。その後、日本は西洋列強とも類似の条約を結ばされた。

3　Kunio Yoshihara, *Japanese economic development* (Oxford: Oxford University Press, 1994)；テッサ・モーリス－鈴木『日本の経済思想——江戸期から現代まで』、藤井隆至訳、岩波書店、一九九一年。

4　Satsuka, *Nature in translation*.（第4章、注2で参照）

5　森川英正『財閥の経営史的研究』、東洋経済新報社、一九八〇年。

6　E. Herbert Norman, *Japan's emergence as a modern state*（1940; Vancouver: UBC Press, 2000）, 49.

7　およそ三〇〇の財閥が解体のリストにあがった。しかし、進駐軍が方針を変更するまでに一〇程度の財閥が解散させられただけであった。それでも、戦前の垂直統合を維持するのが困難となる規制が導入された（アラン・クリスティからの私信、二〇一四年）。

8　Kenichi Miyashita and David Russell, *Keiretsu: Inside the hidden Japanese conglomerates*（New York: McGraw-Hill, 1994）; Michael Gerlach, *Capitalism: The social organization of Japanese business*（Berkeley: University of California Press, 1992）.『系列の寓話』（Yoshiro Miwa and J. Mark Ramseyer, *The fable of the keiretsu*, Chicago: University of Chicago Press, 2006）において、三輪芳朗とJ・マーク・ラムセヤーは、新古典派経済学の正当性をふたたび主張し、系列を日本のマルクス主義者による虚構と西洋の東洋主義者による想像の産物だと論じている。

9　アレキザンダー・K・ヤング『総合商社——日本の多国籍商社』、中央大学企業研究所訳、中央大学出版部、一九八五年；Michael Yoshiro and Thomas Lifson, *The invisible link: Japan's sogo shosha and the organization of trade*（Cambridge, MA: MIT Press, 1986）; Yoshihara, *Japanese economic development*, 49–50, 154–155.

10　一九八〇年代、グローバル・コモディティ・チェーンが米国の社会学者の注目を集めた（Gary Gerrefi and Miguel Korzeniewicz, eds., *Commodity chains and global capitalism* [Westport, CT: Greenwood Publishing Group, 1994]）。かれらは衣服や靴などの買い手主導のあらたなチェーンに深く印象づけられ、コンピューターや自動車などの、それ以前の製造業者主導のチェーンと比較した。日本経済史研究は、貿易主導のチェーンへも、同様に注意を向ける必要性を説いている。

11　Anna Tsing, *Friction*（Princeton, NJ: Princeton University Press, 2005）; Peter Dauvergne, *Shadows in the forest: Japan and the politics of timber in Southeast Asia*（Cambridge, MA: MIT Press, 1997）; Michael Ross, *Timber booms and institutional breakdown in Southeast Asia*（Cambridge: Cambridge University Press, 2001）.

12　チリのサーモンについては、つぎを参照のこと。Heather Swanson, "Caught in comparisons: Japanese salmon in an uneven world"（PhD diss., University of California, Santa Cruz, 2013）.

13　Robert Castley, *Korea's economic miracle: The crucial role of Japan*（New York: Palgrave Macmillan, 1997）.

14　Ibid., 326.

15 Ibid., 69.

16 Kaname Akamatsu, "A historical pattern of economic growth in developing countries," *Journal of Developing Economies* 1, no. 1 (1962): 3–25.

17 「品質管理」は国境を越えた対話の一部であった。米国が主導した第二次世界大戦後の日本の産業界の合理化過程では、米国のアイディアがうまくいった。それが米国に一九七〇年代から一九八〇年代にかけて再輸入された。William M. Tsutsui, "W. Edwards Deming and the origins of quality control in Japan," *Journal of Japanese Studies* 22, no. 2 (1996): 295–325.

18 この時期の米国における反日的経済ジャーナリズムの例としては、つぎを参照のこと。ロバート・L・カーンズ『財閥アメリカ——日本の「系列」がアメリカを支配する』、高橋則明訳、蔦信彦監修・解説、徳間書店、一九九三年。

19 わたしの分析はつぎの著作に触発されている。Karen Ho, *Liquidated* (Durham, NC: Duke University Press, 2009).

20 日本人経済学者が推奨する米国スタイルによる改革の例については、つぎを参照のこと。吉川洋『転換期の日本経済』（岩波書店、一九九九年）。同書は、中小企業が経済を弱体化させるもとだと主張している。

21 ロバート・ブレナー『ブームとバブル——世界経済のなかのアメリカ』、石倉雅男・渡辺雅男訳、こぶし書房、二〇〇五年。

22 盛田昭夫・石原慎太郎『「NO《ノー》」と言える日本——新日米関係の方策《カード》』、光文社、一九八九年。

23 Petrovic and Hamilton, "Making global markets," 121. 本書は第4章の注7でも参照した。

24 ロバート・ブレナーの『ブームとバブル』によれば、大国が円の上昇を止めた一九九五年の逆プラザ合意が、米国の製造業を衰退させ、アジア通貨危機の引き金となり、世界経済の推移を引きおこしたという。

25 ミゲル・コルゼニエウィクス（Miguel Korzeniewicz）の以下からの引用。"Commodity chains and marketing strategies: Nike and the global athletic footwear industry," in *Commodity chains*, ed. Gerrefi and Korzeniewicz, 247–266, on 252.

＊　ナイキ創設者のフィル・ナイト（Phil Knight）の自伝『ＳＨＯＥ　ＤＯＧ――靴にすべてを』（太田黒泰之訳、東洋経済新報社、二〇一七年）は、日本の総合商社（日商岩井）が、金融面で支援するとともに、ナイキの望む工場を探しだした様子を克明に描いている。

価値を翻訳する、オレゴン。その日に妻が狩ったマツタケの対価として手にした現金をモン人の夫が撮影している。買いつけのテントでは、マツタケとマツタケがもたらす現金がフリーダムの戦利品である。その後の選別を経てはじめて、マツタケは資本主義的な商品と化す。

9 贈り物・商品・贈り物

疎外の問題に話を戻そう。資本主義による商品化の論理では、物は生活世界から引きはがされ、交換の対象となる。これが、わたしが「疎外」と呼ぶ過程である。わたしはこの用語を、人間だけではなく非人間にも適用できる、潜在的な特質としてもちいている。オレゴンにおけるマツタケ狩りでは、採取者とマツタケの関係において疎外が見られないという事実に驚かされる。実際、マツタケは自身の菌糸体から引きはがされる（もっとも子実体としては、それが目的ではあるが）。しかし、マツタケはお金や資本と交換されるために準備された、疎外された商品と化すのではなく、狩りの戦利品となる――たとえ、それらが売られようとも。採取者は自分のマツタケを誇示して微笑む。採取者たちの、マツタケ狩りの快楽と危険についての語りはつきることがない。まるで採取者がマツタケを食べてしまったかのように、マツタケは採取者の一部と化している。しかし、このことは、ともかくも、これらの戦利品が商品に転換されなくてはならないことも含意している。もし、マツタケがフリーダムの戦利品として狩られ、その過程でマツタケ採取者の一部と化すのだとしたら、いかにしてマツタケは資本主義的商品になるのであろうか？

この問いには、わたしは人類学の実績をもちいてアプローチしてみたい。その遺産とは、贈り物が持つ社会的交換の性質に注意をはらうものだ。この関心は、ニューギニア東部のメラネシア人によるネックレスと腕にはめる貝輪の交換を端緒としている。ブロニスワフ・マリノフスキ（Bronislaw Malinowski）によってクラの輪と記述されたものだ[1]。社会研究に携わる研究者たちは何世代にもわたって、クラ交換をとおして価値が生成される多様性について思考しつづけてきた。クラ交換にもちいられる装飾品の面白いことは、とくに役立つものでもなければ、記念品でもなく、それ自体が興味深いものではないことである。そうした品々は、クラで交換されるから価値を持ち、贈り物として関係性と評価を形成する。それがクラの価値である。この種の価値は経済の常識を転倒させる――だから、考えるのに適しているのだ。

クラを通じて思考すれば、疎外が資本主義の持つ不可解で異常な特質であることが理解できる。人びとだけではなく物も、資本主義のもとでは疎外されていることに気づかせてくれる。たとえば、工場労働者が、自分たちが製造する商品から疎外されているように、製造者に言及することなく、商品を販売することは可能である。同様に物も、それを作り、交換する人びとから疎外される。利用され、交換されるために、物は独立した客体と化す。物が作られ、配置される個人的ネットワークと関係を結ぶことはない[2]。資本主義世界の内側にいる者には、この状態が当然のことのように見えるかもしれないが、クラについて学べば、そうした常識を奇妙に感じるようになるはずだ。クラでは、物と人は贈り物のなかに一体化されている。贈り物からすれば、物は人の延長なのであり、人も物の延長なのである。クラにおける貴重品は、交換財が形成する人間関係を通じて理解される。名士はクラの贈り物を通じて評価される。したがって、物は、ただ単に使用するときに、あるいは交換するときに価値を持つのではない。それらは社会関係とそれが一部分でもある評価を通じて価値を持っているのかもしれない[3]。

クラと資本主義における価値生成についての相違が著しいため、研究者のなかには世界を「贈与経済」と「商品経済」に分け、それぞれが価値生成についての別個の論理を有している、と主張する者もいる[4]。ほとんどの二分法のように、現実を見渡すまでもなく、贈り物と商品を対比するには苦しいところがある。ほとんどの場合、どちらでもあり、理論上のタイプには区別されえない――もしくは、どちらの枠をも超えてしまっている。しかし、たとえ過度な単純化であろうとも、贈り物と商品の二分法は役に立つツールでもある。というのも、二分法によって、わたしたちは差異を見いだしうるからである。経済学の常識にあぐらをかくのではなく、むしろ価値体系を越えて対比することに敏感でいよう。いかに資本主義は非資本主義的な価値体系から利益を得るのか――そして、それが資本主義のなかでどのようにしておこるのかを考究するために、差異に気づくためのツールを試してみよう。物を資本主義的財産に転換するのに必要な疎外のあり様を論じるに際し、贈り物か商品かを区別することは有意義である。

マツタケのコモディティ・チェーンを考察するにあたっては、マツタケの最終目的地に注意を向けると、このツールの魅力が増大する。マツタケは日本では、ほとんどの場合、贈り物である。もっとも安い部類のマツタケはスーパーマーケットで売られ、食品製造業でも使用される。しかし、より良質なものは、それこそがマツタケとして知られているものであり、典型的な贈り物である。上質なマツタケを、単に食べるために買ったりする者はほとんどいない。マツタケは関係性を構築するのであって、贈り物としてマツタケは関係性から離れることはない。マツタケは人の延長となり、贈与経済における価値のもっとも重要な特質となる。

おそらく過去にはマツタケ狩りから直に消費者へ届けられた時代と地域が存在したはずである。たとえば中世の日本では、村人が狩ったマツタケは関係性を構築する力を有するものとして領主に贈られた。しかし、今日では、ほとんどの場合、贈り物は資本主義的なサプライ・チェーンでもとめられている。贈り手はマツタケを高級食料品店で購入するか、敬意をはらいたい客人を高級料亭に招待し、マツタケをふるまうものだ。食料品店にしろ、料亭にしろ、問屋にマツタケをもとめねばならない。問屋は輸入商か国内の農協から仕入れている。贈り物は、いかにして商品から生成されるのか？　そうした商品は、贈り物チェーンの、どの段階で生成されていたものなのか？　本章の残りでは、これらの難題を考えてみよう。その過程で資本主義とその構成要素〔であるが資本主義の枠内にないもの〕を一緒にするために必要となる翻訳の核心へと導かれることになるであろう。

海外から日本にマツタケが到着するところからはじめたい。注意深く冷蔵され、荷詰めされ、保管されてあるところを見れば、マツタケが資本主義的商品であることはあきらかである。こうしたマツタケには輸出元の国のラベルが貼られているだけで、マツタケがどのような状態で狩られ、どのように売られたのかについて想像することは不可能である。こうしたところからもマツタケは、疎外され、孤立した客体にきわめて近いものだ。(5)しかも、店頭に並んだマツタケは、それ以前の過程において、そのマツタケを称賛し、交換した人びととは、まったく無縁である。これらは在庫目録、つまり輸入商が会社を富ますための資産である。しかし、日本に到着するのとほとんど同時に、それらは商品から贈り物へと変質しはじめるのだ。まさに翻訳の魔術である。日本国内のコモディティ・チェーンの末端にまで通じているディーラーは、そうした翻訳の専門家である。かれらを追ってみよう。

輸入商が輸入したマツタケは政府が発給した許可証を持つ卸《おろし》へと送られる。卸は、それ以降の販売を仕切ることで手数料を稼ぐ。卸は輸入マツタケを仲卸《なかおろし》に販売するが、それには相対《あいたい》と競《せ》りの、ふたつの経路がある。どちらのケースでも、卸が自身の仕事をコモディティ・チェーンにおける単なる商品の移送役だとみなしていないのは、驚くべきことである。卸は能動的な仲介者なのである。かれらは自分の仕事を、マツタケをもっとも適したバイヤーに引きあわせることだと自負している。マツタケをあつかう卸問屋のある男性が「マツタケのシーズン中は、寝たりなんかできない」と打ちあけてくれた。マツタケが入荷したら、すぐ査定しなくてはならない。そのロットの品質と特質についての判断をくだすと、ただちに適切なバイヤーに電話をかける――その種のマツタケを適切にあつかうことのできる人物だ。こうした卸問屋がマツタケに関係性を構築する力を付与しているのだ。品質の力である。

この種の経験を聞いた、いくつかのインタビューのあとで、共同研究者の佐塚志保は、問屋の役割を「縁結び《マッチメイカー》」だと説明してくれた。問屋の役目は、商品をふさわしいバイヤーに引きあわすことである。仲介をとおして可能なかぎり最善の価格に到達させる。ある青果問屋は、作物が栽培される環境を確認するために農家を訪問するという。かれは、自分のあつかう作物がどのバイヤーにぴったりなのかを知りたいのである。商品から贈り物への翻訳は、仲介の最中にすでにはじまっている。問屋は自分の商品が持つ関係性の質を見極めている。そうすることで自分の商品を特定のバイヤーとつなぐことができる。したがって最初から、マツタケの販売は、個人的関係を作り、維持していくという過程に包みこまれていることになる。マツタケは関係性の品質を帯びている。マツタケは個人的な結びつきを構築する力を与えられている。

競りを通じて購入する仲卸は、縁結びにもっとも力を注いでいる。販売に応じた手数料を回収する問屋とは異なり、適切なマッチを見つけることができなければ、利益をだせないからだ。仲卸が仕入れるときには、すでに特定の顧客のことを想定しているものだ。仲卸の腕も品定めにあり、品質によって関係性は構築される。ここでの例外は、質よりも量と信頼性を重視するスーパーマーケットと取引する代理店である。スーパーマーケットが仕入れるのは、低価格のマツタケである。上質なマツタケは小規模な小売店にとっておかれる。そうした関係性がマツタケの取引全体に趣《おもむき》を与えている。マツタケを適切に査定できる技術は、この趣にとって必須の構成要素である。商品だけではなく、売り手からの助言も買い手に伝えられる――ただ単に一般的な商品ではなく。こうした助言は消費や交換価値を超えてマツタケとともに移動していく贈り物である。

最高級のマツタケは専門店と高級料亭に販売される。そうした店の誇りは、自分たちが顧客を理解していることである。ある専門店主が最上の客を熟知していると説明してくれた。結婚式などマツタケが給仕されそうな宴会が、いつ開催されそうかについて把握している。かれが仲卸からマツタケを仕入れるときには、すでに特定の顧客が想定されている。ただ単に商品を売るだけでなく、関係性を維持しながら、店主は顧客と連絡を取りあっている。商品圏を抜けだす以前から、マツタケには、すでに贈り物が宿っている。

マツタケを買う個人客は、ほとんどが関係性の構築を目的としている[6]。同僚が、拡大家族内にくすぶる不和を解消するための宴席に向かう車中での経験を語ってくれた。「マツタケが出るかな？」と、かれの友人は気が気でなかったという。もし関係が修復されていれば、マツタケが給仕されるはずである（マツタケは出た）。このようにマツタケは、長期的な関係を必要とする人への理想的な贈り物なのである。下請業者は、自分たちに仕事を斡旋してくれる会社にマツタケを贈る。あらたな信者が宗教の指導者に贈るマツタケを買うこともあると、ある食料品店主は口にした。マツタケは本気度を伝える。

その食料店主はこうもいった。これは日本的な生活様式の鍵だと自分は考えている、と。「トリュフについて知らずとも、フランスを理解することはできる」と冗談を飛ばし、つづけた。「でも、マツタケを知らずして、日本を理解することはできない」。かれはマツタケの持つ関係性の特質について言及した。単なる香りでも味でもなく、個人的紐帯を強固なものとするのがマツタケの力なのである。この関係性を見極めることこそが、縁結びとしての腕の見せどころなのである。食べられるはるか以前から、かれはマツタケを関係性の深いものにしておかねばならない。

反対のことを喚起するのも、マツタケの相関的な力である。マツタケを飽きるほどたらふく食べるという突飛な空想はいかがなものだろうか。いたずらっぽくそんな空想を語ってくれた人がいる。もちろん、そんなことが不可能なことがわかっていながらのことだ。単に価格だけではなく、マツタケが担う重要で基本的な役割――人間関係の構築――を破るゾクゾク感である。際限なくマツタケを食べることは、感覚的にも味覚的にも褒められたものではない。

したがってマツタケの価値は、消費と商業的交換だけから派生しているのではない。それは実際に贈る行為によって創出される。というのも、サプライ・チェーン上にいる仲介者は、顧客にマツタケの特質を個人的な贈り物として与えているからである。この個人化は、おそらくほかの貴族趣味的な商品でも連想することができるであろう。紳士は、架に吊されたものではなく、自分にぴったりのスーツを欲しがるものだ。しかし、両者の並行性は、商品と贈り物のあいだの変換を、より手応えのあるものにする。いろいろな流通段階と文化を通じて、仲介者は資本主義的商品をほかの価値の形式に変換しようと身構えている。そのような仲介者は、価値の翻訳に従事しているわけである。翻訳の過程をとおして、資本主義は人と物を作るほかのやり方と共生するようになる。

しかし、贈り物としてのマツタケには包摂されない関係性も存在している。他国の山中における渉猟と売買である。自分たちのマツタケは、そうした行為を通じて調達されているにもかかわらず、仲買人も消費者も、その関係性とは無関係だと考えている。外国産マツタケは日本人の嗜好様式にしたがって等級づけられている。等級はマツタケが育ち、狩られ、販売される状況とはまったく無関係なものである。外国産のマツタケが輸入商の倉庫に到着すると、たちまちマツタケ狩りとバイヤーとの関係性は切れてしまう。マツタケが宿していた生態的な生活世界も同様に匿名化されてしまう。一瞬にして、マツタケは完全な資本主義的商品となる。しかし、いかにしてそうなるのか？　この過程のなかに価値を翻訳することの、もうひとつの物語がある。

最後にもう一度だけ、オープンチケットに案内し、疎外の難問とそれにかわるものが提示する価値の創造を解きあかしてみたい。本書では、マツタケのサプライ・チェーンに連なる人びとの多様な歴史と思惑《アジェンダ》にもかかわらず、それらをひとつにするものは、かれらがフリーダムと呼ぶ精神である、と主張してきた。買いつけ現場では思いおもいの見解のフリーダムが交換されており、それぞれが補強しあっている。マツタケ狩りは、自分たちの政治的フリーダムと山中におけるフリーダムとしての戦利品を持ちこみ、市場のフリーダムを支持するために交換する。そして、さらなるフリーダムを獲得するために、ふたたび森へ戻っていく。マツタケやお金と同様にフリーダムは、交換によって価値が生成されるのではないのか？　先述したメラネシアのクラの輪では、参加者はブタやヤムなど一般的なものをクラの貴重品と同時に交換する。名声を獲得するために首輪や腕輪を交換することとの関係において、これらの副次的な取引も価値を獲得する。オープンチケットも、これによく似ている。マツタケとお金は、それ自体が貴重品であるとともに、フリーダムの交換における象徴かつ戦利品なのである。しかも、それらはフリーダムとの関係性を通じて価値を獲得していく。つまり、疎外された所有物ではなく、人を形成する属性なのである。この観点から――ここにははっきりとした「贈り物」がないという事実にもかかわらず――もし、贈り物か商品かの対比のなかで、この経済行為を判断しなければならないとすれば、わたしは贈り物の側に位置づけるであろう。個人的な価値と物の価値は、フリーダムとの交換によって、ひとつになる。個人的価値としてのフリーダムは、お金とマツタケの渉猟を通じて作られる。それは、お金とマツタケの価値が、ちょうどバイヤーと採取者によって獲得されるフリーダムを通じて査定されることとおなじである。お金とマツタケは、使用価値あるいは資本主義的な交換価値よりも、より多くのものを所有している。それらはマツタケ狩りをはじめ、バイヤーやフィールド・エージェント〔現地集荷人〕が大切にしているフリーダムの一部なのだ。

しかし、夜が明けないうちに、かれらを取り囲むマツタケとお金は、まったく異なるものへと変化する。マツタケが保冷ジェルと一緒に木箱に詰められ、日本へ送られるために駐機場で待機するころまでには、戦利品なる典型的なフリーダムの痕跡を見つけるのは困難となっている。いったい、なにがおこったというのだろうか？　午後一一時前後にオープンチケットに戻ってみると、オレゴンやワシントン、ブリティッシュ・コロンビア州のバンクーバーのバルカー〔大口集荷人〕の倉庫に向けて、荷詰めされたマツタケがトラックに積みこまれている。しかも、奇妙なことがおきている。マツタケがふたたび仕分けされているのだ。これはことさら奇妙である。というのも、オープンチケットのバイヤーは、選別の達人だからである。仕分けは、バイヤーの技量を創造する。それは、自分のマツタケとの深いつながりをあらわしている。より不思議なことに、ここでの仕分け人は、臨時雇いであって、まったくマツタケに関心を示していない。仕分けする人びとはパートであって、利潤の薄いオンコール・ワーカー〔呼べばすぐくる労働者〕である。若干の収入が欲しいとはいえ、常勤職を持っていない人びとである。オレゴンでは、大地へ帰れ的なヒッピーが、未明にネオンサインの下で選別しているのを見かけたことがある。バンクーバーでは、香港から移住してきた主婦が仕分けていた。これらの人びとは、製品に関心がなく疎外された労働という意味で、古典的意味における労働者である。それでも、かれらは北米的なスタイルでの翻訳者でもある。まさしく、いかにマツタケがそこへきたかについての知識も関心も持っていないので、マツタケを商品目録へと純化することができるのだ。こうしたマツタケを倉庫にもたらしたフリーダムは、この新しい査定過程で消去されてしまう。いまやマツタケは成熟度と大きさによって仕分けされた単なる商品と化してしまっている。

なぜ、ふたたび仕分けされるのか？　問屋における選別はバルカーが編成したものである。バルカーは、日本の商慣習に通じた輸出商とアメリカ流の戦争とフリーダムに関する贈り物‐戦利品経済に奉仕するバイヤーとのあいだで地歩を固めようとする小規模なビジネスマンだ。かれらはフィールド・エージェントを通じて仕事する。フィールド・エージェントはバイヤー同士の口論に参加する。そんなフィールド・エージェントと輸出商のあいだに入って、バルカーはマツタケを条件に見合った輸出品に変換しなければならない。バルカーは出荷しようとしているものを把握し、それを輸出商に説明しなければならない。再仕分けすることは、かれらがマツタケを知ることに役立つ。

たとえば、こういうことだ。オレゴンで「赤ちゃん」として知られる極小マツタケを狩り、買って、輸出することは違法である。本当の理由は日本市場が興味を示さないからであるが、米国当局は保全のためだとしている。(7)マツタケ狩りは、とりあえず赤ちゃんを狩っておく。バイヤーは、マツタケ狩りたちが極小マツタケでも買いとれというから買うのだと主張する。(8) だが、問屋での再仕分けによって赤ちゃんは排除される。もっともマツタケは軽いので、赤ちゃんが排除されたからといって、さほど重量に変化が生じることはない。当局は、赤ちゃんのために輸出用木箱を検査したりしない。しかし、赤ちゃんを排除することは、マツタケを商品基準にいたらせることに役立っている。マツタケ狩りとバイヤーのあいだのフリーダムの交換に、もはや絡まりあわされることもなく、こうしてマツタケは一定のサイズと等級を持った商品と化す。(9) 使用したり、商業的に交換されたりする準備が整ったというわけである。

マツタケは、贈り物としてはじまり、贈り物として終わる資本主義的商品である。完全に疎外された商品として存在するのは、ほんの数時間——木箱に詰められ、在庫目録として出荷されるのを駐機場で待ち、飛行機の貨物室のなかで旅する時間だけだ。しかし、これらの時間を無視することはできない。サプライ・チェーンを支配し、構造化する輸出商と輸入商の関係は、これらの時間のなかに埋めこまれているからである。在庫目録としてのマツタケは、輸出商と輸入商に利潤をもたらすための計算を可能にする。コモディティ・チェーンを組織する仕事をかれらの視点から価値あるものにする。これは、非資本主義的価値の形態から資本主義的価値を創造するサルベージ・アキュミュレーション〔サルベージを通じた蓄積〕である。

1　ブロニスワフ・マリノフスキ『西太平洋の遠洋航海者』、増田義郎訳、講談社学術文庫、二〇一〇年。

2　物と疎外についての考察は以下の著作に負っている。Marilyn Strathern, *The gender of the gift* (Berkeley: University of California Press, 1990); Amiria Henare, Martin Holbraad, and Sari Wastell, eds., *Thinking through things* (London: Routledge, 2006); and David Graeber, *Toward an anthropological theory of value* (London: Palgrave Macmillan, 2001).

3　資本主義的商品は、クラの客体とは異なり、絡まりあった歴史と社会の掟の重みを支えることはできない。それは、資本主義的商品を特徴づけるところの単なる交換ではない。疎外が必要とされる。

4　マリリン・ストラザーン（Marilyn Strathern）はクリストファー・グレゴリー（Christopher Gregory）を『ジェンダー』でわかりやすく換言している（*Gender*, 134）。「もし商品経済において、物と人が、物の社会的形式を仮定するならば、贈与経済において物と人は、人の社会的出現を仮定する」（Christopher Gregory, *Gifts and commodities*〔Waltham, MA: Academic Press, 1982〕, 41）。

5　米国太平洋岸北西部で狩られるマツタケの多くは、日本ではカナダ産と表示される。輸出業者がマツタケをブリティッシュ・コロンビアから出荷するからである。輸出業者は出荷する空港の所在地にもとづいて荷札をつける。日本の法律は、輸入食品が地域名で表示されることを禁止している。地域名を冠することは、日本産だけに許される特権である。そのため、唯一、出荷元の国名だけが表示されることになる。

6　マツタケがこうしてやりとりされる唯一の食材なのではない。高級メロンとサーモンは、こうした贈与経済のなかにある。これらもマツタケのように、季節を知らしめるものである。そのような贈り物は、日本的な生活様式を確認するものだと一般的に考えられている。それらの贈り物としての価値は、等級と価格によって決められる。

7　もしすべてのマツタケが、胞子が熟す前に狩られるとすれば、菌の再生産の成功という観点から、赤ちゃんを特別視するのも不思議ではない。

8　赤ちゃんは慣習的に（五段階のうちの）第三等級に仕分けされる。しかし、マツタケ狩りは、少量だとしても、より高価な第一等級に忍びこませようとする。

9　カスケード山脈中央部のバイヤーは、成熟度によってマツタケを五等級に分類している。他方、バルカー〔大口集荷人〕は、大きさに応じて再仕分けする。輸出されるマツタケは、大きさと成熟度の両方から仕分けされる。

価値を翻訳する、オレゴン。クメール人バイヤーが値踏みするためにマツタケを仕分けている。経済多様性は、資本主義を成立せしめるだけではなく、そのヘゲモニーを弱体化させる。

10 サルベージ・リズム――攪乱下のビジネス

ボルネオ島の人びとと森林について研究している友人が、つぎのような話をしてくれた。かれが調査しているコミュニティは、かつて豊かな森林に囲まれていた。そこへ製材会社がやってきて森を伐ってしまった。森がなくなると、ぼろぼろの機械の山を残して会社は去っていった。もはや森林でも製材会社でも、いずれでも生計を立てることができなくなった住民は、機械を分解し、くず鉄を売るようになった。(1)

この話はサルベージの両面性を要約している。一方では、自分たちの森が荒廃したにもかかわらず、人びとが生きる術《すべ》を見いだしたことを讃えたくもなる。他方では、くず鉄がいつまでもつのか、ひきつづき生存を可能とするほかの物が、崩壊した土地に十分に残されているのかについて心配せずにはいられない。わたしたちの全員が、そうした文字通りの荒廃地に生きざるをえないわけではないとはいえ、わたしたちのほとんどは、人間が破壊した環境のなかで生活をやりくりするために、混乱した頭を働かせねばならない。くず鉄のマーケットであろうと、マツタケを渉猟する絡まりあった歴史であろうと、わたしたちはサルベージ・リズムにしたがっている。「リズム」〔周期〕は時間的条件を意味している。進歩という前向きな単一のリズムで脈打つものがなければ、気まぐれなサルベージ・リズムに身をゆだねるしかない。

二〇世紀のほとんどの期間、多くの人びと——おそらくとくにアメリカ人——は、ビジネスは進歩の脈を躍動させるものだと考えていた。事実、ビジネスは、つねに拡大しつづけてきた。それは世界の富を増加させているように思われた。目的と需要にしたがって、ビジネスが効率よく世界を作りなおしていたために、人びとは、お金や使用したり商業的に交換できたりするものによって力づけられていた。人びとは——資本を持たない普通の人びとでさえ——前のめりなビジネスの脈に自分たちのリズムをあわせていかねばならないように感じていた。そうすれば、自分たちも前進できると思ってのことであった。これにはスケーラビリティが作用した。人間と自然は、拡大しつづける定式《アルゴリズム》の単位と化すことによって、進歩にくわわることができた。そんなかれらをとおして、さらなる進歩が広がっていくはずであった。

いまとなってみれば、これらのすべてが、ますます奇妙に思えてくるであろう。それでも、ビジネス界の専門家は、こうした知識を作りだす装置なしではやっていけないようである。経済システムとは、投資家、労働者、原材料が揃ってまわっているという前提条件のもとで提示される抽出概念のセットであって、スケーラビリティと拡大を進歩とみなす二〇世紀的な概念に直結しているものなのである。こうした抽象的概念の優雅さに惑わされ、建前では経済システムが組織しているはずの世界を、より深く吟味していくことの重要性を唱える人は稀少である。民族誌家とジャーナリストは、あちこちの生存や繁栄、困窮に関する報告を提供してくれている。それでも経済成長について専門家が主張することと、人生と暮らしについての物語のあいだには乖離がある。これでは役に立つわけがない。いまこそ、気づく術をもってして、経済を理解しなおすときである。

サルベージ・リズムを通じて思考すれば、わたしたちの見通しは変化を余儀なくされる。工場労働は、もはや未来を描いてくれはしない。生計手段はさまざまである。つぎはぎだらけで、多くがその場しのぎである。人びとはさまざまな理由から生計手段を思いつきもする。だが、二〇世紀的な夢である、安定した賃金と利益を与えてくれるから、というのはきわめて稀である。本書が提示してきたのは、生計手段のパッチがアッセンブリッジとして生じている様を観察することが重要である、ということである。関係者は、さまざまな目的《アジェンダ》を抱いてやってきて、ささやかながらも部分的に世界制作プロジェクトにおける自分たちの務めを果たすことができる。オープンチケットのマツタケ採取者にとっては、戦争を生きのびたトラウマと米国の公民権との関係性を上手に乗り越えていくことがふくまれる。そうした目論見によってマツタケ狩りは森に惹きつけられ、「マツタケ・フィーバー」に乗じることになる。これらの目論見における差異にもかかわらず、バウンダリー・オブジェクトが形成され、とくにマツタケ狩りたちがフリーダムと呼ぶものへの傾倒が形成される。そのような想像上の共通する土台を通じて、商業的採取は場としての一貫性を獲得し、集まり《ギャザリング》は出来事《ハプニング》となる。創発する属性を通じて、多方向性の歴史が可能となる。上から規律を押しつけられることや同調を迫られることがなくとも、また進歩への期待がなくとも、その地にあった生計手段のパッチは世界の政治経済の構成に一役買っている。

資本主義は、それ自体が商品と人びとを世界中から集めてくるという、アッセンブリッジの性質を有している。しかし、資本主義もまた機械の性質、つまり部品の和でしかないからくりのように思えてならない。この機械は、わたしたちがそのなかで生活するような全体的な制度ではない。そうではなく、資本主義は生活様式のあいだを翻訳し、ありとあらゆる複数の世界を資産に変えていく。しかし、どんな翻訳もが資本主義に受容されるわけではない。資本主義が出資する集まりは、開かれてはいない。科学技術者と経営者の集団が、問題となる部分を除外しようと待ちかまえている——かれらは司法と暴力を味方につけている。だからといって、機械が固定的だというわけではない。日本と米国の貿易関係史を辿りながら議論してきたように、資本主義的翻訳の新しい形式は、どこにでも存在している。曖昧模糊とした出会いが資本主義を形づくる際に重要である。それでも、それは野晒しの状態で増殖しているのではない。力尽くで維持されている関係もある。

本書の思考にとって、とくにふたつのことが重要である。第一に、疎外は絡まりあいをほどく形式なのであって、疎外が資本主義的資産を形成することである。資本主義的商品は、それぞれの生活世界から剝ぎとられ、さらなる投資を生むための貨幣として使用される。無限大の需要は、ひとつの帰結である。投資家が欲しがる資産にはきりがない。したがって、疎外は蓄積を促進することができるし、たくさんの投資資本を可能とする。これがわたしの抱くふたつめの懸念である。蓄積は重要である。なぜならば、所有権を権力に変換するからである。資本を持てる者はコミュニティと生態系を征服することができる。同時に資本主義は均等化するシステムなので、資本主義的な価値は、大きな差異を越えて繁栄していく。お金が投資資本となり、それがさらなるお金を生みだしていく。資本主義は、人間であろうとなかろうと、すべての種類の生活から資本を作りだす翻訳機である(2)。

パッチと翻訳をもちいて思索する本書は、そのような問題をめぐる豊富な学術的研究、とくにフェミニズム人類学に根ざしている。フェミニズム研究者は階級形成も文化形成であることをあきらかにしてきた。わたしのパッチ論の原点である(3)。フェミニズム研究者らは、不均質な景観をまたがる、やりとりの研究も開拓した。わたしの翻訳論である(4)。こうした対話にわたしがつけくわえるとしたら、同時に資本主義の内側でも外側でもある生活に注意を向けたことである。規律を守る労働者と抜け目ない経営者といった標準的な資本主義像だけを注視するのではなく、むしろ資本主義的統治を利用も拒否もする場面における不安定な暮らしについて提示しようとしてきたわけだ。

消費者の手に届くまでに、ほとんどの商品は資本主義を形成するシステムの内側と外側を旅している。携帯電話で考えてみよう。電気回路の奥深くには、アフリカの鉱山労働者が掘ったコルタンが埋めこまれている。児童労働者も少なくない。賃金や儲けなどを考える余裕もなく、かれらは暗い穴に這いつくばって降りていく。どこかの会社に送りこまれたわけではない。内戦や強制退去、自然環境の悪化によって以前の生計手段を失ったために、危険な仕事に就いているだけのことである。そうした仕事は、専門家が資本主義的労働として想定するものからはほど遠い。それでも、それらの製品は携帯電話といった、すぐれて資本主義的な商品に組みこまれている(5)。サルベージ・アキュミュレーション〔サルベージを通じた蓄積〕は、翻訳装置と連携して、そうした人びとが掘りだす鉱石を資本主義的ビジネスで評価される資産に変換する。では、わたしのコンピューターはどうだろう？　短期間しかない一生のあとで（もちろん、わたしは新しいモデルに更新しなくてはならない）、おそらく、慈善団体に寄付されるはずだ。そうしたコンピューターは、どのような運命を辿るのであろうか？　埋蔵されている金属のために焼かれ、サルベージ・リズムにしたがって、子どもたちが銅とそれ以外の金属にばらしていくことだろう。(6) 商品は、しばしば、ほかの商品を作るためのサルベージ的な作業によって、その一生を終える。まるでサルベージ・アキュミュレーションを通じて商品がふたたび資本主義に戻されるかのごとくである。わたしたちの「経済システム」の理論を日々の営みと関係づけたいのであれば、そのようなサルベージ・リズムに留意すべきである。

これは大きな挑戦である。サルベージ・アキュミュレーションがあきらかにする差異の世界では、政治的な対立は、なかなか理想的な計画のような連帯を産むことはない。すべての生計戦略のパッチは、それ自身の歴史とダイナミクスを有している。それゆえ、さまざまなパッチに立脚した視点から、蓄積と権力への憤りについて、自主的に議論しあおうとする衝動はない。「代表的」なパッチなどというものはないので、どの集団があがいても、それだけでは資本主義を転覆しえない。それでもこれは政治の終わりではない。アッセンブリッジは、その多様性のなかに、わたしがのちに潜在的《レイテント》コモンズと呼ぶものを示してくれる。つまり、共通する動機に動かされるかもしれない絡まりあいである。わたしたちはいつも協働しているので、そのなかで可能な範囲でうまくたちまわることができる。わたしたちは、多様でかつ推移しうる連立の強靭さをともなう政治を必要としている――ただ単に人間のためだけではなく。

進歩は、疎外とスケーラビリティを通じ、無限大に豊かな自然を制圧することに依存していた。もし自然が有限で脆いものだとしたら、起業家たちが、なくなる前にできるだけ手にいれようと慌てているのも納得がいく。他方で環境保護論者は残骸を守ろうと必死になっている。本書のつぎの部分では、人間以上の絡まりあいに関する政治について代替案を提示したい。

1　二〇一〇年におこなった内藤大輔との会話。

2　資本の蓄積は翻訳に依存している。翻訳を通じて、周縁資本主義《ペリキャピタリズム》的な場は、資本主義的供給ラインにもたらされる。ここに、わたしの主要な主張のいくつかがある。（一）サルベージ・アキュミュレーション〔サルベージを通じた蓄積〕は工程なのであって、その過程を通じて非資本主義的価値形式によって形成された価値が、資本主義的資産に翻訳される。（二）周縁資本主義的な空間は場であり、その場において、資本主義的価値形式と非資本主義的価値形式が同時に繁栄する――それゆえに翻訳が可能となる。（三）サプライ・チェーンは、そのような翻訳を通じて組織される。そうした翻訳は、大手企業が在庫目録を作成することと、周縁資本主義の場をつなぐ。そこでは、すべての種類の実践が、資本主義的であれ、それ以外のものであれ、繁栄している。（四）経済多様性は資本主義を可能にする――そして不安定な性質の場と資本主義的統治の拒絶の場を提供する。

3　いくつかの例をあげよう。マレーシアにおける電子産業労働者に関する重要な研究において、アイワ・オン（Aihwa Ong）は以下のように指摘した。植民地主義もしくはポストコロニアルな統治の偶発的な軌跡が、地方出身のマレー女性という部類（kind）を創出し、そうした女性を会社は雇用したがった（Aihwa Ong, *Spirits of resistance and capitalist discipline*（Albany: State University of New York Press, 1987）。シルヴィア・ヤナギサコ（Sylvia Yanagisako）は、著書『文化と資本をつくる』（*Producing culture and capital* [Princeton, NJ: Princeton University Press, 2002]）で、工場主と工場経営者の意志決定が、いかに文化的に理想とされているものにもとづいてなされたかをあきらかにした。効率という中立性よりもむしろ、文化的歴史のなかで資本主義的ビジネスは発展するとヤナギサコは指摘している。労働者だけではなく、所有者も文化的課題《アジェンダ》を通じて階級的利益を発達させる。

4　ジェーン・グイール（Jane Guyer）による西アフリカにおける経済取引は、必ずしも貨幣的交換が、すでに確立されている等価な経済活動の証《あかし》である必要がないことをあきらかにした。貨幣は、文化的経済を再編成し、かれらの論理をひとつのパッチから別のパッチへと翻訳するために使用される（Jane Guyer, *Marginal gains* [Chicago: University of Chicago Press, 2004]）。貨幣が交換されうるとしても、取引は市場で売買できない論理を組みこんでいくかもしれない。グイールの研究は、経済システムが差異を組みこむことを示している。トランスナショナルなコモディティ・チェーンは、このことを観察するのに有利である。リサ・ロフェルとシルヴィア・ヤナギサコは、報酬と履行のギャップをめぐって、イタリアの絹会社が中国の製造業者と価値の生成について交渉する過程をあきらかにした（Lisa Rofel and Sylvia Yanagisako, "Managing the new silk road: Italian-Chinese collaborations," Lewis Henry Morgan Lecture, University of Rochester, October 20, 2010）。以下も参照のこと。Aihwa Ong, *Neoliberalism as Exception*（Durham, NC: Duke University Press, 2006）; Neferti Tadiar, *Things fall away*（Durham, NC: Duke University Press, 2009）; Laura Bear, *Navigating austerity*（Stanford, CA: Stanford University Press, 2015）.

5　Jeffrey Mantz, "Improvisational economies: Coltan production in the eastern Congo," *Social Anthropology* 16, no. 1（2008）: 34–50; James Smith, "Tantalus in the digital age: Coltan ore, temporal dispossession, and 'movement' in the eastern Democratic Republic of the Congo," *American Ethnologist* 38, no. 1（2011）: 17–35.

6　Peter Hugo, "A global graveyard for dead computers in Ghana," *New York Times Magazine*, August 4, 2010. http://www.nytimes.com/slideshow/2010/08/04/mag azine/20100815-dump.html?_r=1&.

つかみにくい生命、オレゴン。シカとヘラジカの足跡がマツタケ狩りをパッチに導く。地面の裂け目が、地中深くから発生しているマツタケの存在を知らしめている。たどることは、この世の絡まりあいに随伴していくことを意味している。

幕間　たどる

キノコの軌跡は、つかみどころがなく、得体がしれない。それらを追っていると、荒っぽい運転のように、すべての境界を逸脱してしまいそうになる。ビジネス界を出て、多様な生命の形なるダーウィンの「錯綜した土手」に踏みいろうとすると、事態はより一層、奇妙となる。(1) いまや、わたしたちが理解していると考えていた生物学が、混乱に陥っているからである。絡まりあいは既成の範疇を破壊し、アイデンティティを転換する。

キノコは糸状菌の子実体である。菌類は多様であり、しばしば順応性に富んでいる。菌類は海中から足指の爪まで、さまざまな場所にいる。しかし、菌類の多くは土壌中に住んでいる。菌糸と呼ばれる糸のような糸状体を扇状に広げ、糸状にもつれさせている。土を液状にし、透明にすることができたとしよう。そのなかを歩いたとしたら、周囲が菌糸だらけであるのに気づくはずだ。菌類とともに、その地下都市を訪ねてみよう。奇妙で変化に富んだ種間生命が多岐にわたって展開している愉快な世界を見いだすことができるはずだ。(2)

ほとんどの人びとは菌類を植物だと考えている。しかし、実のところ菌類は動物に近い存在である。菌類は植物のように日光から食料を生産することができない。したがって、菌類は動物のように食べるものを見つけなくてはならない。それでも菌類の食行動は、気前がよい。ほかの存在にとっての世界を制作するからである。これは菌類が細胞外消化をおこなうことに由来している。菌類は自分の身体の外側に消化するための有機酸をだし、食物を栄養素に分解する。まるで裏返した胃を持っているかのようで、菌類は身体の内部でではなく、外部で食料を消化するわけだ。したがって栄養素を自身の細胞に吸収する――自身の体を成長させる――一方で、ほかの種の身体も成長させている。(水中だけではなく)乾燥した土地でも育つ植物が存在する理由は、地球史上、菌類が岩石を溶解し、植物が栄養素を利用できるようにしたことにある。(バクテリアとともに)菌類は、植物の成長を可能とする土壌を作ってきた。菌類は樹木も消化する。そうでなければ、枯れた木々が永遠に山中に積み重なりつづけてきたことであろう。菌類は枯れた樹木を栄養素に分解し、そうした栄養素は新しい生命にリサイクルされる。このように菌類は世界の制作者なのである。自分たちのみならず、ほかの存在のための環境も作っている。

菌類のなかには、植物と密接な関係を築いて暮らすようになったものもある。ほとんどの植物は、その場の種間関係に順応する時間を十分にかけられれば、菌類と連携するようになる。植物の体内で生活する菌類もある。「内生」菌（"endophytic" fungi）と「内生菌根」菌（"endomycorrhizal" fungi）がそれである。多くは子実体を形成しないし、それらは何百万年も前に有性生殖を放棄してしまっている。植物の内部を顕微鏡で観察しないかぎり、これらの菌類を見ることはない。それでも、ほとんどの植物は、こうした菌類でいっぱいである。「外生菌根」菌（"ectomycorrhizal" fungi）は、細胞と細胞のあいだに貫入するだけではなく、根の周囲を包みこむ。世界中で好まれているキノコの多く――ヤマドリタケ（ポルチニ）やアンズタケ（シャントレル）、トリュフ、マツタケ――は、植物と外生菌根関係を持つ菌類の子実体である。とても美味しいものの、人工的に栽培するのは困難である。というのも、それらは宿主樹木《ホストツリー》とともに育っているからである。種間関係を通じてのみ、外生菌根菌は生存することができる。

「菌根」（mycorrhiza）という用語は、ギリシャ語の「菌」と「根」から構成されている。菌根関係では、菌と根が親密に絡まりあっている。相手がいなければ、菌も樹木も繁栄できない。菌の観点からすれば、その目的は優れた食料を得ることにある。菌は自身の身体を宿主樹木の根までのばし、植物体内の炭水化物を吸いあげる。それは、両者の出会いが築いた、栄養の授受に特化した境界面構造を通じておこなわれる。菌は、こうして得られる食料に依存している。しかし、菌はまったくのわがままというわけでもない。菌は植物の水吸収を助け、細胞外消化により生成された栄養素を利用できるようにして、植物の成長を促進する。植物はカルシウムや窒素、カリウム、リン、そのほかの無機物を、菌根を通じて摂取する。〔熱帯林研究者の〕リサ・カッラン（Lisa Curran）によれば、森林は外生菌根菌がいなければ成立しない[3]。菌を頼ることによってはじめて、樹木は健康に豊かに育ち、森林を形成する。

相互利益は完全なる調和に導くわけでもない。菌は、その生活環《ライフサイクル》の一時期、根に一方的に寄生する。あるいは、十分な栄養素に恵まれていると、樹木に拒絶されてしまうこともある。植物との協働がなければ、菌根菌は死滅してしまう。しかし、多くの外生菌根は、ひとつの協働関係に制限されることはなく、樹木をまたいだネットワークを形成している。しかも、菌はおなじ種の樹木だけをつなぐだけではなく、多数の種とつながっている。したがって、もし、葉に日光があたらないように、つまり食料を与えないように、ある木を覆ったとしても、その木は、菌根ネットワークに連なるほかの樹木から供給される炭水化物で育つかもしれない(4)。菌根菌のネットワークをインターネットになぞらえ、「ウッドワイドウェブ」(woodwide web)と表現する者もいるほどだ。菌根は、林中をめぐって情報を伝達しながら、種間相互連結のためのインフラを構築している。さらに菌根は幹線道路網の特徴も有している。本来であれば、おなじ場所にとどまるはずの土壌中の微生物も、相互連結された菌根の経路のなかを旅することができる。これらの微生物のいくつかは、環境修復にとっても重要である(5)。菌根ネットワークによって、林は脅威に対応することができる。

菌が世界を構築する偉業が、ほとんど評価されてこなかったのはなぜだろうか? 部分的には地下都市の驚くべき建築物を見ることができないためである。しかし、つい最近まで多くの人びと——とくに科学者——が、おそらく生命を種単位における生殖の問題としてとらえてきたからでもある。この世界観によれば、もっとも重要な種間相互作用は捕食者‐被食者関係なのであって、その相互作用はたがいに殺しあうことを意味している。共生関係は、興味深い例外とはいえ、生命を理解するために不可欠なものとはされなかった。生命は、それぞれの種の自己複製から発生し、それぞれが独自の進化と環境変化という試練にたちむかってきた。どの種も自身の存続のために別の種を必要としなかった。生物は自己完結していた。このような自己創造のマーチングバンドが、地下都市の物語を封印した。こうした地下世界の物語を正当に評価するため、種単位の世界観と、すでにその世界観を転換しつつある新しい証拠について再検討してみよう。

一九世紀〔中葉〕にチャールズ・ダーウィン（Charles Darwin）が自然選択にもとづく進化論を提示したとき、遺伝可能性についての言及はなかった。グレゴール・メンデル（Gregor Mendel）による遺伝学についての業績が一九〇〇年に再評価されてはじめて、自然選択を生みだすメカニズムが理解されるようになった。二〇世紀になると、生物学者は遺伝学と進化論を結びつけ、「総合説」を創造した。遺伝的分化を通じて種が発生するしくみについての有力な物語である。二〇世紀初期に染色体、つまり遺伝情報を伝達する細胞内構造が発見されると、その物語は感覚的にとらえられるものとなった。遺伝の単位——遺伝子——は染色体上に位置している。有性生殖する脊椎動物では、「生殖細胞」なる特別な細胞系列が、次世代を生む染色体を保存する（人間の精子と卵子は生殖細胞である）。身体のほかの部分の変化——遺伝子の変化でさえも——は、生殖細胞の染色体に影響を与えないかぎりは、子孫に伝達されることはない。それゆえ、種の自己複製は生態学的な出会いと歴史の紆余曲折から保護されている。生殖細胞が影響をうけないかぎりは、生命体はそれ自身を作りなおし、種の連続性を維持することができる。

これが種の自己創造物語の核心である。種の生殖は自己完結型で自立性があり、歴史から切りはなされている。これを「総合説」と呼ぶことは、スケーラビリティの観点から議論した近代的なるもの《モダニティ》との関連からしても、まったく妥当である。自己複製するものは、すぐれた科学技術により制御できるたぐいの自然のモデルであり、近代的なものである。それらは相互に交換可能である。それらの変動域が自己創造できる範囲にかぎられているからである。結果として、それらはスケーラブルとなる。遺伝する形質は細胞や器官、生命体、交配集団、そしてもちろんその種自体といろいろなスケール（レベル）で表現される。こうしたスケールのそれぞれは、閉鎖的な遺伝的形質の別の表現型である。したがって、それらはきちんと入れ子状になっていて、スケーラブルなのである。それらがおなじ形質のすべての表現であるかぎり、これらのスケールの段階をまたいだ研究をスムーズに進めることができる。このパラダイムのおまけのような研究から、あらたな課題のヒントが生まれた。研究者がスケーラビリティを文字通りに解釈したとき、遺伝子がすべてを支配しているという、奇怪であらたな物語が誕生した。犯罪性の遺伝子と創造性の遺伝子が提案され、そうした遺伝子は染色体から実社会までスケールをまたがって、制限なく適用できるというのだ。進化を請け負う「利己的な遺伝子」は、協働者を必要としなかった。この見解によると、スケーラブルな生命は、遺伝的形質を自己複製する閉じたモダニティのなかに閉じこめられていることになる。これぞ、マックス・ウェーバー（Max Weber）のいう鉄の檻である。*

一九五〇年代にDNAが持つ安定性と自己複製の性質が発見されたことは、総合説の輝かしい業績であった——それればかりか、その破綻のもとにもなった。DNAは、関連するたんぱく質とともに、染色体の構成要素である。二重らせんの鎖の化学構造は、安定していて、驚くべきことに正確な複製を新しく作られたらせん鎖に再現することができる。何という自己完結型複製モデルであることか！　DNAの複製は魅惑的であり、近代科学自身のアイコンを形成することになった。近代科学は結果の再現性をもとめる。それゆえに幾度となく反復される実験でも、安定して相互交換可能である研究対象がもとめられた。つまり、歴史がないことが必要とされたのだ。DNAの複製結果は、どの生物学的スケール（たんぱく質、細胞、器官、生命体、集団、種）であろうとも、その痕跡を辿ることができる。生物学的なスケーラビリティに与えられたメカニズムは、遺伝子の表現型に支配され、歴史から切りはなされた、どこまでも近代的な生き方の物語を支えている。

それでもDNA研究は、予期していなかった方向に進んでいった。進化発生生物学《エボデボ》を考えてみよう。この分野はDNA革命から創発した多数の学問分野のひとつで、生物の発生過程における遺伝子の突然変異と発現を研究し、種形成における、これらの関係を解明するものである。しかし、発生学を研究しようとすれば、生命体と環境との出会いの歴史を避けることができない。生態学との対話を通じ、発生学は総合説が予期していなかった進化に関するひとつの型《タイプ》の証拠を発見した。近代の正説（modern orthodoxy）とは対照的に、多くの種類《カインズ》の環境影響が子に伝達されることが発見されたのである。それらは遺伝子発現を通じたものもあれば、突然変異の生じる頻度や変異形の優占性など、さまざまなメカニズムを通じて伝達されるものもある。[6]

もっとも驚くべき発見のひとつは、多くの生物が他種との相互作用を通じてのみ、成長することであった。ハワイの小さなイカであるダンゴイカ（*Euprymna scolopes*）が、この過程を考えるモデルになる。[7]ダンゴイカは、発光する器官で有名である。発光器をとおして月光を模倣し、捕食者に対して自身の影を隠す。しかし、幼生は、ある特別なバクテリアの発光ビブリオ菌（*Vibrio fischeri*）と接触してはじめて、この器官を発達させることができる。ダンゴイカは、これらのバクテリアを持たずに生まれる。したがってダンゴイカは海中でバクテリアと出会わなければならない。バクテリアがなければ、発光器官が発達することはない。そうだとすると、発光器官は余分なものだと考えられるかもしれない。では、寄生するカリバチ（*Asobara tabida*）について考えてみよう。ウォルバキア（*Wolbachia*）属のバクテリアがいないと、雌は卵を産むことができない。[8]同様にゴウザンゴマシジミ（*Maculinea arion*）の幼虫は、アリのコロニーに連れていかれないと、生きながらえることができない。[9]自立していることを誇りとする人間は、産道から滑りでるときに獲得する有益なバクテリアがなければ、食物を消化することができない。人体の細胞の九〇パーセントはバクテリアである。それらがなければ、わたしたちは生きていけない。[10]

生物学者のスコット・ギルバート（Scott Gilbert）と共同研究者が書いているように、「ほとんどすべての発生は、共発生なのかもしれない。共発生の概念をもちいなければ、ある種の細胞が、ほかの種が通常の身体を構造化するのを手助けすることは説明できない」[11]。この洞察は進化の単位を変える。「進化のホロゲノム理論」について説きはじめた生物学者もいる。同理論では、生命体の複合体とそれらの共生生物《シンビオント》が進化の単位とされ、それはホロビオント（holobiont）と呼ばれる[12]。たとえば、特定のバクテリアとミバエのつながりが、ミバエが交配するときの選択に影響を与えることが確認されている。こうしてあらたな種が発生していく道筋は方向づけられていく[13]。発生の重要性を強調するため、ギルバートたちは、シンビオポイエーシス（symbiopoiesis）という用語をもちいている。つまり、ホロビオントの共発生ということだ。この用語は、それ以前の生命研究における定説、「オートポイエーシス」〔内在的自己組織システム〕（autopoiesis）を通じた自己形成と対照的である。「共生は例外ではなく、ますます「法則」のようだ……自然は関係性を選択しているのであって、個別種やゲノムを選択しているのではないのかもしれない」とギルバートたちは書いている[14]。

種間関係は進化を歴史に引きもどす。というのも、それらは偶発的な出会いに依存しているからだ。それらがオートポイエーシスを形成することはない。種間の出会いは、つねに出来事なのであり、この「おこること」が歴史の単位なのである。出来事は相対的に安定した状態をもたらすことはできるが、自己複製単位のようには予期することができない。出来事を構成するのは、つねに偶発性と時間である。歴史はスケーラビリティを大混乱に陥らせる。スケーラビリティを創造する唯一の手段は、変化と出会いを抑止することである。もし、変化と出会いが抑制されなければ、スケールをまたがった関係性の全体が再考されることになる。総合説では遺伝子を持った個体から個体群が形成されるとされているものの、英国の環境保護活動家が前述のゴウザンゴマシジミを保護しようとしたとき、かれらは交配する個体群が、それ自身で種を再生産できるとは考えていなかった。そのため、幼虫が生存するために不可欠なアリも、保護しなければならなかった[15]。したがってゴウザンゴマシジミの個体群の存在は、チョウのＤＮＡのスケーラブルな効果ではない。それらは種間の出会いというノンスケーラブルな場なのである。これは総合説にとってまずい話となる。というのも、集団遺伝学は二〇世紀初頭の歴史なき進化の中核に出自を持つからである。個体群についての科学は、勃興しつつある歴史を重視する複数種間歴史生態学（multispecies historical ecology）に道を譲るべきではなかろうか？　これまで議論してきた気づく術《すべ》が、その真髄ではなかろうか[16]。

進化に歴史をふたたび導入しようとする議論は、ほかの生物学的スケールにおいては、すでにはじまっている。細胞はかつて複製可能な単位であったが、自由生活するバクテリア間の共生による歴史的産物とみなされるようになった[17]。ＤＮＡでさえも、アミノ酸配列において、かつて考えられていたことよりも、より豊かな歴史を持っていることがわかっている。ヒトＤＮＡの一部は、ウィルスのものである。ウィルスとの出会いは、わたしたちヒトを作った歴史的瞬間の目印である[18]。ゲノム研究は、ＤＮＡ製造の過程で生じた出会いを識別することに挑戦中である。集団生物学は、もはや歴史を考察しないわけにはいかない[19]。

その意味において菌類は理想的な材料となる。菌類はつねに自己複製という鉄の檻にとらわれない存在であった。バクテリアと同様に、ともすれば生殖にかかわらない出会いにおいても遺伝子を交換しがちな菌も存在している（「遺伝子の水平伝播」horizontal gene transfer）。多くは、自分たちの遺伝物質を「個体群」はいうまでもなく、「個体」や「種」として分類されるものを通じて維持するのを嫌っているように思える。かつては単一種だと考えられていた、チベットの高価な冬蟲夏草の子実体を調べたところ、多数の種が絡まりあっていることがわかった[20]。根株腐朽病を引きおこすナラタケ属菌の菌糸束を精査したところ、個体の識別を混乱させる遺伝的モザイクが発見された[21]。その一方で、菌類は共生を好むことでも有名である。地衣類は緑藻類とシアノバクテリアとともに暮らす菌類である。ここまで菌類の植物との協働について議論してきた。しかし、菌類は動物とも、ともに生きている。たとえばシロアリは、菌類の手助けがあってはじめて、食物を消化することができる。シロアリは木を噛みくだくものの、それを消化することができない。そのかわり、シロアリは菌園《ファンガスガーデン》を整備する。噛みくだかれた木は、その菌園でオオシロアリタケ属菌によって消化され、シロアリの食用に適した栄養素に分解される。〔シロアリ研究者の〕スコット・ターナー（Scott Turner）は、つぎのように指摘する。シロアリが菌を育てているというかもしれないが、同様に菌がシロアリを育てているとも解釈できる。シロアリタケは、ほかの菌類との競争に勝つためにシロアリ塚の環境を利用している。同時に菌は塚を整えている。毎年、子実体を発生させることによって、塚に穴をあける。するとシロアリは塚を修復しようとせっせと働く。シロアリタケはコロニーを大きくするために撹乱を作りだしているのだ。(22)

わたしたちの隠喩的な表現（ここでは、シロアリが「育てる」）は、しばしば障害ともなるし、予期せぬ洞察をもたらしもする。共生が語られる際のもっとも一般的な隠喩のひとつは「外注《アウトソーシング》」である。シロアリが自分たちの消化を菌に外部委託しているとも表現することができる。あるいは、菌が食料収集とニッチの建設をシロアリに外部委託していると考えることも可能である。生物学的過程を今日のビジネスの約束事と比較すると、都合の悪いことが多々ある。実際、あまりにもたくさんありすぎるため、すべてを列挙するのは無理である。ここでひとつだけいえるのは、サプライ・チェーン同様に、これらの関係のチェーンはスケーラブルではないということだ。そうした構成要素は自己複製の、互換性ある客体には縮小されえない。それは企業であれ、種であれ、おなじことである。そのかわり、それらの構成要素はチェーンを維持する出会いの歴史に注意を向けることを要求する。数学的モデルではなく、博物学的な記述が必要とされる最初の一歩となる。このことは経済でも同様である。好奇心が手招きしている。人類学者という、いまだに観察と記述を重視する、残存する数少ない学問に習熟した者の出番かもしれない。

1 チャールズ・ダーウィンは『種の起源』（London: John Murray, 1st ed., 1859）を絡まりあった土手のイメージで終えている。「じつに単純なものから、きわめて美しく、きわめてすばらしい生物種が際限なく発展し、なおも発展しつつあるのだ」（チャールズ・ダーウィン『種の起源　下』、渡辺政隆訳、光文社古典新訳文庫、二〇〇九年、四〇三頁）。

2 つぎを参照のこと。［概説］ニコラス・マネー『ふしぎな生きものカビ・キノコ——菌学入門』、小川真訳、築地書館、二〇〇七年；［歴史］G・C・エインズワース『キノコ・カビの研究史——人が菌類を知るまで』、小川眞訳、京都大学学術出版会、二〇一〇年；［栽培作物学］J. André Fortin, Christian Plenchette, and Yves Poché, *Mycorrhizas: The new green revolution* (Quebec: Editions Multimondes, 2009)；［図鑑］Jens Pedersen, *The kingdom of fungi* (Princeton, NJ: Princeton University Press, 2013).

3 Lisa Curran, "The ecology and evolution of mast-fruiting in Bornean Dipterocarpaceae: A general ectomycorrhizal theory" (PhD diss., Princeton University, 1994).

4 ポール・ステイメッツ（Paul Stamets）は菌類に関するこの話とほかの話題を提供している（Paul Stamets, *Mycelium running* (Berkeley: Ten Speed Press, 2005)）。

5 S. Kohlmeier, T. H. M. Smits, R. M. Ford, C. Keel, H. Harms, and L. Y. Wick, "Taking the fungal highway: Mobilization of pollutant-degrading bacteria by fungi," *Environmental Science and Technology* 39 (2005): 4640–4646.

6 スコット・ギルバートとデイヴィッド・イーペルは、以下の第一〇章で、もっとも重要なメカニズムのいくつかについて詳細に説明している（『生態進化発生学——エコ-エボ-デボの夜明け』、正木進三・竹田真木生・田中誠二訳、東海大学出版会、二〇一二年）。

7 Margaret McFall-Ngai, "The development of cooperative associations between animals and bacteria: Establishing

"détente among domains," *American Zoologist* 38, no. 4（1998）: 593–608.

8　ギルバート／イーペル『生態進化発生学』、七八頁。ウォルバキア感染もまた、その再生産の過程において、多くの昆虫にとって問題の原因となる。John Thompson, *Relentless evolution*（Chicago: University of Chicago Press, 2013）, 104–106, 192.

9　J. A. Thomas, D. J. Simcox, and R. T. Clarke, "Successful conservation of a threatened Maculinea butterfly," *Science* 203（2009）: 458–461. 関連する絡まりあいについては、つぎを参照のこと。Thompson, *Relentless evolution*, 182–183; ギルバート／イーペル『生態進化発生学』第三章。

10　ギルバート／イーペル『生態進化発生学』、八二－九四頁。

11　Scott F. Gilbert, Emily McDonald, Nicole Boyle, Nicholas Buttino, Lin Gyi, Mark Mai, Neelakantan Prakash, and James Robinson, "Symbiosis as a source of selectable epigenetic variation: Taking the heat for the big guy," *Philosophical Transactions of the Royal Society B* 365（2010）: 671–678, on 673.

12　Ilana Zilber-Rosenberg and Eugene Rosenberg, "Role of microorganisms in the evolution of animals and plants: The hologenome theory of evolution," *FEMS Microbiology Reviews* 32（2008）: 723–735.

13　Gil Sharon, Daniel Segal, John Ringo, Abraham Hefetz, Ilana Zilber-Rosenberg, and Eugene Rosenberg, "Commensal bacteria play a role in mating preferences of *Drosophila melanogaster*," *Proceedings of the National Academy of Science*（November 1, 2010）: http://www.pnas.org/cgi/doi/10.1073/pnas.1009906107.

14　Gilbert et al., "Symbiosis," 672, 673.

15　Thomas et al., "Successful conservation."

16　集団遺伝学は相利共生を研究する学問であり、外生菌根菌と樹木の共生関係もふくまれる。しかし、専門分野《ディシプリン》が要請することは、歴史的相互作用を通じて出現したのではなく、それぞれの生命体が分析的に自己完結的であることである。最近、ある概説で説明されたように、「共生は相互搾取であり、それにもかかわらず、それぞれのパートナーの適応度を増加させる」（Teresa Pawlowska, "Population genetics of fungal mutualists of plants," in *Microbial population genetics*, ed. Jianping Xu, 125–138 [Norfolk, UK: Horizon scientific Press, 2010], 125）。共生を研究する目的は、それゆえに、それぞれの自己完結している種同士の費用と効果を計ることにある。とくに「いかさま」

に留意しながら。研究者は多かれ少なかれ、効果を搾取するために種の共生変異が、いかに出現するかを問うことはできるが、変形しうるほどの相乗効果を見いだすことはできない。

17　マーギュリス／セーガン『生命とは何か』（第2章、注1で参照）。

18　Masayuki **H**orie, Tomoyuki **H**onda, Yoshiyuki **S**uzuki, Yuki **K**obayashi, Takuji **D**aito, Tatsuo **O**shida, Kazuyoshi **I**kuta, Patric Jern, Takashi **G**ojobori, John M. Coffin, and Keizo **T**omonaga, "Endogenous non-retroviral RNA virus elements in mammalian genomes," *Nature* 463 (2010): 84–87.

19　集団遺伝学の優位性は、DNA配列の技術を使用して、単一集団内の変異型対立遺伝子を識別できる点にある。対立遺伝子の差異を研究するにあたっては、種を調べるのとは異なるセットのDNAマーカーを必要とする。その際、スケールの特異性（選択性）が問題となる。ノンスケーラビリティ理論は、対立遺伝子の差異についての物語を歓迎し、研究手法と研究結果において、それらが簡単にはほかのスケールに翻訳されないことをあきらかにする。

20　二〇〇七年におこなったダニエル・ウィンクラー（Daniel Winkler）へのインタビュー。

21　R. Peabody, D. C. Peabody, M. Tyrell, E. Edenburn-MacQueen, R. Howdy, and K. Semelrath, "Haploid vegetative mycelia of Amillaria gallica show among-cell-line variation for growth and phenotypic plasticity," *Mycologia* 97, no. 4 (2005): 777–787.

22　Scott Turner, "Termite mounds as organs of extended physiology," State University of New York College of Environmental Science and Forestry, http://www.esf. edu/efb/turner/termite/termhome.htm.

＊　鉄の檻については、つぎを参照のこと。マックス・ウェーバー『プロテスタンティズムの倫理と資本主義の精神』、中山元訳、日経BPクラシックス、日経BP社、二〇一〇年。

能動的な景観、雲南。活発な景観はパズルである。わたしたちが理解している自然をひっくり返してしまう。マツやオーク、ヤギ、人間。なぜ、マツタケはこんなにも往来の激しい場所を選んで栄えるのだろうか？

第三部　攪乱――意図しえぬ設計

県の林業試験場による森林修復事業の現場を加藤さんが案内してくれたとき、わたしは衝撃をうけた。原生自然《ウィルダネス》の感性を教えこまれてきたアメリカ人としては、森林はみずから回復していくのが一番だと考えていたからだ。しかし、加藤さんは異なる見解を持っていた。日本でマツタケを再生するのであれば、マツが不可欠である。マツを再生させるのであれば、人間による攪乱が必要だ、というのである。丘陵地から広葉樹を取りのぞく作業を指示しながらのことだった。表土さえも削りとられた急な斜面には、えぐられた箇所が散見でき、アメリカ人のわたしの目には丸裸同然に映るほどであった。「浸食しないんですか？」と訊ねると、「浸食がいいんです」と加藤さんは答えるのだった。愕然とさせられてしまった。浸食、つまり土壌の流出は、まずいに決まってはいないのか？　それでも、わたしは聞く耳を持っていた。「マツは鉱物質の土壌に繁茂し、浸食はそのような土壌を露わにしてくれる」のだそうだ。

日本の森林管理者に出会ってからというもの、それまで抱いていた森林を攪乱することについての考えは一変してしまった。森を活性化させるために、計画的に攪乱するというのだから、驚き以外のなにものでもなかった。加藤さんは庭園を整備しようとしているのではなかった。かれが理想とするのは、それ自体で育っていく森であった。そのために、ある種の混乱を意図的に作りだしてやることで、そうした過程を手助けしていたのだった。その混乱が、マツを利するのである。

　加藤さんの仕事は、里山再生という、人びとにもわかりやすく、また科学的根拠をともなったものである。里山は、林地における水田稲作と水利管理に林地を組みあわせた伝統的な農村的景観である。林――里山という概念の中心――は、薪や炭焼きにもちいる木、ならびに材木以外の林産物の採取のために攪乱されてきたおかげで維持されてきた。今日、里山で採れる、もっとも高価な生産物はマツタケである。マツタケのために林を修復するには、マツとオーク〔ナラ類〕、低層草本、昆虫、鳥など一連の生物をも元気づけていかねばならない。そのための再生には攪乱が必要となるが、それは生態系の多様性と健全な機能性を強化するような攪乱でなければならない。生態系のなかには、人間の活動があることによって、かえって繁栄するものもある、と里山再生活動家は主張する。

　世界中の生態系再生プログラムは、人間の活動を視野にいれ、自然景観を整備しなおしている。そのようななかで里山再生を際立たせているものは、人間の活動も人間以外の活動とおなじように森の一部だとする考え方であろう。このプログラムでは人間とマツ、マツタケ、ほかの種のすべてが、一緒になって景観を作っている。ある日本人研究者が、マツタケは「意図しえぬ耕作」の結果だと説明してくれた。マツタケが人工的に栽培できないとはいえ、人間による攪乱によってマツタケの発生する蓋然性が高まるからである。実際には、マツとマツタケと人間は、意図的ではないながらも、すべてが一緒になってたがいに育てあっているといってよい。それぞれが、それぞれの世界を制作していくのに、たがいに協力しあっているのである。

この発言に触発され、わたしは、景観が「意図しえぬ設計」の産物となる過程について考えさせられるようになった。それは人間と非人間とを問わず、多くの主体が重なりあう世界制作の活動を指している。生態系の景観において、デザインそのものは明確である。しかし、構成員のだれひとりとして、そうした効果を見据えていたわけではない。人間も、ほかの生物とともに、意図しえぬ設計のもとに景観が作られていく過程にくわわっている。

人智を超えたドラマの場としての景観は、人間中心の思いあがりから離れるための過激な手段となる。景観は歴史的行為の背景にすぎないのではない。それ自体が能動的なのである。形成途上にある景観を眺めていると、人間がほかの生物に混じって世界を作っていることが理解できる。マツタケとマツは単に林に生えているのではない。両者は林を形成しているのである。マツタケ林は、景観を作り、変形させていく集まりなのである。第三部では、攪乱からはじめよう。攪乱こそが出発点となる。攪乱は変化をもたらす出会いを再編し、景観のパッチを創発する。よって不安定性は、人間を超えた社会性のなかで成立しているのである。

能動的な景観、京都府。12月の里山。森のいぶきを実感できるのは生命が障害を突きやぶるときである。人びとが手をいれている。寒さが厳しい。生命のいぶきがこだまする。

11　森のいぶき

注意深く森のなかを歩くと、たとえ傷ついた森であっても、生命の豊かさを感じることができる。太古からのものもあれば、あらたに誕生したものもある。足下から頭上の開けたところまで、いたるところで生命を感じさせられる。いかにしたら、森の生命について語ることができるのであろうか？　人間の活動を越えたドラマと冒険を探求することからはじめてみよう。わたしたちは人間のヒーローが登場しない物語には、まだ馴染みがない。これこそが本章を特徴づける難問である。しかし、景観が主人公で、人間が登場者の一種にすぎない冒険談など、そもそも存在しうるものであろうか？

　過去数十年間、多くの分野の研究者は、人間だけが物語の主人公とされてきたことが、単なる偏見ではなかったことをあきらかにしてきた。それは文化的な課題《アジェンダ》であり、近代化がもたらす進歩なる夢と結びついていた[1]。しかし、ほかにも世界を制作する方法は存在している。たとえば人類学者は、いかに自給自足の猟師たちが、ほかの生物を「人」——つまりは物語の主人公——と認識してきたのかについて関心を抱いてきた[2]。実際、そうでないことなど、ありようがないではないか？　しかし、進歩への期待が、こうした洞察を遮ってしまう。しゃべる動物など、お伽噺であって科学的ではないというのである。人間以外の生物はことばを持たないので、わたしたちはかれらなしでもやっていけると考えている。人間は進歩のためにほかの生物を踏みにじってしまっている。共存（collaborative survival）のためには、種を越えた協調（cross-species coordinations）が必要となることを、わたしたちは忘れてしまっている。なしうることを増やしていくためには、景観の探検といった、ほかの物語が必要となる[3]。

　まずは、線虫と生きること《リバビリティ》となる命題からはじめるとしよう。

「ぼくのことをマツノザイセンチュウ（*Bursaphelenchus xylophilus*）と呼んでおくれ。ぼくは小っちゃい、イモムシのような線虫だよ。マツの内部をカリカリ噛んでばかりいるんだ。でも、ぼくの仲間は、七つの大洋を航海した捕鯨者みたいに、あちこち旅行してるんだよ。一緒にいてごらん。ぼくたちの不思議な旅につ

いて話してあげるよ」

待ってくれ。虫の世界など、だれが聞きたがっているというのか？　しかし、これは実際に、〔生物学者でもあり哲学者でもあった〕ヤーコプ・フォン・ユクスキュル（Jakob von Uexküll）が発した問いである。一九三四年、ユクスキュルがダニの世界について記述したときのことだ。[4] 哺乳類の体温を察知し、血を吸うダニの知覚能力について研究したユクスキュルは、ダニが知覚能力を有し、世界を作っていることをあきらかにした。それ以降、さまざまに知覚できる生命が景観に持ちこまれ、創造物たちは自力で動けない客体としてあつかわれるべきものではなく、知覚できる主体としてあつかわれるべきものとなった。*

それにもかかわらずユクスキュルのアフォーダンス〔動物と物のあいだにある関係性〕論は、そうした感覚の範囲内でしかつかめない泡のような世界にダニを限定してしまっていた。空間と時間の小さな枠組みにとらわれたため、ダニはより広域な景観にやどるリズムと歴史への参加者とはみなされなかった。[5] マツノザイセンチュウの旅が証明するように、これでは不十分である。もっとも変化に富んだ事例を検討してみよう。

マツノザイセンチュウは、マツノマダラカミキリの助けを借りないと、木から木へ移動することができない。自分にとってはまったく利益がないものの、マツノマダラカミキリは、マツノザイセンチュウを運んでいく。マツノザイセンチュウは密かにカミキリに飛び乗ることによって、カミキリがする旅を巧みに利用している。しかも、これはたまに生じるたぐいの交流なのではない。甲虫の生活環《ライフサイクル》のある段階をとらえ、線虫は甲虫に接触しなくてはならないのである。それはカミキリがマツの空洞からつぎのマツに飛び移ろうとする瞬間でなくてはならない。甲虫の気管にくっついていた線虫は、甲虫が新しい木に移って産卵しようとする、まさにそのとき、その木の傷口に素早く侵入する。これはたぐい稀な偉大なる連携の例である。線虫は甲虫の生活リズムを活用しているわけである。[6] そのような連携の網《ウェブ》にどっぷりと漬かるためにも、ユクスキュルがいう泡の世界では不十分なのである。

線虫が跋扈《ばっこ》しているにもかかわらず、わたしはまだマツタケを諦めてはいない。日本でマツタケが稀少化したおもな理由は、マツノザイセンチュウに由来するマツの消滅である。捕鯨者がクジラを捕るように、マツノザイセンチュウはマツを捕らえ、マツとその伴侶菌を殺してしまう。とはいえ、線虫は、つねにこうした生活に関与してきたわけではない。捕鯨者とクジラの場合のように状況と歴史の偶然が、線虫をマツの殺し屋にしたのである。線虫が日本の歴史に入りこんだ過程は、線虫が甲虫とともに編む蜘蛛の巣のような協調とおなじくすごいものだ。

マツノザイセンチュウは、アメリカのマツにとって、それほど大きな影響を与える害虫ではない。マツノザイセンチュウがアメリカのマツとともに進化してきたからである。しかし、アジアにやってきた途端に殺し屋と化してしまった。アジアのマツは無防備で傷つきやすかったからだ。驚くべきことに、生態学者はこの過程を詳細に辿ることに成功している。はじめて線虫が輸入されたのは、二〇世紀の最初の一〇年間のことであった。米国から輸入されたマツと一緒にマツノザイセンチュウは長崎港に上陸したのである。[7]工業化を進める日本にとって木材は不可欠であった。そのころ、日本ではエリートたちが世界中の資源を渉猟していた。そうした資源と一緒にたくさんの招かれざる客もやってきた。そのなかにマツノザイセンチュウもふくまれていた。来日するやいなや、マツノザイセンチュウはマツノマダラカミキリとともに旅に出た。両者の移動経路は長崎から同心円状に辿ることができる。こうして日本のカミキリと外来の線虫とが協働して日本の森林景観を変化させていった。

とはいえ、もし、マツが健康ならば、感染しても枯れることはない。しかし、枯れるか、枯れないかという予測できない脅威が、巻き添えを食らうことになるマツタケをやきもきさせる。密集や光不足、肥沃すぎる土壌にストレスを感じていれば、マツは簡単に線虫の餌食となってしまう。繁茂した常緑広葉樹がマツを覆ってしまう。ときには青変菌がマツの傷口に繁殖し、線虫の餌となる。(8) 人為による気候変動が温暖化を引きおこし、さらに線虫を拡散させる。(9) たくさんの歴史が、ここに凝縮されている。こうした歴史は、泡の世界を越えて、つぎつぎとおこる協働と錯綜に満ちた世界にわたしたちを惹きこんでいく。線虫――そして線虫が攻撃するマツとマツを守ろうとする菌も――の生命力は、機が到来し、ふるい才能をあらたに発揮する場が生まれることにより、不安定なアッセンブリッジのなかで、さらに高められていく。日本のマツタケは、これらすべての歴史に関与してきた。その運命はマツノザイセンチュウの持つユクスキュル的感覚の強化もしくは衰退にかかっている。

線虫の旅を通じてマツタケを辿ってみると、景観を探検するにあたって発した問いに立ち返ることができる。しかも、今回は、主題も明確である。まず、その場を住みやすいものにするのはなにかを知りたいのであれば、（人間をふくむ）ひとつの生物やひとつの関係性に分析を限定するのではなく、ポリフォニー〔多声性〕的なアッセンブリッジ、つまり、多種の集まりについて研究すべきである。アッセンブリッジは、生《リバビリティ》をもとめる営みである。マツタケ物語は、わたしたちをマツと線虫の物語に惹きこんでいく。それぞれが協調しあう瞬間に、それらは生きることができる――あるいは死にいたる――状況を創りだす。

第二に、それぞれの種が持つ鋭敏さは、アッセンブリッジで生じる協調によって磨きをかけられる。原始的な生物でさえもが世界制作に参加している事実に気づかせることによって、ユクスキュルは、わたしたちを正しい道に導いてくれた。かれの洞察を拡大しようとすれば、複数種間でなされる調和にしたがわねばならない。その調和空間では、それぞれの生命体が本領を発揮している。マツタケ山のリズムがなければ、マツタケは存在できない。

第三に、協働は史的変遷における偶発性をとおして生まれたり失われたりする。日本でマツタケとマツが協働しつづけることができるか否かは、マツノザイセンチュウの到来が契機となって生じるほかの協働次第である。

これらすべてをひとつにしようとするには、第1章で略述したポリフォニーを思いおこすのがよい。ロックやポップス、クラシック音楽の統一されたハーモニーとリズムとは対照的に、ポリフォニーを鑑賞するには、単独のメロディーラインだけではなく、それらと一緒に奏でられる予期せぬハーモニーと不協和音の両方を聴く努力がもとめられる。アッセンブリッジを吟味するには、散発的だが連鎖的におこる協調がどのようにして生まれるかに注目するとともに、それぞれがどのような状態にあるかにも注目しなければならない。楽譜のある音楽が、何度も繰りかえし演奏することができ、予測可能であるのとは対照的に、アッセンブリッジの多声性は条件が変わるにつれて変貌していく。本章では、このように耳を傾ける習慣をつけようとしている。

景観にもとづいたアッセンブリッジを目的に据えれば、多くの生物の行動が相互に作用しあっている様に注意をはらうことも可能となる。動物学研究のほとんどがするように、自分たちにとって好ましいものをともなう人間の関係だけを追うようなことはやめておこう。生物は、人間相当の性質（意識ある主体、意図的なコミュニケーター、倫理的主体など）を有するから存在意義があるのではない。もし、生きること《リバビリティ》や非永続性、創発に関心があるのであれば、景観のアッセンブリッジにおける行動に目を向けるべきである。アッセンブリッジは、融合し、変化し、溶解していく。これこそが物語である。

景観についての物語は、語るのがやさしくもあり、むずかしくもある。なにひとつ目新しいことなど学んでいないと思わせ、読者を眠りへといざないがちである。コンセプトと物語のあいだに不幸な壁が築かれてしまうからである。たとえば、環境史と科学研究のあいだに横たわっているギャップがよい例である。科学研究の専門家は、物語をとおしてコンセプトを読む習慣がないので、環境史に思い悩むことはない。たとえば、ステファン・パイン（Stephen Pyne）がおこなった、景観制作に果たす火の役割についてのすぐれた研究を考えてみよう。かれのコンセプトは物語に埋めこまれているので、科学研究者は地球化学的作用に関するパインの革新的な示唆の影響をうけずにいる。[10] 英国の囲いこみシステムの論理がボツワナの放牧地管理に導入された過程についてのポーリン・ピーター（Pauline Peter）の鋭い分析——あるいはレソトの浸食制御についてのケイト・シャワース（Kate Showers）の驚くべき発見——は、わたしたちが抱く科学についての見解に大改革をもたらしうるが、それらはいまだ影響力を行使するにいたっていない。[11] そのような拒絶は科学研究を劣化させ、抽象概念を具体化した空間でコンセプトをもてあそぶ風潮を助長するばかりである。理論家は、自分は一般的な法則を抽出しようとしておきながら、詳細はほかの研究者に埋めてもらおうと思っている——しかし、「埋めること」は、さほど単純な作業ではない。それは、コンセプトと物語のあいだにそびえる壁を支える知的装置なのだ。科学研究者は研究の精度をあげようとするが、実際はその所為《せい》で重要な感受性が失われてしまっている。以下では、わたしが提示する景観史におけるコンセプトと方法に気づいてもらいたい。

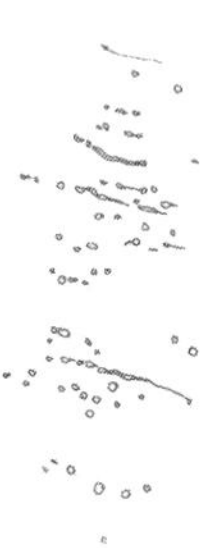

景観について語るには、人間であろうと人間以外のものであろうと、そこの住人たちを知るようにつとめねばならない。これは容易ではない。注意深さ《マインドフルネス》や神話と伝承、生計を営むこと、公文書、科学報告、実験などをふくむ、学ぶことについて思いつくかぎりの方法を総動員することは当然のことであろう。しかし、こうした寄せあつめは疑念も生む――とくにわたしが歓迎する、オルタナティブな世界を創造していこうとする人類学者と協働することについての嫌疑を。多くの文化人類学者にとって、科学は藁人形のようなものとみなされており、科学に対抗するために先住民の慣習のようなオルタナティブ〔な研究手法〕を検討するのだ[12]。研究の根拠を示すのに科学的な事実と地域固有《ヴァナキュラー》な事実を混ぜあわせると、科学に屈服してしまったとの誹《そし》りをうけてしまう。その場合、すべてのやり方をひとつの課題《アジェンダ》のなかに飲みこもうとする一枚岩《モノリス》な科学が前提となっている。そうではなく、知ることと存在することという、重なりあいながらも完全に異なるやり方で構築される物語を語ってみよう。もし構成要素がたがいにぶつかりあうとしても、そのことによって物語は、もっと掘りさげられていく。

　わたしが提唱しているやり方の中核は、民族誌学と博物学の術《すべ》である。このふたつを連携させるには、観察とフィールドワーク――そしてわたしが気づきと呼ぶもの――に全力をつくすことが基本となる[13]。人間によって攪乱された景観は、ヒューマニスト〔人文主義者〕とナチュラリスト〔自然主義者〕が気づきを得ることのできる理想的な空間である。これらの場で人間が築いてきた歴史および人間以外が参加してきた歴史を理解しなければならない。里山再生を訴える人びとは優れた教師となる。「攪乱」についての理解に新しい見方を提供してくれるが、その場合の攪乱とは調整と歴史の両方を包みこんだものである。攪乱によって創始される森の生命についての物語を、そうした人びとは語ってくれる[14]。

攪乱は環境条件の変化であり、それは生態系に大きな改変をもたらす。洪水と火災は攪乱の一形態である。人間もほかの存在も、攪乱の要因となりうる。攪乱は生態系を破壊するだけではなく、創造することもある。いかに攪乱がひどいものとなるかは、スケールをふくむ、さまざまな要因次第である。小さな攪乱もある。森で木が倒れると、木漏れ日がさしこむようになる。大きな攪乱もある。津波は原子力発電所を襲い、制御不能にしてしまう。時間のスケールも問題となる。損害が短期間な場合は、容易に再生が可能となる。攪乱は、変容をきたす出会いの領域を拓き、あらたな景観のアッセンブリッジを可能とする[15]。

ヒューマニストは、攪乱で思考するのに慣れていないため、攪乱を損害と結びつけがちである。しかし、攪乱は生態学者がもちいるように、つねに悪いものとはかぎらない――し、つねに人間によって引きおこされるものともかぎらない。人間による攪乱だけが、生態学的関係を掻きまわすわけではない。攪乱は物事の途上でつねに生じている。攪乱という用語は、攪乱以前の状態が調和的であったことを必ずしも意味しない。攪乱のあとには、ほかの攪乱がつづく。かくしてすべての景観は攪乱される。攪乱は常態なのである。しかし、だからといって攪乱の意味するところが限定されることはない。攪乱を問うことは、議論を中断するのではなく、議論を開放することなのであり、そのことによってわたしたちは景観のダイナミクスを探検することが可能となる。容認できる攪乱なのか、そうでないものなのかは、その攪乱につづくものを通じて考察されるべきである。攪乱はアッセンブリッジを再構成する。

攪乱は生態学の鍵概念として出てきたが、それは人文学と社会科学の研究者たちが不安定な状態と変化について懸念を感じはじめたのと、ときをおなじくしている[16]。第二次世界大戦後のアメリカでは、進歩のまっただなかにおける安定性の形式として自己統制型システムが熱狂的に支持されたが、その後の不安定さをヒューマニストもナチュラリストも心配していた。一九五〇年代と一九六〇年代には、生態系の平衡という考え方が有望視されていた。自然が遷移していけば、生態系は比較的に安定したバランスの頂点に達していくと考えられていたのである。しかし、一九七〇年代になると、外的要因による混乱と変化が景観を不均質化していくものとして注目されるようになった。おなじく一九七〇年代には、人文学者と社会科学者が歴史や不平等、紛争といった変容をきたす出会いについても関心を示すようになった。こうして回顧してみると、さまざまな学界の流儀が同調するように変化していったのは、みんなして不安定な状態へと移行していくことへの、初期の警告だったのかもしれない。

攪乱を分析ツールとしてもちいるならば、社会理論のたいていのツールと同様に、観察者の視点を研ぎ澄ます必要がある。なにを攪乱ととらえるかは観点次第である。人間の利益からすれば、アリ塚を破壊する攪乱は、都市を破壊するのとは大きく異なっている。しかし、アリの視点からすれば、危険の度合いは異なってくる。観点は同一種内でもすれちがう。ロサリンド・ショー（Rosalind Shaw）は、バングラデシュで、男性と女性、都市民と地方民、富裕層と貧困層にとっての「洪水」のとらえ方がどのように異なるかを的確に報告している。そのちがいは、水位の上昇が、それぞれにおよぼす影響の差に由来するものであった。それぞれの集団にとって、許容できるレベルを水位が超えた時点が洪水となるわけである(17)。攪乱は、生き方との相対的な関係で評価されるもので、単一の基準を設定できるものではない。つまり、攪乱を攪乱だととらえる評価にこそ、注意が払われねばならないわけである。攪乱は、決して「はい／いいえ」的な問題なのではなく、揺らいでいる現象の開放的な領域を指す。もうたくさんだと区切る、その境界はどこにあるのか？攪乱を意識しようとすれば、今度は、わたしたち自身の生活様式にもとづいた視点が問題となる。

すでに視点に注意が向けられているので、わたしはさまざまな場で、それぞれ独自の概念に言及するために「攪乱」という用語をもちいることを憚らない。この多層化している用法をわたしは日本の森林管理者と科学者から学んだ。かれらは欧米の慣用句を使用しながらも、つねにその意味を拡大解釈している。それだけに攪乱は、グローバル／ローカル、専門家／素人の知識の層を、凸凹があろうとも重ねあわせるための手はじめとして、よいツールとなる。

攪乱は不均質な状態をもたらしてくれる。それは景観を観察するための、主要なレンズである。攪乱はパッチを創出するが、それぞれのパッチは多様なめぐりあわせによって形づくられている。めぐりあわせは（洪水や火事などのような）生命を持たないものによる攪乱によって創出されるか、生物による攪乱によって生みだされる。生物は、世代を超えて生きていく空間を制作しながら、環境を再設計していく。生態学者は生物が環境にもたらす効果を「生態系工学」と呼ぶ(18)。樹木の根が絡んだ大きな石は、その木がなければ川に押し流されてしまうだろう。ミミズは土壌を肥沃にする。これらは生態系工学の一例である。たくさんの生態系工学を通じた相互作用を観察するならば、アッセンブリッジをまとめている意図しえぬ設計としてのパターンがあらわれる。これはパッチのなかの、生物と非生物、意図されたものと意図されなかったものの、有益なものと有害なものと、そのどちらでもないものによる生態系工学の和である。

森の生命を語るに際しては、種がつねに正しい単位であるとはかぎらない。「マルチスピーシーズ」〔複数種〕という用語は、人間至上主義の枠を越えていくための代替語にすぎない。ときには、個々の生物が、ほかの生物に極端な介入をしがちである。もっと大きな単位で歴史に残るような行動を見せる場合もある。このような事例は、マツタケだけではなく、オーク〔ナラ類〕やマツでも見いだすことができる。オークは容易に異種交配し、種の境界を越えて繁殖力に富んだ結果を生むように、わたしたちが抱く種へのこだわりを乱してしまう。しかし、どの単位を使用するかは、語り手が語りたい物語による。大陸間をまたぎ、氷河期をまたいできたマツタケ山の形成と崩壊の物語を語るには、マツを——驚嘆すべき多様性を持ったマツを主人公としなくてはならない。マツ属はもっとも一般的なマツタケの宿主樹木《ホストツリー》である。オークまでともなれば、オークだけではなく、タンオークとシイも包含したくなる。これら近縁な関係にある属は、広葉樹としてはもっとも一般的なマツタケの宿主樹木である。したがって、そうしたオークとマツ、マツタケは、それぞれの集団のなかでもすべてがおなじではなく、ディアスポラな人間のように拡散し、異なる場でストーリー展開を変形していく[19]。このことによって、アッセンブリッジの物語における行動が観察しやすくなる。それらが制作する世界に目を配りながら、そうした広がりにつづいていこう。オークとマツ、マツタケのそれぞれが特定のタイプであるから、アッセンブリッジが形成されるというよりも、むしろオークとマツ、マツタケはアッセンブリッジのなかで、それぞれとなるのだ[20]。

この点に留意しながら、わたしは四箇所でマツタケ山を調査する機会を得た。日本の京都とオレゴン州（米国）、雲南省（中国西南部）、北極圏《ラップランド》（フィンランド北部）である。里山再生に熱中したことで、それぞれの場所なりに、異なった「森する」（doing forest）方法があることに気づくことができた。里山とは対照的に、人間は米国と中国のマツタケ山管理における森のアッセンブリッジの一部ではなかった。管理者は攪乱不足ではなく、人間による過剰な攪乱を懸念している。里山の作業とは対照的に、ほかの地域では、合理的な進歩というものさしで測られている。森林は、科学的にも産業的にも生産性を高めることができるかどうかだ。

対照的に日本の里山では、いま、この場での生きがいが追求されていた[21]。

ただ比較にとどまらず、わたしは歴史を探究したいと考えている。人間とマツタケとマツとが森を創造する歴史である。めぐりあわせを調べ、箱を創造するのではなく、むしろまだ回答されていない研究課題を喚起していきたい。見かけはちがうがおなじ森を探そう。おたがいが、相手の影を通じてあらわれるであろう。ひとつであると同時に複数でもある形を探索しながら、以下の四章ではマツ林にいざなおう。いかに攪乱のなかの調和を通じて生活様式が発展しうるのかについて検討しよう。異なる種の生活様式が集まれば、パッチに根ざしたアッセンブリッジが形成される。アッセンブリッジは、住めること――人間が攪乱した地球で、ありふれた生物たちがどうしたら生きぬけるか――を考える場であることを示そう。

不安定な生活はいつも探検に満ちている。

1　この問題への省察は、科学論（たとえば、Bruno Latour, "Where are the missing masses?" in *Technology and society*, ed. Deborah Johnson and Jameson Wetmore, 151–180〔Cambridge, MA: Mit Press, 2008〕）や先住民研究（たとえば、マリソール・デ・ラ・カデナ「アンデス先住民のコスモポリティクス――「政治」を越えるための概念的な省察」、『現代思想』四五（四）、四六－八〇頁、田口陽子訳、二〇一七年）、ポストコロニアル理論（たとえば、Dipesh Chakrabarty, *Provincializing Europe*〔Princeton, NJ: Princeton University Press, 2000〕）、新唯物論（new materialism）（たとえば、Jane Bennett, *Vibrant matter*〔Durham, NC: Duke University Press, 2010〕）、民俗学と小説（Ursula Le Guin, *Buffalo gals and other animal presences*〔Santa Barbara, CA: Capra Press, 1987〕）などに端を発している。

2　Richard Nelson, *Make prayers to the raven: A Koyukon view of the northern forest*（Chicago: University of Chicago Press, 1983）; Rane Willerslev, *Soul hunters: Hunting, animism, and personhood among the Siberian Yukaghirs*

(Berkeley: University of California Press, 2007); Viveiros de Castro, “Cosmological deixis”（第1章注7で参照）。

3　ヒューマニスト〔人文主義者〕のなかには、「景観」という単語の政治性を懸念する者もいる。なぜなら、その系譜のひとつが、鑑賞者と景色との距離を保った風景画に端を発しているからである。しかし、ケネス・オルウィグ（Kenneth Olwig）が思いださせてくれるように、別の系譜における「景観」は、集会（moots）を変質しうる政治的な単位へと導く（Kenneth Olwig, “Recovering the substantive nature of landscape,” *Annals of the Association of American Geographers* 86, no. 4 (1996): 630–653）。わたしの景観は、パッチ的アッセンブリッジのための場である。つまり、人間と人間以外の参加者の両方を包摂する集会のためのものである。

4　ヤーコプ・フォン・ユクスキュル／ゲオルク・クリサート『生物から見た世界』（日高敏隆・羽田節子訳、岩波文庫、二〇〇五年）。

5　ユクスキュルの泡のような世界は、マルティン・ハイデッガー（Martin Heidegger）に人間以外の動物は「みすぼらしい」という着想を与えることになった（『形而上学の根本諸概念——世界－有限性－孤独』、川原栄峰、セヴェリン・ミュラー訳（『ハイデッガー全集』第二九／三〇巻 第二部門 講義（一九一九－四四））、創文社、一九九八年）。

6　Lilin **Z**hao, Shuai **Z**hang, Wei **W**ei, Haijun **H**ao, Bin **Z**hang, Rebecca A. Butcher, Jianghua Sun, “Chemical signals synchronize the life cycles of a plant-parasitic nematode and its vector beetle,” *Current Biology* (23, issue 20, 2038–2043, October 10, 2013): http:// dx.doi.org/10.1016/j.cub.2013.08.041.

7　二〇〇五年におこなった鈴木和夫へのインタビュー。Kazuo **S**uzuki, “Pine Wilt and the Pine Wood nematode,” in *Encyclopedia of forest sciences*,” ed. Julian Evans and John Youngquist, 773–777 (Waltham, MA: Elsevier Academic Press, 2004).

8　Yu **W**ang, Toshihiro **Y**amada, Daisuke **S**akaue, and Kazuo **S**uzuki, “Influence of fungi on multiplication and distribution of the pinewood nematode,” in *Pine wilt disease: A worldwide threat to forest ecosystems*, ed. Manuel Mota and Paolo Viera, 115–128 (Berlin: Springer, 2008).

9　T. A. Rutherford and J. M. Webster, “Distribution of pine wilt disease with respect to temperature in north America, Japan, and Europe,” *Canadian Journal of Forest Research* 17, no. 9 (1987): 1050–1059.

10　Stephen Pyne, *Vestal fire*（Seattle: University of Washington Press, 2000）.

11　Pauline Peters, *Dividing the commons*（Charlottesville: University of Virginia Press, 1994）; Kate Showers, *Imperial gullies*（Athens: Ohio University Press, 2005）.

12　ブリュノ・ラトゥールは科学の真実性と実践性とを分離しようと努力してきた一方で、フランス構造主義の伝統を継承し、構造的論理によって科学と土着思想とを明確に二分しようとしている。つぎを参照のこと（ブルーノ・ラトゥール『虚構の「近代」――科学人類学は警告する』、川村久美子訳、新評論、二〇〇八年）。

13　ここでイリヤ・プリゴジン（Ilya Prigogine）とイザベル・スタンジェール（Isabelle Stengers）の *La nouvelle alliance* における「あらたな連携」を喚起しておきたい。その英訳タイトルが『混沌からの秩序』（*Order out of Chaos*）とされてしまったのは残念なことである。プリゴジンとスタンジェールは、不確定性と不可逆的な時間を評価することによって、自然科学と人間科学の、あらたな連携が導かれると主張している。ふたりが提起したきびしい批判から、わたしはひらめきを得た（イリヤ・プリゴジン／イザベル・スタンジェール『混沌からの秩序』、伏見康治・伏見譲・松枝秀明訳、みすず書房、一九八七年）。

14　里山についてのもっとも役立つ英語文献は、K. Takeuchi, R. D. Brown, I. Washitani, A. Tsunekawa, and M. Yokohari, *Satoyama: The traditional rural landscape of Japan*（Tokyo: Springer, 2008）である。** 里山に関する包括的な文献としては、以下を参照のこと。有岡利幸『里山』（上下巻）（法政大学出版局、二〇〇四年）; T. Nakashizuka and Y. Matsumoto, eds., *Diversity and interaction in a temperate forest community: Ogawa Forest Reserve of Japan*（Tokyo: Springer, 2002）; Katsue Fukamachi and Yukihiro Morimoto, "Satoyama management in the twenty-first century: The challenge of sustainable use and continued biocultural diversity in rural cultural landscapes," *Landscape and Ecological Engineering* 7, no. 2（2011）: 161–162; Asako Miyamoto, Makoto Sano, Hiroshi Tanaka, and Kaoru Niiyama, "Changes in forest resource utilization and forest landscapes in the southern Abukuma Mountains, Japan during the twentieth century," *Journal of Forestry Research* 16（2011）: 87–97; Björn E. Berglund, "Satoyama, traditional farming landscape in Japan, compared to Scandinavia," *Japan Review* 20（2008）: 53–68; Katsue Fukamachi, Hirokazu Oku, and Tohru Nakashizuka, "The change of a satoyama landscape and its causality in Kamiseya, Kyoto Prefecture, Japan between 1970 and 1995," *Landscape Ecology* 16（2001）: 703–717.

15 攪乱についての入門書には以下がある。Seth Reice, *The silver lining: The benefits of natural disasters* (Princeton, NJ: Princeton University Press, 2001). 攪乱の歴史を社会理論（ここでは精神分析学）に持ちこもうとする試みについては、つぎを参照のこと。Laura Cameron, "Histories of disturbance," *Radical History Review* 74 (1999): 4–24.

16 生態学的思想の歴史については、以下を参照のこと。Frank Golley, *A history of the ecosystem concept in ecology* (New Haven, CT: Yale University Press, 1993); Stephen Bocking, *Ecologists and environmental politics* (New Haven, CT: Yale University Press, 1997); ドナルド・ウォスター『自然の摂理——エコロジーの歴史』、農政研究センター国際部会リポート（食料・農業政策研究センター国際部会編集　三一）、小倉武一訳、食料・農業政策研究センター、一九九六年。

17 Rosalind Shaw, "'Nature,' 'culture,' and disasters: Floods in Bangladesh," in *Bush base: Forest farm*, ed. Elisabeth Croll and David Parkin, 200–217 (London: Routledge, 1992).

18 Clive Jones, John Lawton, and Moshe Shachak, "Organisms as ecosystems engineers," *Oikos* 69, no. 3 (1994): 373–386; Clive Jones, John Lawton, and Moshe Shachak, "Positive and negative effects of organisms as physical ecosystems engineers," *Ecology* 78, no. 7 (1997): 1946–1957.

19 複合的に近親交配できるヒト科の動物の世界を考えてみよ。そうした世界では、種を越えた類似性がより実現しやすくなっていると考えられる。より親密なイトコを持たない、わたしたちの孤独性は、それぞれの種が、聖書にある劇的な状況においても超然としていることを認めさせようとする。

20 この過程は、ダナ・ハラウェイが効果的に「ともになる」(becoming with) と呼ぶものである（ダナ・ハラウェイ『犬と人が出会うとき——異種協働のポリティクス』、高橋さきの訳、青土社、二〇一三年）。

21 より対照的なことには、わたしが合衆国とフィンランドで見たマツタケは産業用の森林に発生していた。日本と同様に中国では、マツタケは里山に発生する。雲南とオレゴンでは、マツタケの発生は厄介な失敗例と解釈されている。フィンランドと日本では、マツタケ山は審美的に理想化されている。2×2の表が可能となろう——しかし、わたしはそれぞれの場をタイプとしたくない。いかにアッセンブリッジが集まるかを探究していきたいからである。

＊ 生物が主体的に作りだす世界（Umwelt 環世界）を提示したユクスキュルの邦語文献には、『眼に見えぬ世界』

（丸山武夫訳、大学書林語学文庫、一九三九年）、『生命の劇場』（入江重吉・寺井俊正訳、講談社学術文庫、二〇一二年）、『動物の環境と内的世界』（前野佳彦訳、みすず書房、二〇一二年）などがある。なお、注4の邦訳書の訳者のひとり、動物行動学者の日高敏隆氏は「環世界」なる訳語の考案者であり、同氏の著書『動物と人間の世界認識』（筑摩書房、二〇〇三年）の第二章「ユクスキュルの環世界」と同氏が二〇〇五年に本田財団懇談会でおこなった講演「環境と環世界」は、環世界研究への導入文献である（同財団のウェブページから入手可能）。

＊＊　注14で参照されている『里山──日本の伝統的田園景観』は、武内和彦・鷲谷いづみ・恒川篤史編『里山の環境学』（東京大学出版会、二〇〇一年）をもとに編集されたものである。

マツのなかからあらわれる……

能動的な景観、ラップランド。マツ林にいるトナカイの写真を撮ろうとしているわたしを見て、友人が乱雑な林床を詫びた。間伐したばかりで、まだ木を回収しきれていないといった。全部を回収するのは無理だとも。林床をきれいに保ってしまえば、森はプランテーションに似たものとなる。そのため管理者はそうした歴史を終わらせようとしている。

12 歴史

はじめてフィンランド北部のマツ林を見たのは九月のことであった。ヘルシンキから夜行列車に乗り、サンタクロースの家と書かれた看板に歓迎されて、ラップランドに入っていった。だんだんと低くなるカバノキ林を通り過ぎると、マツ林に出た。何ということだろう。天然林とは、喬木や灌木、さまざまな種類の木々、いろんな樹齢の木々がごちゃごちゃとしたものではなかったのか？　ここでは、すべての木がおなじである。単一種からなっていて、樹齢もおなじならば、整然としていて、それぞれの木々は一定の空間を保っている！　林床もきれいで、切り株も倒木もない。まるでプランテーションのようだった。「あぁ」、わたしは考えた。「見分けがつかなくなっている」。これは近代的な秩序である。しかも、自然でもあり、人為的でもある。コントラストを醸している。ロシアとの国境近くでのことであったが、人びとは国境を越えた向こう側の森はだらしないという。木々は不均等に生え、地面は枯れ木で覆われ、手入れされていないらしい。その点、ここ、フィンランドの林は見事である。地衣類でさえも、トナカイに食べられて、みなが短くそろっている。ロシア側では、ボール状になった大きな地衣類が膝丈までもあるらしい。

天然林と人工林の見分けがつかない。フィンランド北部の天然林は、まるでプランテーションのようだ。樹木が近代的な資源とみなされるようになると、森林資源の管理は、林が自発的に歴史を作っていくのをやめさせることとされた。樹木がみずからの歴史を営みつづけるかぎり、森林を産業的に統治することは困難となる。林をきれいに保つことは、この種の歴史を止める作業の一部なのである。しかし、考えてみれば、いつから樹木は歴史を作るようになったのだろうか？

「歴史」は、人間が物語を叙述する営みと、物語化される過去の一連の遺物のふたつからなっている。これまで歴史家たちは、古文書や日記など人間が残したものだけにしか目を向けてこなかった。しかし、だからといって、わたしたちが人類以外のものの形跡と痕跡に関心を向けなくてもよい道理はない。というのも、こうしたものも日常的な景観の生成に寄与しているからである。そのような形跡と痕跡は、偶発的な種をまたいだ絡まりあいの証《あかし》である。そうした偶発性こそが、「歴史的」時間の構成要素なのである。そうした絡まりあいに関与しようとすれば、ひとつの方向だけに歴史を方向づける必要はなくなることになる。(1) ほかの生物たちが物語るか否かが問題なのではない。それらもまた、時空をおなじくした形跡と痕跡に寄与しているのであって、それが、わたしたちが歴史と呼ぶものなのである。(2) つまり、歴史は、人間と人間以外のものが制作する世界の無数の軌跡の記録なのである。

それでも近代林学は、樹木——とくにマツ類——を伐採することを基本とし、樹木が自己完結的で、等価値、かつ不変なものだと仮定している。(3) 近代林学はマツ類を、潜在的に安定していて変化しない資源だとみなし、持続可能な木材供給の源泉だと考えてきた。近代林学の目的は、マツ類が遭遇しうる予測できない出会いを排除し、そのことによってマツ類に歴史を語らせないことにある。近代林学を手にしたおかげで、わたしたちは樹木が歴史の主体であることを忘れるようになってしまった。では、いかにしたら、近代的な資源管理という遮眼帯をはずし、森林にとって中核的な活力を回復することができるのであろうか?

以下、ふたつの戦略を提案しよう。まず、複数の時代と空間にまたがって、マツ類が存在することで景観を変え、ほかの生物たちの軌跡も変えること——歴史を作ること——ができる能力について丹念に調べてみることである。この点において、わたしを導いてくれるのは、自転車で角を曲がろうとしたときに籠からすべり落ちたら、大きな音で車の往来を止めそうな、分厚い学術書である。それはデイヴィッド・リチャードソン（David Richardson）が編集した『マツ類の生態と地理』である。(4) その重量感と堅苦しい書名にかかわらず、同書は冒険談に満ちている。同書の著者たちは、マツ類の種類の多さと身軽さをいきいきと描いており、時空を超え、生命観あふれる歴史の主人公にマツ類を位置づけている。同書に刺激され、わたしは特定のマツではなく、マツ類すべてを研究主題にすべきことを確信させられた。マツ類たちの挑戦の痕跡をなぞることも、ひとつの歴史なのである。

つぎにフィンランド北部に戻って種間の出会いのなかにマツ類を追いかけ、それらが作りだすアッセンブリッジに目を向けてみたい。林業が再生したとはいえ、付随する負の側面も同様に再生し、歴史を止めることには失敗してしまっている。この意味においてマツタケは、わたしにとって有益となる。林務官が努力せずとも、マツタケはマツ類が生き残ることを手助けするからだ。マツ類は、マツタケと出会うことによって、はじめて繁茂することができる。近代的な森林管理学はマツ類の生活史の瞬間を切り取ることはできる。しかし、さまざまな生物たちの出会いに起因する時間の不確定性までを裁ち切ることはできない。

もし植物の持つ歴史的な力に感心したいのであれば、マツ類からはじめるのがよい。マツ類は地球上でもっとも積極的な樹木の一種である。もし、ブルドーザーで林道を整備しようものなら、剥きだしのままの路肩には、マツ類が出芽するはずだ。もし、畑を放棄すれば、マツ類がまっさきにコロニーを作るであろう。火山が爆発したり、氷河が後退したり、風や海が砂を積みあげたりすれば、マツ類はまっさきに足がかりを見つけるにちがいない。人間が移植するまで、マツ類は北半球だけにしか生息していなかった。人間はマツ類を南側諸国《グローバル・サウス》に移植し、プランテーションで育てようとした。するとマツ類はプランテーションの柵を跳び越え、拡散してしまった[5]。オーストラリアではマツ類が火事を引きおこす危険要因のひとつとなっているし、南アフリカではそこにしか生息していない貴重なフィンボス〔灌木密生地帯〕を脅かす存在となっている。広々とした、攪乱された景観では、マツ類を根絶やしにすることは困難である。

マツ類は光を必要とする。開けた土地ではマツ類は積極的な侵入者となる。しかし、日陰だと、そうはいかない。肥沃な土壌、適度な湿気、高温という、通常は植物にとって最適だと思われる環境では、マツ類は競争力を失ってしまう。そうした場所ではマツ類の実生《みしょう》は、広葉樹との競争に負けてしまうのだ。広葉樹の実生は、その名の由来ともなった広い葉をすぐさま広げ、マツ類の実生を遮光してしまう。(6) その結果、マツ類は植物にとって理想的な条件がそろっていない場の専門家となったわけである。マツ類は、寒い高地、ほとんど砂漠のような場所、砂と岩場といった厳しい環境でも育つことができる。

マツ類は火とともに育つ。火はマツ類の多様性を際立たせる。マツ類は、さまざまに火への適応力を進化させていった。ある種のマツは、グラス・ステージ〔草叢のような発達段階〕を経験し、根が十分に張るまでの数年間、草叢のような状態で過ごす。そして、突如として狂ったように火炎が届かない高さにまで急成長する。厚い樹皮と高い樹冠を発達させたマツもある。そうすることで周囲が燃えたとしても、傷さえも負わずにすむようになった。反対にマッチのように燃えるマツもある。しかし、そうしたマツは焼け野原において、自身の種が最初に芽生えるような手段をものしている。松ぼっくりのなかに何年間も種子を保存しておき、火事になると一斉に開かせるのだ。できたての灰にまっさきに触れるのは、そうした種子である。(7)

マツ類が極端な環境に生息することができるのは、菌根菌のおかげである。五〇〇〇万年前の化石でも、すでにマツと菌根菌の根の部分における関係を確認することができる。マツは菌類（糸状菌）とともに進化してきたのだ。(8) 有機土壌が存在しなくとも、菌類が岩や砂を分解した栄養物でマツは成長することができる。栄養を与えるだけではなく、菌根は有害な金属や根を食べたりするほかの菌類からもマツを保護している。その返礼としてマツは菌根菌を養っている。マツの根の構造は糸状菌と関係しあいながら形成される。マツは短い根をだし、そこが菌根関係（mycorrhizal association）の場となる。もし、糸状菌と出会えなければ、側根は消えてしまう（対照的に、探査に特化し、生態構造的に異なる「主根」の先端を糸状菌が覆うことはない）。荒れた土地を移動しながら、マツは歴史を作っている。しかし、それは、つねに菌根を連れ添ってのことである。

マツ類は菌類だけではなく動物とも同盟を組む。ある種の鳥がマツの種子しか食べないように、みずからの種子の拡散を、すっかり鳥任せにしているマツもある。北半球の全域にわたって、カケス、カラス、カササギ、ホシガラスが、マツ類と深い関係を築いている。特殊な関係を結ぶ場合もある。高地のホワイトバークマツの種子は、ハイイロホシガラスの主要な食料である。ついばまれたものの、食べ残された種子だけが、ホワイトバークマツを拡散させる手段となる。(9) シマリスやリスなどの小さな哺乳類が餌を隠す場所も、マツの種子を拡散させるのに重要な役割を果たしている。このことは通常は風に種子を運んでもらっているマツ類にとっても同様である。(10) しかし、人間ほどマツの種子をより広域に拡散させる哺乳類はいない。

人間はふたつの方法でマツ類を広めている。植樹とマツの好む環境を作ることである。後者は意識的にされているわけではない。マツは人間が無意識に作りだした混乱を好む。マツは放棄された場所と浸食された土地をコロニー化する。伐採すれば、そこにマツが進入してくる。植えることと攪乱が同時におこる場合もある。みずからが作りだした攪乱を修復するために、人間がマツを植えることがあるからだ。あるいは、わざと攪乱されたままに保っておいて、意図的にマツを利するようにすることもある。この方法は、産業的にマツを育てようとする人びとの戦略である——植えようとも、自生したマツを育てようとも。皆伐して土壌を剝きだしにすることは、マツを広めるための戦略として正当化される。

極限の環境においては、マツ類は真菌なら何でもよいというわけではなく、マツタケこそが必要とされる。(11) マツタケは強い酸性物質を分泌し、岩や砂を分解し、マツと真菌がともに成長するための栄養分を放出する。マツタケとマツとが生育する厳しい環境においては、ほかの真菌が見つかることは稀である。それればかりか、マツタケはほかの真菌と土壌のバクテリアを排除し、菌が隙間なくつまった繊維状のマットを形成する。このマットはシロ（「城」）と呼ばれるが、それは科学者が日本の慣行にならって採用した用語である。マツタケの城は、城壁に囲まれた空間と衛兵を想起させる。[12] 防衛は攻撃でもある。マットは防水されており、岩を分解するのに必要な酸を真菌が濃縮するのを手助けする。[13] 岩を食物に変化させることによって、マツタケ－マツ同盟は、ほとんど有機土壌がない場を自分たちのものとしていく。

それでも通常の状態では、時間がたつにつれて有機土壌が堆積していく。植物や動物が成長しては死んでいくからである。死んだ生物が腐ると、有機土壌となり、それがあらたな生命の下地となる。有機土壌がない場所では、この生死という生命の循環が、偶発的な活動によって破壊される。そのような活動は、不可逆な時間のはじまる合図となる。それが歴史である。攪乱された景観をコロニー化しながら、マツタケとマツはともに歴史を作っていく。人類が作る歴史を超越し、いかに歴史が形成されるかについて示してくれる。同時に人間は森を攪乱しつづける。マツタケ、マツ、人間はともに、こうした景観の軌跡を形成していく。

世界で取引されているマツタケのほとんどが、人間によって攪乱された二種類の景観で生産されている。まず、木材生産を目的としたマツ林――あるいは、ほかの針葉樹林である。つぎに人びとが広葉樹を刈りこむ里山的な景観である。その場合、丘の中腹が丸裸にされることもある。そんな景観がマツを利するのだ。里山的な林では、マツがオークとその近縁種とともに成長し、それらとともにマツタケの宿主樹木《ホストツリー》となることがある。本章では前者の商業目的の林について話を進めていこう。そのような産業林的な景観では、ほかの樹種は存在せず、マツだけが育てられている。そうした環境で形成される歴史は、まさに資本家が木材生産のために動員する、すべての装置をともなうことになる。その装置には、土地だけではなく、製材業の浮き沈みとそれに翻弄される労働者など、資本主義的木材生産のためのすべての仕組みや、焼畑の禁止など国家による規制の仕組みもふくまれている。次章では、里山的な林におけるマツとオークの相互作用に移ろう。ともに人間、植物、真菌が一緒になって形成する歴史を提示したい。

フィンランドでは人間とマツ（菌根の同盟者たちとともに）は、ほぼおなじくらいの歴史を持っている。およそ九〇〇〇年前に氷河が後退するやいなや、人間とマツが進出してきた[14]。人類の視点からすれば、それは大昔の話であり、とてもではないが記憶などできるものではない。他方、森林の視点に立てば、氷河期が終わってからの時間など、ほんの短時間のことでしかない。この視点のぶつかりあいに森林管理の矛盾を見いだすことができる。フィンランドの林務官は、森林を安定していて、循環的で、更新性のあるものとみなしている。しかし、森林は開放系であり、歴史的にも動的《ダイナミック》なのである。

氷河のあとに最初にやってきたのはカバノキであった。やや遅れてマツがやってきた。マツ——菌類をともなった——は、氷河のあとに残った岩と砂のあつかい方を知っていた。ヨーロッパアカマツというマツである。短くてごわごわした針と赤茶色の樹皮を持ったマツだ。カバノキとマツが拡散したあとには広葉樹もやってきたが、フィンランドの北部にまで達することは稀だった。最後にオウシュウトウヒがやってきた。温帯や熱帯の森林を見慣れた者にとっては、フィンランドの林には、わずかの樹種しか生えていないように感じられる。実際、北極圏《ラップランド》で林を形成する樹種は、マツ一種、トウヒ一種、カバノキ二種のみである[15]。それがすべてだ。種数が少ないことから、氷河期がそれほど昔のことではなかったことがわかる。それ以外の樹木は、まだ到達してきていないわけである。こうした林は、産業目的に単一種であることが運命づけられているかのように思えてくる。木立の多くは、人の手がくわわる以前から、すでに一種なのであった。

それでもフィンランドの人びとは、林がおなじであることを、ことさら評価してきたわけではない。二〇世紀初頭までフィンランドでは、日常的に焼畑がおこなわれていた。焼畑によって、人びとは林を灰に変え、作物に適するように転換していた[16]。焼畑は、放牧地と不均等な樹齢の広葉樹林を作りだし、異種が混淆する林の形成をうながした。この不均質で里山的な林は、自然を愛する一九世紀の芸術家によって賞賛されもした[17]。その一方で、マツの大部分は刈られ、世界中から商品を調達しようとする海洋交易に必要なタールを製造するためにもちいられた[18]。細分化されたフィンランドの林学の物語は、長期にわたって持続する森林の形態からではなく、一九世紀の専門家が作物としてのマツの需要の出現に懸念を抱いたことからはじまった。ドイツ人の林務官による一八五八年のレポートは、あからさまに挑発的である。

フィンランド人が得意とする森の破壊をさらに助長するのは、ぞんざいでやりたい放題の家畜の放牧と焼畑の慣行、山火事である。いいかえれば、この三つの手段はおなじ目的でもちいられている。森の破壊である[19]。……フィンランド人は森に住み、林産物で生活している。しかし、お伽噺に出てくる愚かで欲ばりな老婆のように、かれらは金の卵を産んでくれるガチョウを殺してしまう[20]。

包括的な森林法が通過し、森林管理がはじまったのは一八六六年であった[21]。

しかし、フィンランドが近代的造林学の実験の場となったのは、第二次世界大戦後のことであった。ふたつの出来事を契機とし、木材に注意が向けられるようになった。まず、ソビエト連邦にカレリア地方を割譲させられると、四〇万人以上のカレリア人がソ連との国境を越え、フィンランドに帰還しなければならなくなった。かれらのために、フィンランド政府は道路を建設し、定住用に森を開拓した。道路がつけられると、あらたな地域でも、木材の伐りだしが可能となった。つぎにフィンランドはソ連に戦後賠償として三億米ドルを支払うことに合意した。木材はこの資金を調達するための唯一の手段に思えたし、事実、戦後の経済復興の起爆剤となった[22]。大企業が森林の管理に参入したとはいえ、ほとんどの森林は小規模な所有者によって所有されていた。フィンランド製品の中心として木材が位置づけられたことによって、科学的に森林を管理していくことが国家の目標となった。森林組合は国家が定めた基準で統治されることになった[23]。これらの基準は、森林を恒常的で更新性ある木材——静的で持続可能な資源を供給するものにまつりあげた。歴史形成が、人間のためだけのものとなった。

では、どのようにしたら、森の遷移を止めることができるのか？　マツで考えてみよう。菌類がより多くの栄養分を動員した結果、有機物が堆積されると、土壌はぎっしりと詰まって、たくさんの水分をふくむようになる。マツの下にトウヒが生える。マツが枯れると、トウヒがその場をうけつぐ。森林管理とは、このプロセスを止めることだ。まず、同齢管理と呼ばれる皆伐がある。フィンランドでは、皆伐は山火事の効果を模倣することを意味している。人間が阻止する以前は、山火事が寒帯の森で育った木立を一〇〇年かそこらの樹齢でそっくりと入れ替えてくれていた。マツは大火事のあとに戻ってくる。なぜなら、マツは明るくて開けた空間と裸地のあつかい方を知っているからだ。同様にマツは皆伐された跡地をコロニー化する。皆伐からつぎの皆伐までの期間には、ほかの種を取りのぞくとともに、マツが早く成長できるよう空間を確保するために間伐が施される。腐敗した木はトウヒの実生を利するので、枯れ木は除去されねばならない。収穫後には、切り株は取りのぞかれ、地面は鋤で耕され、土壌は掘りおこされる。そのことによって、ふたたび新しい世代のマツが有利に育つことになる。こうした技術をもちいて、林務官は、植えられなくともマツだけが参加する更新サイクルを作りだそうとする。

こうした方法は、ほかの国ぐにと同様にフィンランドでも批判をうけつつある。マツ林でさえも、過去にはそのように単一ではなかったことを、そうした批判は思いださせてくれる。[24] しかし、林務官は、この方法によって生物多様性が育まれていると反論している。シャグマアミガサタケ属の「脳きのこ」は、（米国では有毒だとされているが）フィンランドで人気ある食用キノコであり、生物多様性のアイコンとして、どのガイドブックにも登場する。シャグマアミガサタケの子実体は、皆伐されたあとの攪乱された土壌に発生する。[25] この物語にマツタケはなにをつけくわえることができるだろうか。

フィンランド北部のマツタケでもっとも奇妙なことは、子実体の結実習性の豊凶の波がはげしいことである。ある年には、地面はマツタケに覆われる。するとその翌年は、マツタケの子実体がまったく発生しなくなる。北極圏《ラップランド》のロヴァニエミ（Rovaniemi）の自然ガイドは、彼自身が二〇〇七年に、一〇〇〇キログラムものマツタケを発見したといっている。マツタケを大きなピラミッドのように積みあげたり、地面にほったらかしにしたりしたという。ところが、翌年には、なにも見つけることができなかったし、その翌年は一、二個しか見つけることができなかった。この結実習性は、樹木におけるマスティング〔一斉開花・一斉結実〕と呼ばれるものと類似している。マスティングとは、木々がばらばらにしか結実しないように資源を配分しているのに――長期のサイクルと環境条件が引き金となり、その地域一帯で一度に大量結実することをいう。[26] マスティングは、年ごとの気象の変化を辿るのではなく、それ以外のことに注意を向けさせる。それは複数年の戦略的計画を必要とする。そのことにより、一年間に蓄積された炭水化物を、のちのち子実体を形成する際に使用することができる。さらに一斉結実は、菌根のパートナーを持つ樹木にも生じる。マスティングに必要となる蓄積と消費は、まるで樹木と菌類のあいだで調整されているかのようである。菌類は樹木が将来結実するために炭水化物を蓄積する。樹木も不均質な菌類の結実に関与しているのであろうか？　菌類の子実体が、いかに樹木のマスティングと関係しあっているのかについての研究は見当たらない。ここには魅力的なミステリーが存在している。マツタケに出来・不出来の年があるということは、フィンランド北部のマツ林の歴史性を物語っているのであろうか？

フィンランド北部のマツは、毎年は結実しない。したがって、マツが種子をつけるときは大量につけるにもかかわらず、皆伐後、すぐ森に戻ることを期待することはできない。スウェーデン北部では、火事がなくとも、マツ林が「波状」に「気まぐれ」に再生することが記録されている。種子生産の多寡の歴史は、そのまま森の歴史を形成していく。[27]真菌性のパートナーが、マツの種子が生産されるタイミングで関与しなくてはならないのは当然である。菌類の結実は、マツ類と菌類が資源を分かちあいながら、調整して定期的に繁殖をおこなう複雑なリズムのあらわれのひとつかもしれない。

これは人間が理解できる時間的スケールである。たしかに氷河が後退して以降、マツが新しい領域をカバーしてきているといえるのかもしれない。しかし、この時間は長すぎるために、わたしたちにはちがいがわからない。しかも、森林再生の歴史的パターンは別の問題である。この種の時間なら、わたしたちにも理解可能である。それは林務官が望むような、予測可能なサイクルにしたがったものではない。逆に林務官が意図する永久的に周期を繰りかえす森林と現存する歴史的森林のあいだにひずみが存在している証拠である。不規則な結実は、あまり周期的ではないリズムを示すが、それは一年を単位としない環境の変化と複数年にまたがった菌類と樹木との調整に反応したものである。これらのリズムを特定するに際しては、周期ではなく、いまだに年月が語られていることに気づかされる。たとえば、二〇〇七年はフィンランド北部のマツタケにとってはよい年であったというように。菌類と宿主樹木《ホストツリー》の結実の調整に関しては、森林が形成される歴史について評価するのが望ましい。周期的であるだけではなく、不可逆な時間の追跡。不規則なリズムは不規則な森を創造する。パッチは不均質な森林景観を作りながら、異なる軌跡のあとに生成する。不規則であるものを強引に管理し、ある種を絶滅においやることは可能だとしても、歴史を持たない創造物へと樹木を変形することは不可能である。

フィンランドでは、ほとんどのマツタケは個人所有の林で採取される。しかし、所有者以外の多数の人びとも、マツタケにアクセスすることができる。他者が所有する林にアクセスすることが許されるのは、ヨカミエヘンオイケウス（jokamiehenoikeus）といい、「万人の権利」と訳される慣習法によっている。住民の邪魔をしないかぎり、林はハイキングと採取のために開かれている。同様に国有林も採取人に開かれている。この慣習によって、人びとのキノコを知る機会が増大することになる。

ある日、わたしのホストが森林保護区へ連れていってくれた。そこで三〇〇年前の火事のあとを保持しているマツを見た。この木々は、おそらく樹齢五〇〇年はあったはずだ。北極圏《ラップランド》内の林の多くの地域では、木立を入れ替えるほどの火事は珍しく、古い木々が繁栄していることを、最近の研究は示唆している。木々の下で、わたしたちはマツタケを狩り、近代的な木材管理が施された若い樹齢の林にはマツタケが発生しないことを語りあった。それにしてもマツタケはラッキーである。日本人の研究者たちは、マツタケの子実体は、少なくとも京都においては、樹齢四〇年から八〇年のマツ類がベストであることを示唆している[28]。ラップランドでも、一〇〇年後の伐採を目的に管理されているマツに、マツタケが発生しない道理はない[29]。多年にわたってマツタケが発生しないこと自体が、森を作る歴史の一時的な不規則性へつながる贈り物である。断続的で突発的な結実は、調整することの不安定性——かつともに生きることの不思議な軌跡について思いださせてくれる。

森林の歴史を止めようとする近代的なジレンマのなかで、森林が管理からのレフュジア〔退避地〕を必要としているということを環境保全論者は信じるようになった。しかし、これらのレフュジアは、それらが存続しようとするかぎり、管理されねばならない。もしかすると、管理しない管理という禅の技術のひとつは、マツではなく、むしろマツのパートナーに注目することかもしれない。

1　ステレオタイプに拘泥しないかぎり、「伝承」と「歴史」を調和させることは可能である。歴史は民族による目的論ではないし、伝承は永遠なる回帰でもない。歴史のなかで絡まりあうようになるために、コスモロジーを共有する必要もない。レナート・ロサルド（Renato Rosaldo, *Ilongot headhunting*〔Stanford, CA: Stanford University Press, 1980〕）とリチャード・プライス（Richard Price, *Alabi's World*〔Baltimore, MD: Johns Hopkins University Press, 1990〕）は、歴史が形成される際の、変化に富んだコスモロジーと世界制作プロジェクトが混ぜあわさった事例を提供している。モーテン・ペデルセン（Morten Pedersen, *Not quite shamans*〔Ithaca, NY: Cornell University Press, 2011〕）は、コスモロジー形成の歴史を提示している。ほかの多くは、伝承と歴史の対比を強調するだけである。しかし、そうだとすると、この制限から「歴史」の意味を限定することになってしまい、歴史形成におけるハイブリッドで重層的な混淆したコスモロジーを見る能力は失われてしまう——逆も真なりである。

2　トム・ヴァン・ドゥーレン（Thom van Dooren, *Flight ways*〔New York: Columbia University Press, 2014〕）は、鳥も巣作りのやり方を通じて物語ると主張している。この「物語」の意味において、生物の多くが物語ることができる。これらは、わたしが「歴史」とみなす痕跡にふくまれる。

3　Chris Maser, *The redesigned forest*（San Pedro, CA: R. & E. Miles, 1988）.

4　David Richardson, ed., *Ecology and biogeography of Pinus*（Cambridge: Cambridge University Press, 1998）.

5　David Richardson and Steven Higgins, "Pines as invaders in the southern hemisphere," in *Ecology*, ed. Richardson,

450–474.

6 Peter Becker, "Competition in the regeneration niche between conifers and angiosperms: Bond's slow seedling hypothesis," *Functional Ecology* 14, no. 4（2000）: 401–412.

7 James Agee, "Fire and pine ecosystems," in *Ecology*, ed. Richardson, 193–218.

8 David Read, "The mycorrhizal status of Pinus," in *Ecology*, ed. Richardson, 324–340, on 324.

9 Ronald Lanner, *Made for each other: A symbiosis of birds and pines*（Oxford: Oxford University Press, 1996）.

10 Ronald Lanner, "Seed dispersal in pines," in *Ecology,* ed. Richardson, 281–295.

11 Charles Lefevre, interview, 2006; Charles Lefevre, "Host associations of *Tricholoma magnivelare*, the American matsutake"（PhD diss., Oregon State University, 2002）.

12 小川『マツタケの生物学』（第3章、注4で参照した）。

13 Lefevre, "Host associations."

14 マツはフィンランドに九〇〇〇年前には存在していた（Katherine Willis, Keith Bennett, and John Birks, "The late Quaternary dynamics of pines in Europe," in *Ecology*, ed. Richardson, 107–121, on 113）。人類の存在を示す最初の創造物は、紀元前八三〇〇年のカレリアの漁網である（Vaclav Smil, *Making the modern world: Materials and dematerialization*［Hoboken, NJ: John Wiley and Sons, 2013］, 13）。

15 Simo Hannelius and Kullervo Kuusela, *Finland: The country of evergreen forest*（Tampere, FI: Forssan Kirkapiano Oy, 1995）. 林務官とともにおこなったフィールドワークにおいて、わたしも確認することができた。

16 中世のフィンランドの農民は、マツとトウヒを輪状に植え、広葉樹でおこなうアグロフォレストリー的な輪作をおこなっていた（Timo Myllyntaus, Mina Hares, and Jan Kunnas, "Sustainability in danger? Slash-and-burn cultivation in nineteenth-century Finland and twentieth-century southeast Asia," *Environmental History* 7, no. 2［2002］: 267–302）。フィンランドにおける焼畑についてのいきいきとした記述は、第11章、注10で引いたつぎを参照のこと。Stephen Pyne, *Vestal fire*, 228–234.

17 Timo Myllyntaus, "Writing about the past with green ink: The emergence of Finnish environmental history," H-environment, http://www.h-net.org/~environ/his toriography/finland.htm.

18　一九世紀中葉までには、輸出品としては木材がタールを凌ぐようになった。Sven-Erik Åstrom, *From tar to timber: Studies in northeast European forest exploitation and foreign trade, 1660–1860*, Commentationes Humanarum Litterarum, no. 85（Helsinki: Finnish Society of Sciences and Letters, 1988）.

19　Edmund von Berg, *Kertomus Suomenmaan metsisistä*（1859; Helsinki: Metsälehti Kustannus, 1995）. この翻訳はパインの『純潔な火』の二五九頁による（第11章、注10を参照のこと）。

20　同上。この翻訳は以下によっている。Martti Ahtisaari, "Sustainable forest management in Finland: Its development and possibilities," *Unasylva* 200（2000）: 56–59, on 57.

21　原木と加工木材は、一九一三年までにはフィンランドの輸出の四分の三を占めるようになっていた（デイヴィッド・カービー『フィンランドの歴史』、百瀬宏・石野裕子監訳、東眞理子・小林洋子・西川美樹訳、明石書店、二〇〇八年）。二〇世紀にはじまった森を拓いて植民していくことは、一九七〇年代までつづいたパターンであり、熱帯材との競争のために製材業の仕事が衰退するまで継続された。Jarmo Kortelainen, "Mill closure—options for a restart: A case study of local response in a Finnish mill community," in *Local economic development*, ed. Cecily Neil and Markku Tykkläinen, 205–225（Tokyo: United Nations University Press, 1998）.

22　賠償の三分の一は森林製品と紙製品で直接に支払われ、残りは農産品と機械類で支払われた。機械類を提供することによって、戦後のフィンランドの産業が築かれていった。Max Jacobson, *Finland in the new Europe*（Westport, CT: Greenwood Publishing, 1998）, 90.

23　Hannelius and Kuusela, *Finland*, 139.

24　Timo Kuuluvainen, "Forest management and biodiversity conservation based on natural ecosystem dynamics in northern Europe: The complexity challenge," *Ambio* 38（2009）: 309–315.

25　たとえば Hannelius and Kuusela, *Finland*, 175.

26　Curran, *Ecology and evolution*.（幕間「たどる」、注３で参照）

27　気候と下生えの状態もまた種子が発芽するかどうか、そして実生が育つかどうかの差異を決定する。火災がないスウェーデン北部のスコットマツの波状の再生については、つぎを参照のこと。Olle Zackrisson, Marie-Charlotte Nilsson, Ingeborg Steijlen, and Greger Hornberg, "Regeneration pulses and climate-vegetation interactions in nonpyrogenic boreal scots pine stands," *Journal of Ecology* 83, no. 3 (1995): 469–483; Jon Agren and Olle Zackrisson, "Age and size structure of Pinus sylvestris populations on mires in central and northern Sweden," *Journal of Ecology* 78, no. 4 (1990): 1049–1062. 著者たちは、マスティングを考慮していない。「マスティングの年は比較的頻繁である。しかし、寒帯の森林限界では、種子成熟は短い成長シーズンによって妨げられる。マスティングは、一〇〇年に一度程度の頻度なのかもしれない」との報告もある。Csaba Matyas, Lennart Ackzell, and C.J.A. Samuel, *EUFORGEN technical guidelines for genetic conservation and use of Scots pine* (Pinus sylvestris) (Rome: International Genetic Resources Institute, 2004), 1.

28 藤田博美「アカマツ林に発生する高等菌類の遷移」『日本菌学会会報』三〇（二）：一二五－一四七、一九八九年。

29 北欧地域におけるマツタケの生態研究は、いまだ初期段階にある。導入としては、つぎを参照されたい。Niclas Bergius and Eric Darnell, "The Swedish matsutake (*Tricholoma nauseosum* syn. *T. matsutake*): Distribution, abundance, and ecology," *Scandinavian Journal of Forest Research* 15 (2000): 318–325.

能動的な景観、雲南。市場の壁に描かれたマツタケ狩りは、オークとマツの混淆林でマツタケを探している。まるでお伽噺に出てくる牧歌的な雰囲気である。しかし、荒廃地を再生させる、森の超自然的な力はどこにあるのか？　持続可能性を祝す、森が蘇生しようとするしつこさは、傍目にはわからない。

13 蘇生

森林のもっとも奇跡的なことのひとつは、破壊されても、ふたたび生長しうることである。このことは、回復力《レジリエンス》とも、環境修復とも、考えることができる。事実、こうした概念は有益であろう。しかし、さらに進めて、蘇生という概念を通じて思考してみたらどうだろう？　蘇生は、森林の持つ生命力の力強さを指し、種子や根、走出枝を拡長していき、破壊された土地を元の姿に戻していく能力のことである。氷河や火山、火事は、森林が蘇生をもって応えるべき試練であった。人間からうけた損傷も、蘇生を経験してきた。数千年にわたって、人間による森林の破壊と森林の蘇生は、相互に応答しあってきた。しかし、現代社会は森林が蘇生するのを防ぐ手段を知っている。とはいえ、だからといって、蘇生の可能性に気づくのを放棄するのは賢明ではなかろう。

ある種の習性が障害となっている。まず、進歩への期待である。過去はずっと遠くに過ぎ去ってしまったかのように思われる。人間による攪乱を経験しながら育っていく森林は陰に隠れてしまいがちである。というのも、林に手をほどこす村人たちは、すでに多数の著作が指摘しているように、太古からそうしてきたからだ。[1] いまや、わたしたちは生命とビッグデータをバーコード化するところまで進んでしまっているので、そんな昔からのことを、いまさら取りあげるのはうしろめたくもある。（森林の持つ力は、どんなカタログでも網羅することなど不可能ではないだろうか？）第二に、わたしたち——村人とは対照的に——現代人は自分がやることのすべてを掌握しているつもりになっている。原生自然《ウィルダネス》は、自然が最高位にある唯一のものである。しかし、人間によって攪乱された環境においては、モダニスト風刺画家が描いた人間の影響を目にするばかりである。森林の生命力が十分に強靱であって、人間にそれを感じさせることができるなどと信じることはなくなった。おそらく、この風潮をひっくり返す最善の方法は、里山を復活させ、過去のものではなく、いま、この場にあるものとしての姿を取りもどすことである。

日本では、里山再生プロジェクトなるものが、人間による攪乱を見栄えよくし、つねに林が若さを保てる蘇生を可能としている。このため、わたしは日本を訪問することにした。里山プロジェクトは、人びとによる攪乱を再現しており、現代の市民に活力ある自然とともに生きることを教えてくれる。地球上の林がすべてこうあればよいというわけではないものの、これは重要なタイプの林である。里山は、世帯規模の生活を支えてくれる。里山再生は第18章の主題でもある。本章では森林の生命へ分けいってみよう。そうすれば、日本ばかりではなく、ほかの国においても、人間以上の社会性へと導いてくれるはずである。そうした小道はマツとオーク〔ナラ類〕に囲まれている。村人たちが暫定的にしろ、国家と帝国の領域内で安定した飛び地《エンクレーブ》を創造しえたところでは、マツとオークは（広義な意味において）連れあっていることが少なくない。(2)こうした環境では、破壊されても森林は蘇生していく。マツとオークの回復力は、人間に由来する過度な森林破壊を修正し、人間以上の里山的な環境を再生させていく。

世界のあらゆる場所でオークと人びとは、長い歴史をともに歩んできた。オークは実に有用である。建材としての強度にくわえ、（マツと異なり）オークは、なめらかに燃える。したがって、最良の薪炭材となる。もっとよいことには、（マツと異なり）オークは倒れても枯れることはない。根や切株から、ふたたび発芽し、新しい木を形成していく。切株を再生させるために故意に木を伐り倒す慣行は萌芽更新と呼ばれ、萌芽更新したオーク林は典型的な里山となる。(3)定期的に刈られた樹木は、それらの木自身が長生きしても、つねに若く、すぐに成長していくため、あらたな実生《みしょう》を打ち負かすことができる。そのため森の組成は安定する。定期的に刈られた雑木林は開けていて明るいので、マツにとっては好都合な環境となる。（随伴している菌と一緒に）マツは荒廃した空間でコロニーを形成する。それゆえ、人びとによって攪乱された、ほかの場所も占有していく。人間による攪乱がなければ、マツはオークをはじめとしたほかの広葉樹にとってかわられるかもしれない。里山を里山たらしめるのは、マツとオークと人間の相互作用なのである。人間によって荒廃させられた山の中腹に育つマツも、定期的に刈られたオークの長命な木立に負けてしまうように、森林生態系はつねに再生しながら、維持されている。

オークとマツの連携が里山の多様性を特徴づけ、支えてもいる。定期的に刈られたオーク林が長命であることが、マツが空き地ですぐにコロニーを作ることとあいまって、暫定的とはいえ、安定した環境を創出する。人間と家畜動物だけではなく、ウサギや鳴禽《めいきん》、タカ、草、ベリー、アリ、カエル、食用キノコなど人びとにとっても馴染みある生物が繁栄するのは、そのような環境である。[4] ある生物が生成する酸素でほかの生物が呼吸することができるテラリウム〔ガラス製の栽培箱〕のなかの生命のように、多様性に富む里山的景観は自立することができる。

テラリウムを創出する一方で、それを弱体化させながら、いつも歴史は動いている。わたしの考えでは、大変動——わたしが「いまいましい景観」と呼ぶ——のあとにしか、里山的景観の安定は創出されえない。農村コミュニティは国家や帝国への従属によって定義される。農村コミュニティをその位置にとどめておくため、権力と暴力が駆使される。農村コミュニティが形成するマルチスピーシーズ・アッセンブリッジ〔複数種によるアッセンブリッジ〕も、所有権や税金、戦争といった国家権力の作用によって生みだされたものである。しかし、だからといって村人の生活にそって発展するリズムを過小評価しなければならないわけではない。里山は、いまいましい景観を飼い慣らし、そこを複数種の生物が生き、人びとが生活の糧を得る場にする。完全には支配できないものの、人びとの生活は、林の蘇生をよい方向へと導き、修復していく。したがって、それは大規模な破滅的プロジェクトから回復し、損害をうけた景観に生命をもたらす。

人間ではなく、里山を好むタカの一種、サシバから話をはじめよう。渡り鳥のサシバは、シベリアで交尾し、春から夏にかけて日本に飛来し、雛を育て、東南アジアに旅立っていく。雄は抱卵中の雌を養う。雄はマツの木のてっぺんに留まり、あたりを見渡し、爬虫類や両生類、昆虫類を探す。五月には水を張った水田でカエルを探す。成長した稲がサシバの狩猟を妨害するようになるころには、サシバは昆虫をもとめて里山を覗きこむようになる。ある研究によると、餌を見つけることができなければ、雄がおなじ木に一四分以上も留まることはないという。[5] こうした鳥たちが繁殖していくためにも、里山的景観はカエルや昆虫が暮らせる食料貯蔵庫として手入れされねばならない。

サシバは自身の移動パターンを日本の里山的景観に順応させてきた。同時に餌のすべてを、繰りかえされる攪乱に依存してきた。灌漑施設が維持されなければ、カエルの個体数は減少する。[6] 多くの昆虫たちは、里山の木々とともに生きるように進化を遂げてきた！　コナラには、コナラに食料を依存する蝶類として少なくとも八五種が知られている。色鮮やかな蝶のオオムラサキは、若いコナラの樹液を必要とする――人びとが定期的に刈るからこそ、コナラは若さを保つことができる。萌芽更新が維持されなければ、オークは年をとりすぎてしまい、蝶類も減少してしまう。[7]

里山の生態学的関係性は、いかにして多数の研究主題になったのであろうか？　いまや化石燃料が薪にとってかわり、若い世代が都市に移住してしまったため、日本の森林のほとんどが放置されてしまっている。ノスタルジーも手伝って、里山こそが、将来的な持続可能性がもっとも具現化される場とする研究者は少なくない。少なくとも、これは京都で環境経済学を教えるK教授の見解である。

教授が経済学を志したのは、貧しい人びとを助けたいと考えたからである。しかし、成功したとはいえ、その一〇年のキャリアのなかで、自分の研究がだれの役にも立っていないことを悟るにいたった。さらに悪いことには、生気ない目をした学生も目の当たりにしてしまった。そうした学生に訊いてみると、授業の所為《せ》《い》ではないという。学生たちも確固たる問いを持っているわけではなかった。自身の人生を回顧してみると、K教授には、少年時代に訪ねた祖父母の村のことが思いだされた。田舎を探検したとき、なんとワクワクしたことか！　そうした景観は、人びとの活力を奪うのではなく、むしろ元気づけてくれた。そこでK教授は、日本の里山的景観を復元することを自分の仕事に据えた。大学を説得しつづけ、放置された畑と里山へのアクセスを獲得することに成功し、学生たちを連れだした。ただ単に景観を愛《め》でるだけではなく、村人の生活技術を学ぶためであった。教授も学生も一緒に学んだ。村人がするように見聞きするものに気を配り、用水路を再開拓したし、稲も植えたし、林も拓いたし、炭焼き窯もこしらえたし、自分たち流の林の世話の仕方も発見した。ゼミがいかに活気づいたことか！

放置され、繁りすぎている林をK教授が案内してくれた。それは、かれらが開墾した畑の近くであった。絡まりあった藪から持続可能な里山を創造するために、やるべきことはたくさんあった。ここでは孟宗竹《モウソウチク》が野生化しているという。孟宗竹は、根っこ（タケノコ）が美味しいことから、およそ三〇〇年前に中国から移植され、家屋の周囲で丁寧に手入れされてきた。しかし、里山と畑が放置されるにつれ、侵略的外来種と化し、林を乗っ取ってしまった。残ったマツの息の根を竹が止めようとしているところを見せてもらった。マツは暗い陰の下に覆い隠され、その結果マツノザイセンチュウにやられやすくなった。そこで学生たちは、竹を切って、竹炭作りも学ぼうとしている。

定期的に剪定されてきたオークも困った状態にある。わたしたちは、何度も伐られながら生きてきた古株に感嘆した。しかし、そのようなオークの古株も、いまはほかの植物が荒れ放題に繁るなかにあって、何年間も剪定されていない状態にあり、かつて林を構成していたような、若さを保てていなかった。K教授たちは、剪定の仕方を学ばねばならなかった。それが唯一、里山的景観の植物と動物を惹きつける方法だ、と教授は断言する。日本の四季を豊かにし、活気づけてきた鳥と灌木に花。学生たちが働きかけたために、こうした生物が戻りはじめている。これらのすべては、現在進行中の慈愛に満ちた活動（labor of love）である。

自然の持続可能性は、決して落ちつくべきところに落ちつくわけではない、とK教授はいう。それは人間らしさを引きだすような作業を通じて引きだされていかねばならない。教授によれば、里山的景観は人間と自然との持続可能な関係性を構築すること、それ自体を問いなおす場なのである。

里山が日本で注目を集めるようになったのは最近のことである。三〇年前までは、林業家と林業史家は、スギとヒノキという極上種で頭がいっぱいであった。かれらが日本の「森」について書くとき、この二種のことしか念頭になかった。[8] これにはもっともな理由が存在している。スギとヒノキが美しく、有用だからである。英語でシダー（cedar）と呼ばれるスギは、スギ属（*Cryptomeria*）の仲間であり、セコイアのようにまっすぐに高く成長し、美しく、腐りにくく、板材やパネル用材、柱、装飾柱などにもちいられる。ヒノキは感銘的でさえある。甘い香りがし、鉋《かんな》掛けすると、美しい質感を醸す。腐食にも強い。寺社建築用としては完璧である。ヒノキとスギは巨大な樹木に成長し、畏敬の念をおこさせる柱や板を生みだす。かつての為政者たちが、みずからの御殿と寺社のためにスギとヒノキを伐り倒そうとしてきたのも不思議ではない。

貴族たちがスギとヒノキに固執した分、村人は、それ以外の樹木なら利用することができた――とくにオークについては。[9] 一二世紀、幾度とない戦争によって貴族の権力が弱まると、里の林の利用に関する申し立てが制度として認められるようになった。入会《いりあい》権は、村人たちが共用する共用地の権利である。* 村の成員であれば、だれでも薪を拾い、炭を焼き、村有林から産出されるすべての生産物を利用することができた。ほかの国における共用林の権利と異なり、日本の入会権は、成文化されていて、司法上も法的強制力を持っている。それでも前近代日本の入会林で、スギやヒノキを見つけることはまずなかった。たとえ村のなかに生えていても、スギとヒノキは貴族が所有権を主張してきたからである。しかし、領主の土地であっても、オークの利用権を村人が主張することもあった。入会は、他人が所有する土地の利用権として運用されてきた。領主はスギやヒノキを入手できるので、オークは必要ではなかった[10]。それでも、エリートが入会権を剝奪しようとしてきたことは驚くべきことではない。一九世紀の明治維新以降、多くの共用地は私有化されるか、もしくは国家によって所有権が主張された。そうした困難をはねのけ、入会林権のいくつかが現在にいたるまで維持されてきたことは賞賛すべきである——しかし、残念なことに二〇世紀後半に村人たちがこぞって都市に流れこんだ結果、放棄された村有林は困難に陥っている。

どのような樹木が入会林を構成しているのであろうか？　日本人は、日本列島が温帯と亜熱帯に生息する動植物の交差点であることを誇らしく思っている。日本には四季があると同時に、いつも緑に覆われている。亜熱帯性の植物と昆虫は、日本の南端に接する台湾と共有されている。寒冷気候の植物相と動物相は、アジア大陸東北部と共有されている。オークはこの分水嶺にまたがって生息している。落葉性オークは東北系の植物相を形成している。その大きくて半透明の葉は、紅葉し、冬には落ちる。常緑性オークは、小さくて厚い葉を持っていて、年中緑であり、西南系である。東北系のオークも西南系のものも、薪にも炭にも適している。しかし、京都の、ある重要で伝統的な生活環境のもとでは、落葉性オークが常緑性のものより好まれている。村人は常緑性オークの実生を、落葉性オークの下に生える藪草と一緒に引きぬき、落葉性オークを利するようにする。この選択は、オーク‐マツ関係——と森の構成に差異を生みだしていく。つねに日陰を提供する常緑性オークと異なって、落葉性オークは冬と春に明るい空間を作りだす。そこでは温帯の草木だけではなく、マツにも機会が与えられる。村人が林を拓きつづけ、林を明るく保ちつづけることによって、マツとほかの温帯種がオークのあいだに入りこんでくる[11]。

近代以前のヨーロッパの小農とは異なり、近代以前の日本の農家は乳や肉を目的として動物を飼育していなかったので、ヨーロッパ人たちのように家畜の糞で田畑を肥やすことはなかった。緑肥用に植物と腐葉層を集めることが、人びとの重要な仕事であった。林床にあるものはすべて拾われ、林床はマツが好む鉱質土壌が剥きだしの裸地と化した。草地と化した場所もあった。荒廃した林の大黒柱は、定期的に剪定されたオークであった。もっとも一般的なものはコナラとして知られる *Quercus serata* であった。オーク材は、薪からシイタケのホダ木まで、あらゆるものに利用された。定期的に刈りこまれることによって、幹と枝が若く保たれ、ほかの種が定着するよりも早く成長するので、オークは森の優先種となることができた。尾根や拓かれた牧草地、土壌が露出した丘陵地の中腹にはアカマツが、そのパートナーであるマツタケと一緒に生育した。

日本のアカマツは、村人が攪乱したことによって生育できた。アカマツは広葉樹とは競争できないからである。広葉樹は光を遮り、豊かで深い腐植層を形成するため、そうした性質は広葉樹だけを利するのだ。古植物学者は数千年前、人類が日本列島を開発しはじめたころ、それまでほとんどなかった状態から、アカマツの花粉が劇的に増加したことを発見している[12]。マツは人びとが攪乱したことによって繁茂することができた。伐採と刈りこみにともなう明るい日光、むしり取られ、地掻きされた鉱質土壌。オークはマツを里山の中腹から駆逐することができる。しかし、定期的な刈りこみと緑肥採取の慣習によって、コナラとアカマツの相補的な空間が創出された。マツタケはマツとともに育ち、マツが尾根と浸食斜面にしっかりした足場を固めるのを手助けした。とくに荒廃した土地では、マツとぴったり寄り添うマツタケは林でもっともありふれたキノコであった。

一九世紀と二〇世紀に都市の中流階級が急成長すると、そうした人びとはマツタケ狩りもかねたピクニックとして農村を訪れるようになった。かつては貴族階級の特権であったが、いまや大勢の人びとが参加できるようになったわけである。村人たちは一定区域のマツとマツタケを「来客用の山」として区別し、都市からの訪問者に、午前中のマツタケ狩りにつづき、すき焼きのお昼を提供し、気分転換となるアウトドア活動の対価として課金した。マツタケ狩りは、日常のストレスから解放するものとして、農村が保持してきた生物多様性に由来する感動のすべてで都市民たちを包みこんだ。幼少期に祖父母の畑を訪ねたように、マツタケ狩りに出かけて、ノスタルジーをともなって田舎の匂いを嗅ぐことができた。この感覚は、今日にいたるまで田舎の景観を愛《め》でつづけている。

現在、日本の里山的景観の再生を訴える人は、里山が伝統的知識によって創造されたものとして里山を美化しすぎるきらいがある。自然と人間のニーズの調和が作りだしたものというわけだ。しかし、多数の研究者が、こうした調和のとれた形態が、森林伐採と環境破壊に付随して発展してきたことを示唆している。たとえば、環境史家の武内和彦は、一九世紀中葉の産業化にともなって広域でおこなわれた伐採に注目している(13)。武内は歴史的変化が鍵であり、今日の活動家たちが想像する里山は二〇世紀前半の林であると指摘している。一九世紀後半には、近代化が里山に圧力をかけ、本州地方は大規模な森林伐採にみまわれた。そうした地域を訪れた人びとは、道すがらはげ山ばかりが連なる景観を目にしたはずである。世紀の転換期ごろ、そうしたはげ山の中腹にはアカマツが成長するようになっていた。流域管理のために、マツが植えられた地域もあった。アカマツの種子は、どこにでも拡散していった。マツはマツタケのおかげで、みずから芽をだすことができた。二〇世紀初頭、マツタケはマツ林で普通に見られ、珍しいものではなくなっていた。薪と炭の需要が拡大するにつれ、オークの定期的な刈りこみが盛んとなっていった。マツとオークの混淆林という今日のノスタルジックな光景の全盛期であった。

菌学研究者でマツ林再生の運動家でもある吉村文彦は、第二次世界大戦にいたる過程と戦時中の攪乱というように、もっとあとの時代におこなわれた森林伐採の影響を重視している(14)。村人が利用するためだけではなく、軍備増強のために薪や建材としても伐採された。こうして里山的な景観は著しく破壊された。第二次世界大戦後、これらの景観は回復していった。マツが裸地に生育した。吉村博士は、一九五五年当時のマツ林を復元することを目標としている。その時期を境にして、林は更新されずに荒廃していくばかりとなった。

森林を変えた一九五〇年代以降の変容の物語は、のちの章にとっておこう。ここでは、大がかりな歴史的攪乱によって、つねに若く、開かれた里山が形成する、比較的安定した生態系がどのような可能性を持つかについて焦点を当ててみよう。これらの森林破壊のエピソードが森林を生成したというのは皮肉である。その森林とは、今日の日本人の大多数が抱く、まさに安定した持続可能なイメージをともなったものである。この皮肉によって、里山の有用性や魅力が損なわれるわけではない。しかし、それはわたしたちの、森林の蘇生とともにある生業《なりわい》の解釈に変容をせまる。村人が日常的におこなってきた努力は、しばしば、かれらの力がおよばない歴史的推移に対処しようとしてきたものである。小さな攪乱が、大きな攪乱の潮流のなかで渦巻いている。この点を理解するためには、日本人の活動家とボランティアたちがノスタルジーをこめて語る景観の再生は、その申し分のない美しさゆえにわたしたちの目を歴史から遠ざけてしまうので、しばし距離をおいてみるのがよい。

中国西南部の雲南省中部における里山的景観は、ノスタルジー的な再建などではなく、現在でも農民によって積極的に利用されている。そうした景観は、理想的な美しさなどではなく、後始末が必要な厄介なものである。それらは再建中であるようには見えない。百歩譲って乱雑で済ますとしても、わざと乱雑にしているようでもある。進行中の農民的景観であり、ノスタルジーから再生されたものではない。不快になるほどの乱雑さにもかかわらず、いろいろな意味で、雲南のいつも若くて開放的な林は、日本の本州地方の里山との著しい類似性を共有している。種は異なるけれども、定期的に刈られたオークとマツが林を構成している。[15]雲南のマツタケは日本の同胞種とは異なる傾向を持っており、マツだけではなくオークとも共生する。したがって、雲南では、農家－オーク－マツ－マツタケの複雑な関係があることがわかる。ここでは、おそらく農民の創意工夫というよりも、むしろ大激変が森林を蘇生させている。

京都では、研究者だけではなく、林業従事者や住民からも、里山の歴史について、きれいにまとめられた話を聞かせてもらった。この手の会話に慣れてしまうと、調査は容易であった。ただ見て、聞いていればよかった。こうした日本流に慣らされてしまっていたので、雲南では農民の森の歴史という発想自体が、人びとを混乱させ、身構えさせたことに驚かされた。だれもが農民たちに森を上手に管理してもらいたい、と願っていた。しかし、村人たちは、従来のような世話役としてではなく、現代的な起業家としてのスキルをとおして森の管理手法を学ぼうとしていた。村人の森は、近代的なもの——非中央集権の結果——であり、古いものではない。森林専門家の目標は、近代的合理性を追求することである。もし森林が悪い状態にあると

すれば、それは過去に間違ったことがおこなわれたからである。歴史は、そうした失敗の物語である。(16)

　マイケル・ハザウェイとわたしは、林務官だけではなく、森林史家とも話しあった。かれらは、国家が森を囲いこんできたこと、現代の改革期には森を世帯単位の契約という形で再分配してきたことについて説明してくれた。ダメージを食い止めるために発令された一九九八年の伐採禁止令や、あらたな森林管理手法が試行されるモデル・プロジェクトについても教えてくれた。わたしが森林史に話題をふると、ふたたび国家が話題となり、国がしでかした失敗についても話してくれた。個別に契約された世帯林は、森を秩序立てるためのあらたな方法であり、そうした世帯林は、かつて集団で管理されており、損害をうけていた地域で成長していくべきものだった。鍵は土地の所有権とインセンティブを分け、官僚ではなく起業家に管理させることだと目されていた。今日のような新しい時代には、森は市場との関係で作りなおされねばならない。わたしたちは法律やインセンティブ、モデル・プロジェクトについて議論した。わたしは、まだ木に触れていなかった。日本で感じた美しい景観が懐かしかった。たとえ、いまやそれらを異様なものだったと感じるようになっていたとしても。

　楚雄（Chuxiong）彝《イ》族自治州に着いたとき、人びとはみな一様に、日本的な感覚で発せられる質問に不快感をあらわにした。村役人は、国家が行政の管轄を変更した話を要約してくれた。しかし、住民たちは、そうした管轄にどのように対処すればよいのか、理解していなかった。最後に、ある老人が口にした発言から、より有効な日中間の比較を思いついた。大躍進時代に「緑の鉄鋼」のために景観から森が消えた、と老人はいった。日本の明治期におこなわれた森林破壊も、つまるところは「緑の鉄鋼」ではなかったのか？

雲南中部の森林の大部分は、まばらで若い。荒れているようにさえ見える。浸食された段丘に轍《わだち》が通っている。商業伐採が禁止されているにもかかわらず、地面から樹木のてっぺんまで、すべてが利用されている。灌木から定期的に刈りこまれた木にいたるまで、常緑のオークが景観を支配している。森は開放的である。マツがオークと溶けあっている。オークのようにマツにも、たくさんの利用法がある。マツ脂《やに》がときおり採取される。花粉は化粧品産業に卸すために集められる。食用のマツの実が採れるマツもある。マツ葉は各世帯が飼育している豚小屋の床に敷くために集められる。マツ葉にこびりついた豚の糞は、栽培作物用の肥料となる。草本は集められ、人間用の食料と薬だけでなく、豚の餌にもなる。豚の餌は毎日、屋外のストーブで薪を使って加工される。そのため、人間の食事用にはほかの燃料がある場合でも、すべての世帯が大量の薪を集めている。家畜飼いは牛と山羊を連れ、作物が植えられていないところであれば、どこでも食《は》ませている。商業的に野生のキノコ類が採取されるようになって、マツタケだけではなく、ほかのキノコ類をもとめて、人びとが森に分けいるようになった。いくつかの場所では、経済価値の高い樹種の木立がまだ健在であり、違法な木材取引も可能である。しかし、ほとんどの地域では、樹木は細くて低い。外来種であるユーカリは、最初、村のオイル産業のために植えられたが、いまは道路にそって広がっている。果敢に取りくんだ中国人研究者もいたが、時を超越した農民の知恵として持ちあげるにはむずかしい森である[17]。

乱雑な森が、海外の環境保護論者を満足させることはほとんどない。かれらは、危機にある自然を守るために雲南に群がり、自分たちの抱く原生自然《ウィルダネス》の夢から逸脱しているといっては、行きすぎた共産主義の所為《せい》だと非難する。若い中国人研究者と学生たちは、外国人の指示にしたがっている。若い都市住民の幾人かが、雲南の丘陵地の森林は文化革命期に紅衛兵によって破壊されたと説明してくれたが、そうではないようだ。文化大革命は、悪しきことの安易な身代わり《スケープゴート》である。第一、森林の損害を、あの時代の所為にするのは、この若くて開放的な森林が傷ついていることを、みなも看取しているということでもある。そういう意味では、雲南中部と日本の本州地方の人びとの林の類似性に気づいてハッとさせられる。おそらく、日本のオーク－マツ林も全盛期には、今日の信奉者たちが想像するほど、美しくも完璧でもなかったのではなかろうか。もしかしたら、雲南のオーク－マツ林は、批評家が想像するよりも、よい状態にあるのかもしれない。浸食された段丘は再生が活発な場所である。そこでは、オークとマツとマツタケが良好な関係を保っている――ただ単に農民にとってだけではなく、たくさんの種の生命にとって。

伐採から遅れてやってくる時間間隔も、薄気味悪いほどに類似している。雲南中部の森は、一九五〇年代後半から一九六〇年代初期にかけての大躍進時代に傷めつけられた。中国は産業化のために自身の資源を掻きあつめねばならなかった。古老が言及した「緑の鉄鋼」とは、中国の発展に必要な金属類を提供するために、農民が裏庭で自分たちの鍋釜を溶かす加熱炉にくべるためにもちいられたものだ(18)。生きのびた森もあったが、つぎの一〇年間に、これらの森からも中央政府が材木を伐りださせ、外貨を獲得するために輸出された。その四〇～五〇年後、マツが裸地をコロニー化し、オークの親株は芽をだし、木に成長した。農民の森は全盛期にあった。そしてマツタケは、成功のひとつの証《あかし》であった。

同様に本州地方の森は、一八六八年の明治維新後の数十年にわたった日本の急成長期に傷めつけられた。その四〇～五〇年後、村人たちのオーク－マツ林は、今日人びとに記憶されているような完成形に到達した。初期の攪乱後、中国で見たように村人たちは再生した樹木を自分たちのために利用した。さまざまな用途による森の利用が組みあわされ、景観は認識できるようになり、ますます安定し、それゆえに調和的に見えた。オークは建材や薪炭を提供した。マツは木材やテレピン油、マツ葉、焚きつけだけではなく、マツタケも提供した。おそらく二〇世紀初頭の日本の活力に満ちた里山は、今日の雲南の森と大差ないものであったにちがいない。歴史家は、日本の明治維新による近代化と中国の大躍進の失敗を区別したがるが、樹木の視点からすれば、それほどちがいがあるわけではなかった。人びとの森がそれぞれの背景を理由に、異なる評価をうけているとすれば、それは対象が身近か、そうでないか、これからの話か、かつての話かという対照性の所為でもあるだろう。

人びとと樹木は、不可逆的な攪乱の歴史に巻きこまれている。しかし、攪乱のなかには、多くの生命を育む再生をともなうものもある。人びととのオーク－マツ林は、安定性と共同生活の渦である。だが、国家が主導する産業化にともなう森林破壊のような大変動によって、渦が巻きだすことも少なくない。攪乱という大河のなかで噛みあいながら小さく渦巻く生命たち。これらは、きっと修復を模索する人間の才能について考える場となるであろう。しかし、森の視点も存在している。どんなに傷つこうとも、蘇生はまだ止まっていない。

1　農民層の消失に関する学問は、近代の形成史にはじまる（たとえば Eugen Weber, *Peasants into Frenchmen* [Stanford, CA: Stanford University Press, 1976]）。現代の生活についての議論では、ポストモダンに入ったことを提案するためにことばのあやが使用される（たとえば、Michael Kearney, *Reconceptualizing the peasantry* [Boulder, CO: Westview Press, 1996]；アントニオ・ネグリ／マイケル・ハート『マルチチュード――〈帝国〉時代の戦争と民主主義』、幾島幸子訳、水嶋一憲・市田良彦監修、NHKブックス、二〇〇五年。

2　第11章で議論したように、わたしはコナラ属（*Quercus*）とマテバシイ属（*Lithocarpus*）、シイ属（*Castanopsis*）をオークと総称している。

3　Oliver Rackham, *Woodlands*（London: Collins, 2006）. 生物学者のなかには、かつては北半球でも普通であったゾウと長期間にわたって接触してきたため、オークが萌芽更新する能力を発達させたと推測する者もいる（George Monbiot, *Feral*［London: Penguin, 2013］）。この説は、「たどる」という幕間で議論した、種をまたぐ進化について思考することの重要性を示唆するものである。

4　日本については以下を参照のこと。Hideo Tabata, "The future role of satoyama woodlands in Japanese society," in *Forest and civilisations*, ed. Y. Yasuda, 155–162（New Delhi: Roli Books, 2001）. 里山で樹種が共存することについては以下を参照のこと。Nakashizuka, and Matsumoto, *Diversity*.（第11章、注14で参照）

5　Atsuki Azuma, "Birds of prey living in yatsuda and satoyama," in *Satoyama*, ed. Takeuchi et al., 102–109.（第11章、注14で参照）

6　Ibid., 103–104.

7　チョウの幼生形はエノキ（*Celtis sinensis*）を食べる。それは、萌芽更新した森に生活する種のひとつである。成虫はクヌギ（*Quercus acutissima*）の樹液を吸う。これも里山で萌芽更新したオークである（Izumi Washitani, "Species diversity in satoyama landscapes," in *Satoyama*, ed. Takeuchi et al., 89–93（第11章、注14で参照）on 90）。萌芽更新は、昆虫だけではなく、植物の生物多様性を高度に涵養する。対照的に、ある地域が放棄されると、数種の積極的な種だけが優先してしまう。つぎを参照のこと。Wajirou Suzuki, "Forest vegetation in and around ogawa Forest reserve in relation to human impact," in *Diversity*, ed. Nakashizuka and Matsumoto, 27–42.

8　初期の日本人研究者に寄りながらコンラッド・タットマン（Conrad Totman）は、つぎの文献でこの点を提案する。コンラッド・タットマン『日本人はどのように森をつくってきたのか』、熊崎実訳、築地書館、一九九八年。

9　この段落はタットマンの『日本人はどのように森をつくってきたのか』をはじめ、以下の著作に依拠している。Margaret McKean, "Defining and dividing property rights in the commons: Today's lessons from the Japanese past," International Political Economy Working Paper no. 150, Duke University, 1991; Utako Yamashita, Kulbhushan Balooni, and Makoto **I**noue, "Effect of instituting 'authorized neighborhood associations' on communal (iriai) forest ownership in Japan," *Society and Natural Resources* 22 (2009): 464–473; Gaku **M**itsumata and Takeshi **M**urota, "Overview and current status of the *iriai* (commons) system in the three regions of Japan, from the Edo era to the beginning of the 21st century," Discussion Paper no. 07–04 (Kyoto: Multilevel Environmental Governance for Sustainable Development Project, 2007).

10　オリヴァー・ラックハム（Oliver Rackham）によれば、ヨーロッパの貴族はオークを上流階級の建築物に使用したが、日本の領主はスギとヒノキを建築物に使用した。Oliver Rackham, "Trees, woodland, and archaeology," paper presented at Yale Agrarian Studies Colloquium, October 19, 2013, http://www.yale.edu/agrarianstudies/colloq-papers/07rackham.pdf.

11　Tabata, "The future role of satoyama."

12　Matsuo **T**sukada, "Japan," in *Vegetation history*, ed., B. Huntley and T. Webb III, 459–518 (Dordrecht, NL: Kluwer Academic Publishers, 1988).

13　二〇〇八年に実施したインタビュー。森林伐採は伐採と焼畑、集約的農業、植民と関係がある。つぎを参照のこと。山田麻子・原田洋・奥田重俊「三浦半島南部における明治期の植生図化と植生の変遷について」『生態環境研究』四（一）：三三－四〇、一九九七年；小椋純一「明治一〇年代における関東地方の森林景観」『造園雑誌』五七（五）：七九－八四、一九九四年；Kaoru **I**chikawa, Tomoo **O**kayasu, and Kazuhiko **T**akeuchi, "Characteristics in the distribution of woodland vegetation in the southern Kanto region since the early 20th century," *Journal of Environmental Information Science* 36, no. 5 (2008): 103–108.

14　二〇〇八年におこなったインタビュー。関東地域のあるよく研究された森について、鈴木和次郎は伐採の加速をつぎのように記録している。「第一次世界大戦後の国内産業の発展とともに、炭の需要が劇的に増加した。そして第二次世界大戦中、炭焼きと軍馬のための製造装置が地域の主要な産業となった」（Suzuki, "Forest vegetation," 30）。

15　日本の本州地方と同様に人為的な攪乱がなければ、雲南の森は広葉樹林の群生に戻ってしまい、マツが存在できなくなる（スタンレー・リチャードソン『中国の林業』、茂田和彦・喜多弘・盛田正彦訳、農林情報調査会、一九七三年、五四－五五頁）。村人による利用の歴史も、日本の事例と共通点を持っている。雲南については記していないが、ニコラス・メンズィーズ（Nicholas Menzies）は、清朝における森林利用について記述している。それは里山研究を彷彿とさせる。「山西の地域林は、村山として知られている……これらの山の中腹は農業には向いていない。しかし、それらは（親族の墓地などの）儀礼用として重要であり、林産物の採取地としても重要である。レン・チェントン（Ren Chengtong）は、村が自分たちの森から木材を伐りだし、村のための事業に必要な資金を生みだしたこと、ナッツ類、果物、肉目的の動物、キノコ類、薬用植物を採取し、自家消費する権利を村人が有していることを記録している」（Nicholas Menzies, *Forest and land management in imperial China* [London: St. Martin's Press, 1994], 80-81）。

16 世帯ごとの契約をふくむ、複数の保有のあり方を生んだ森林改革は一九八一年に開始された。森林所有の変化についての分析は、つぎを参照のこと。Liu Dachang, "Tenure and management of non-state forests in China since 1950," *Environmental History* 6, no. 2 (2001): 239-263.

17 尹紹亭（Yin Shao-ting）による雲南の焼畑についてのパイオニア的な研究は、小農による土地利用の持続可能性をあきらかにした。従来の研究者は、焼畑耕作民を遅れた者と想定していた（尹紹亭『雲南の焼畑——人類生態学的研究』、白坂蕃訳、農林統計協会、二〇〇〇年）。

18 Liu（"tenure," 244）は、この時期における「破滅的な森林伐採」について書いている。

＊ common-lands は通常、共有地と訳されるが、本書で共用地と訳すのは、所有ではなく利用に注目するためである。このことの意義は、訳者あとがきで述べる。

能動的な景観、オレゴン。批評家は、カスケード山脈東部の森林を「みすぼらしい老犬の背中の、炎症をおこしている患部」と描写する。林務官でさえ、森林管理は気苦労の連続だったと認めている。それでも、マツタケ狩りにとっては、森は「グラウンド・ゼロ」である。過失の偶発性によってマツタケが発生する。

14 セレンディピティ*

オレゴンのカスケード山脈東部が、かつて伐採産業の中心であった、と老人たちから聞かされたものの、にわかには信じがたかった。ときおり道沿いに「産業林」と書かれた看板が建っているとはいえ、目にしたものといえば、不健康にしか見えない林の脇を走るハイウェイだけであった。かつて製材所で賑わったという場所に案内してもらったが、そこにあったのは藪であった。(1) うちすてられた家やホテル、路上生活者の収容施設にも連れていってもらった。路上生活者が大量の錆ついた缶を山のように残してはいたが、街は消え去り、みすぼらしいマツの木立が密集しているだけだった。それは原生自然《ウィルダネス》とも、文明とも判断しがたいものだった。ここに残った人びとは、何であろうとも手に入るものですませていた。ハイウェイ沿いの店はおしなべて閉じられていて、なかには壊れた窓がたれさがっていたものもあった。銃と酒を売っている店もあった。通りに面した看板には、「招かざる客は撃たれる」とあった。トラック・ショップが新規に開店しても、採用前のミーティングに顔をだすものはいなかった。というのも、会社が麻薬検査をしたり、身元調査をしたりするという噂を耳にしたからだ。「ここに暮らす人は、みな、かまわないでもらいたいのだ」とある人はいう(2)。

資源管理は、期待される効果に必ずしも導いてくれるとはかぎらない。森のいぶきを探すべき場所とは、そうした管理計画がうまくいっていないところである。仮に失敗したとしても……マツタケは発生する。

カスケード山脈東部では商業用にマツが管理されている。しかし、そうしたマツ林はフィンランドの北極圏《ラップランド》のようには見えない。マツ林は乱雑である。そこかしこに枯木が倒れていたり、木が傾いたりしている。樹木は不揃いで、まばらかと思えば、密集していたりする。矮小性のヤドリギと根腐れによって、そうした木々は活力を失っている。小規模な土地所有者が共同で管理していることが一般的なフィンランドとは異なって、カスケード山脈のマツタケは国有林か木材業者の所有する林に発生する。たがいに協力しあって森林を管理しようとする小規模所有者など、カスケードにはほとんど皆無である。このことは森林管理にとっては、むしろ結構なことでもある。というのも、白人住民や観光客は森林を規制するという考えを腹立たしく思い、過剰な連邦政府の象徴のようにとらえているからだ。かれらは林野局の看板を銃で撃ちぬき、自分たちがそうした規則を犯すことを誇示したりもする。林野局は、そうした人びとにも受容してもらえるように働いているものの、悪戦苦闘の連続である。

社会科学者は、しばしば林野局が官僚的で独断的だと指摘する。しかし、わたしがカスケード山脈東部で会った林務官たちは、森林管理について説明するに際し、おしなべて腰が低かった。計画は一連の実験であるものの、ほとんどが失敗しているという。たとえば、高密度で生えてくるロッジポールマツを、どのように管理しうるというのだろうか？　試しに皆伐をやってみたところ、ロッジポールマツが高密度に生える藪が形成されてしまった。母樹を残してみたり、傘伐《さんばつ》をおこなってみたりしても、孤立した木々は風や雪に倒される始末であった。環境主義者と法廷で争ってまで、現存する唯一の製材所の雇用を守るべきなのか？(3)環境目標が導入されたことによって林野局のことば遣いが変化したとはいえ、森林管理署は、いまでも当該地域の森林から産出される木材の量の多寡で評価されている。つぎつぎに生じるジレンマに対処していくしかない、と林務官はいう。ほかに適切な方法がない以上、かれらは試行錯誤をつづけていくしかない。

景観も森林管理をむずかしくしている。フィンランドのように米国の太平洋岸北西部にも、かつて氷河が存在していた。しかし、マツがカスケード山脈東部を覆っているのには、別の理由がある。七五〇〇年ぐらい前におきた火山の噴火によって、溶岩、灰、軽石（空気をふくんだ石で、噴出した溶岩が冷却されたときに形成される）が地域一帯を覆ったのだ。仮に有機質土壌が存在していたとしても、それらは埋められてしまったはずである。いまでも溶岩の塊や軽石の地層があって、そこにはなにも育っていない。そんな好ましくない土地にマツが育つことは、驚くべきことである。マツタケは、多少なりとも、このことについての功績を自慢してもよい。

オレゴンのマツタケは、たくさんの種類の宿主樹木《ホストツリー》と育つことができる。湿った高地の針葉樹混淆林でマツタケが豊富なのは、アカモミやベイツガ（マウンテンヘムロック）、サトウマツの生える場所である。カスケード山脈西部の斜面では、マツタケはベイマツ（ダグラスファー）と一緒に見いだされるし、海岸部ではタンオークと発生する。カスケード山脈東部の乾燥した斜面では、ポンデローサマツと生活している。こうした場所には、ほかのキノコもある。木と菌類の関係が排他的になるのは、ロッジポールマツの林である。ロッジポールマツ林を探しまわっても、ほかのキノコが見つかるのは稀である。だからといって、地中の多様性が欠如しているというわけではない。ただ、菌類の多くが地上に子実体を送りださないだけだ。それでもカスケード山脈東部では、とくにマツタケとロッジポールマツは親しい関係を形成しているように思える。

大抵の友情のように、このことは出会いに依存している。小さくはじまり、のちに重要なものになっていく。ロッジポールマツもマツタケも、かつては無視される存在であった。しかし、現在、地域の話題をさらっているとしたら、なにかしらの物語があるにちがいない。渉猟者たちは、この荒廃した景観に対し、かれら流のたとえをもちいて、この地域をアメリカにおけるマツタケ業界の「グラウンド・ゼロ」と呼ぶ。なにが菌と根っこをめぐりあわせ、そんな目を見はらせるほどの成果をもたらしたのであろうか？

一九世紀に白人が最初にカスケード山脈東部にやってきたとき、かれらがロッジポールマツに気づくことはなかった。そのかわり、森林を埋めつくす巨大なポンデローサマツに畏怖の念を覚えたものだ。歴史家のウィリアム・ロビンズ（William Robbins）によれば、こうしたマツ林は、オレゴン内陸部の森林のなかでもっとも感動的かつ壮観であった。木立は巨大で、公園のように下草のほとんどない、広大で開放的な土地に生えていた(4)。一八三四年に米国陸軍大尉のジョン・チャールズ・フレモント（John Charles Fremont）は、「目下、この地域は、あたり一面がマツで覆われている。……樹木は一様に大きく、周囲が二二フィート〔一フィートは約〇・三メートル〕もあるマツもあり、地面から六フィートの高さでも周囲の長さが一二〜一三フィートもある」と記録している(5)。世紀の変わり目に米国地質調査所の測量技師がつけたしたところによると

「林床は、まるで皆伐されたようにきれいで、邪魔されることなく馬に乗ったり、車を運転したりすることができる」(6)。一九一〇年の新聞が「世界中、どの木材も、ここより簡単には搬出できないだろう」と報道したのは、この記述を下敷きにしたものだ(7)。

ポンデローサマツの材木は政府と産業界を魅了した。一八九三年、グロヴァー・クリーヴランド（Grover Cleveland）大統領は、カスケード森林保護区を設置した。するとただちに鉄道が建設され、木材が搬出されるようになった。製材業者は二〇世紀初頭までには巨大な区画の権利を獲得していた(8)。一九三〇年代までにはオレゴンの木材は、米国の製材業で優位にたっていた。カスケード山脈東部のポンデローサマツは、大きな需要があり、伐採作業員が到着するはしから伐られていった(9)。公有地と私有地とでは、伐採の時期が異なっていた。第二次世界大戦以前には、製材会社は政府に圧力をかけ、国有林を閉じたままにさせ、木材の価格が高くなるようにした。しかし、戦争が終わるころには私有地の木材は枯渇してしまっており、おなじ人びとが今度は国有林を開放するように政府に要請するようになった。それしか製材所を操業させつづける手立てはなく、失業と国内における木材不足を回避するため、というのがその理由だった。こののち国有林は、ますます伐採の矢面に立つことになった(10)。

戦後の林業慣行とともに、伐採の影響も変化した。新しい技術と好景気に活気づけられ、木材を枯渇させずに国有林を拓く方法が模索された。林務官たちがやるべきことは、「衰退期」にあって「過熟した」老齢林を、早く成長し、それでいて丈夫な若木と交代させることだった。おおむね八〇年から一〇〇年の間隔で収穫できるものが望ましかった(11)。林務官たちは優良な株を植え、あらたな林がより早く形成され、より病害虫に強くなることを目標とした。あらたな方法では、もっとも理想的な木だけではなく、すべての木を取りのぞいた方が実用的であった。そのため、林務官は皆伐をおこなった(12)。たとえ森林を拡張の単位に区分することになっても、皆伐によって森林は更新がなされるはずであった。この論理にしたがえば、より早く森林が伐られれば、それだけ生産性が高くなることになる。現場の林務官たちのなかには納得しなかったものも少なくなかったが、中央政府の意向が現場の異論を一掃してしまった。一九七〇年代には、皆伐後に植えなおすことが標準的な慣行となった。雑草を殺すために農薬が空中散布されることもあった。[13] カスケード山脈東部のある林務官が回想するように、「将来的には、二五〜四〇エーカーの区画に健康的で集中的に管理された成長途上の同齢の木立が優占するはず」であった。[14]

戦後の見通しのなにが間違っていたのだろうか？　ポンデローサマツは、どんどん伐られていった。しかし、ポンデローサマツは少なくとも容易には再生することはなかった。火が欠如していたからだ。広々とした空間に育つ偉大なるポンデローサマツは、先住民たちによる火の管理があってこそのものだった。先住民たちは下草に火をかけることによって、シカに若葉を提供したり、秋になるとベリー類を摘んだりしてきた。火は競合する針葉樹を焼きはらい、ポンデローサマツが育つのを可能とした。だが、白人は一連の戦争と強制移住によって先住民を追いはらってしまった。林野局は先住民の野焼きのみならず、すべての火を排除してしまった。火がなくなったことにより、コロラドモミやロッジポールマツなどの燃えやすい樹種が、ポンデローサマツの下に育っていった。そしてポンデローサマツが伐採によって取りのぞかれると、これらの種がポンデローサマツにとってかわった。広々とした景観は消え、小さな木々が増大した。ポンデローサマツだけの木立は珍しくなった。ますます二〇世紀初頭の広々としたポンデローサマツ林らしくない景観となっていき、ますます林業にとって魅力のないものとなっていった。

先住民が魅力的にしてきた土地を先住民から取りあげ、白人の伐採業者や兵士、林務官たちは、自分たちが熱望していた公園のような森林を破壊していった。一呼吸して回想してみよう。そのためには、国家の独断による所有権剥奪を語るのが有意義であろう。クラマスに対して負った義務について、合衆国が一九五四年に全条約を「終結」もしくは解消したのがそれだ。終結した結果、広大なポンデローサマツの土地が国有林となり、私益追求のために伐採できるようになった。数十年後、なにが残ったか？　以下の引用は、クラマスのウェブサイトからのものだが、物語のつづきを語ってくれる。(15)

豊かで強いクラマス、モドック、ヤフースキン・バンドのスネーク・パイユートの人びと（以下、クラマス）は、かつてオレゴン中央部からカリフォルニア北部にかけて二二〇〇万エーカーの地域を支配していた。その生活様式と経済は、一万四〇〇〇年にもわたり、暮らしに必要なものと文化を満たしてきた。侵攻してきたヨーロッパ人との接触によって、病気と戦争がもたらされ、クラマスの人口は大幅に減少してしまった。その結果、クラマスに二二〇万エーカーの土地を与えるという条約が結ばれた。かつては敵同士であった三部族が、劇的に減じられた保留地で、近接しあった生活を余儀なくされた。

一九五〇年代、スケーラビリティは資源利用だけではなく、公民権に関しても重要であった。米国は人種のるつぼ《メルティング・ポット》であり、生産性の高い市民となるため、移民たちの均質化が目指された。均質化は進歩――ビジネスと市民生活におけるスケーラビリティの進展をもたらした。このような風潮のなか、国家が一部の先住民諸族に対して果たすべき義務を一方的に廃棄する法律が定められた。当時の条文では、これらの部族はすでにアメリカ社会に同化する準備ができているので、特別な地位は不要であるとされた。部族間の差異は、法律によってないものとされた。(16)

立法者には、クラマスの権利は、もう終わりにしてもよいように見うけられた。というのも、クラマスは裕福だったからだ。鉄道と隣接した森の伐採が居留地の価値を一変させた。一九五〇年代までにクラマスの居留地は、広大なポンデローサマツ林を取り囲んでおり、それを伐採者たちは喉から手が出るほどに欲しがっていた。クラマスは木材からの収入でうまくやっていた。かれらは政府のお荷物などではなかった。他方、伐採者と役人は、クラマスが持っているものが欲しかった。

クラマスは決してお荷物だったのではなく、地域経済への重要な貢献者だった。しかし、その強みと富は、連邦政府がクラマスの文化を根絶させ、クラマスが所有する、もっとも価値ある自然資源——一〇〇万エーカーの土地とポンデローサマツ——を獲得しようとする確固たる努力にはかなわなかった。一九五〇年代初頭、クラマスは取りあげられた。クラマスは連邦政府がインディアンたちへ施した多数の破滅的な政策のなかでも最悪のもの——管理終結——にさらされた。

管理終結が進むと、民間企業と公的機関は動きだした。最終的に連邦政府が優先権を得て、その土地を国有林とした。(17)クラマスには補償金が支払われた。

クラマスの先祖伝来の土地を売って得られた富の多くは、やり手の商人たちに奪われてしまった。質《たち》の悪い弁護士は、処置は誤るは横領はするは、管理能力がないと判断された者の信託勘定をもちいて私的な金融取引——ときには、弁護士本人への貸しつけなどのでたらめな投資——をおこなったりした。地元の弁護士や銀行が、受益者へ小切手を渡す以外にたいしたことをしないのに請求する法外な手数料——そうした手続きは、通常、温情主義的に処理されるものだ——の支払いもあった。

管理終結を進めた人びとが想像していた進歩の夢は、クラマスを資本と特権を持つ「標準的なアメリカ人」には、なしえなかった。社会的・個人的問題が続出することになった。

一九六六年から一九八〇年までのデータはつぎのごとくである。

・二五歳までに二八パーセントが死亡。
・四〇歳までに五二パーセントが死亡。
・すべての死因の四〇パーセントは飲酒関係。
・幼児死亡率は全国平均の二・五倍。
・成人の七〇パーセントは高校以下の教育しかうけていない。
・法定貧困レベルは、オレゴン州で最低とされるクラマス郡内の非インディアンの三倍。

ついに一九八六年、合衆国にクラマスの権利を再認知させることができた。クラマスは水利権と少なくともかれらの土地の返還を要求した。いまやクラマスは、伐採されつくされた土地における森林管理計画を整えている。[18]

クラマスはこれら［土地と資源］の返還をもとめた。それはおもに土地と資源を癒し、かつての豊かだった状態に少しでも近いものに回復するためである。土地の品位回復も目指している。……クラマスは、自分たちの生活様式を取りもどそうとしている。

とりあえず、幾人かがマツタケを摘んでいる。

伐られた林はどうなったのか？　かつてはポンデローサマツで知られた景観には、モミとロッジポールマツが群生していた。ロッジポールマツは、マツらしい特徴をたくさん備えている。一九六〇年代までには林務官も伐採者も、ロッジポールマツをあつかうようになっていた。製材工場はポンデローサマツとともにロッジポールマツも加工した。[19]　一九七〇年代の改植計画では、ポンデローサマツよりも、むしろロッジポールマツの方が植えられた。それはロッジポールマツが荒廃した土地に容易に育つためであった。今日、Google Earthをもちいて俯瞰してみれば、かつて皆伐された広大な領域にロッジポールマツが生えていることがわかる。褒められた景色ではない。世紀の変わり目の批評家たちは、カスケード山脈東部の林業地域を指して「みすぼらしい老犬の背中の、炎症患部」のようだと描写し、「宇宙からでも見える」と悪評をたれ、林務官を驚かせた。[20]　ロッジポールマツは目立つ存在になった。ロッジポールを主人公とする物語のときがきた。

ロッジポールマツはカスケード山脈東部の古くからの住人である。それは氷河が溶けたあと、最初にやってきた植物だったかもしれない[21]。ロッジポールマツは、マザマ火山が噴火したあとの軽石だらけとなった平原でも育つ、数少ない樹種のひとつであった。ロッジポールマツは丘陵地中腹の寒い窪みでも繁茂したが、ポンデローサマツをふくむほかの樹種は夏期の霜によってやられてしまうのだった。カスケード山脈西部では、ロッジポールマツはかつて土砂崩れがおこった場所にも群生した。有機土壌は流されてしまっていたが、マツタケと連携するおかげでロッジポールマツは丈夫なのだ。

択伐はロッジポールマツに有利に働いた。針葉樹との混淆林では、伐採者は最良の木を選別し、それ以外のものに手をつけることはなかった。現在、サトウマツの切り株が高地で散見できるものの、サトウマツ自体をみかけることは稀である。ロッジポールマツは、伐られることのない樹種のひとつであった。しかもロッジポールマツは攪乱など意に介さなかった。放棄された伐採道路は若いロッジポールマツでいっぱいである。

火が排除されたことで、ポンデローサマツの好む乾燥した斜面においても、ロッジポールマツをもっとも益することとなった。ロッジポールマツとポンデローサマツは、火に対して正反対の戦略を有している。ポンデローサマツは分厚い樹皮と高い樹冠を持っている。そのため、たいていの火はポンデローサマツに届くことはない。火事がポンデローサマツの木立を薄くしてくれるため、小さな木が取りのぞかれ、生き残ったポンデローサマツが斜面を支配することになる。対照的に、ロッジポールマツは容易に燃えてしまう。とくに密集した小さな林では、生きたロッジポールマツと枯れたロッジポールマツが混在しているため、さらに火が広められることになる。しかし、ロッジポールマツは、ほかのどの樹種よりも、よりたくさんの種子を実らせる。また、ロッジポールマツは、しばしば焼けた土地に最初に自生する木でもある。ロッキー山脈では、ロッジポールマツは閉じた松ぼっくりを持っていて、それが開いて種子を放出するのは火事のときにかぎられる。他方、カスケード山脈では、ロッジポールマツは毎年、大量の種子をおとす。あまりにも大量なので、ロッジポールマツはあらたな土地でコロニーを作るのが早いのだ[22]。

皆伐されたあとの、開けた、明るい空間にロッジポールマツの実生《みしょう》は、固まってコロニーを形成する。ときには非常に濃い木立を形成するので、林務官たちは「犬の毛の再生」と呼んだりする。ある老人が非常にキツキツに絡みあい、まるで溶接された固形物のような区画を案内してくれた。かれは、「政治資金の再生だ」と毒づいた**。密集した林は病虫害の巣窟となる。木が生長するにつれ、枯れていくものもある。枯れた木と生きている木が混在している。枯れた木が生きている木に寄りかかる。その重さに耐えかねて、その群落のすべてが、風に倒されてしまう。そうしているあいだにも、たった一回の閃光が林のすべてを焼きつくすこともある。それは林だけではなく、民家をはじめ、馬小屋、貯木場、林野局の事務所などをふくむ景観のすべてを焼きはらってしまうこともある。こうした火事による一掃を夢想する者もいるにはいるが、ほとんどの林務官たちは、よくないことだと思っている。

ロッジポールマツの視点からすると、火事はそれほど悪いことではない。火事のあとには、あらたな実生が生えてくるわけだから。カスケード山脈の長い歴史のなかでは、火はロッジポールマツがその景観に根づくことのできたひとつの手段であった。しかし、林野局が火を排除したことにより、ロッジポール林はあらたな経験をつむことになった。より長い年月を生きることになったのだ。火とともに短い周期で世代を繰りかえすのではなく、カスケード山脈東部のロッジポールマツは、十分な樹齢まで成熟するようになった。ロッジポールマツが成長するようになると、マツタケと出会うことになった。

菌類は森林の遷移状況について選り好みする。新しい木と即座に関係を築く菌もあれば、林がある程度まで成長するのを待ってから関係を築く菌もある。マツタケは、ちょうど中間の遷移状態を好むようだ。日本では、マツ林が四〇年ほどたってからマツタケは子実体を形成するとの調査報告がある。[23] 以後、四〇年間以上にわたって子実体を形成しつづけるという。[24] このことについてオレゴンの林における明確なデータはない。しかし、若い宿主樹木《ホストツリー》とではマツタケは子実体を形成しないことでマツタケ採取者と林務官の意見は一致している。二一世紀最初の一〇年がたった現在、一九七〇年代と一九八〇年代に形成されたマツのプランテーションでは、いまだにマツタケは発生していない。再生途上の林でマツタケが発生するようになるには、おそらく四〇年から五〇年はかかるのだろう。[25]

しかし、四〇年から五〇年もたったロッジポールマツなど、もし林野局が火を排除しなかったならば存在しえなかったことである。マツタケが発生すること、つまり菌糸体がロッジポールマツの根と絡まりあうことは、米国北西部で林野局がしでかした、もっとも有名な失敗――火の排除――の予期せぬ結果でもある。

他方、林務官にとっての最大の試練は、密集し、成熟しているロッジポールマツをいかに焼失から防ぐかにある。この課題は、過去数十年間の林野局の方針変化によって、より複雑化してしまっている。まず、環境保全という目標が、一九八〇年までに林野局に影響を与えるようになった。林野局が環境主義者たちと対話するようになると、異齢林管理法などのあらたな管理手法が試験的に導入されるようになった。だが、製材会社が撤退してしまい、連邦政府の予算もほとんど使用できなくなった（第15章を参照のこと）。具体的な法的根拠があり、信じられないほど格安な管理手法でなければ、もはや提案すらできなくなった。すべての森林管理は、現存するもっとも良質な木とひきかえに、伐採業者に下請にださざるをえなくなった。労働集約的な作業など、もはや選択肢にはなりえなかった。製材業からの巨大な資金なくしては、異なる森林利用者たち（自然か、伐採か）、異なる森林への取りくみ方（持続可能な生産か、持続可能な生態系サービスか）、異なる区画ごとの生態系（同齢管理か、異齢管理か）など、多岐にわたる関心事のあいだで利害を調整することが林務官自身の仕事だとみなすようになった。進歩へまっすぐ向かう道筋を欠いたまま、林務官たちは代替案でなんとか辻褄あわせをしている。

林務官たちの本音は、ロッジポールマツを間引いてしまうことだろう[26]。しかし、そんなことをすれば、意図的ではないにしろ、マツタケ狩りたちの神経をさかなでしてしまう。林野局が干渉した結果、マツタケ狩りたちは自分たちのお気にいりのパッチが消えてしまったことに気づいている。林務官たちは、森林を拓くことがマツタケにとってもプラスに働くという日本の研究成果を説いている。しかし、日本の森林は異なっている。マツは広葉樹の陰で苦しんでいるし、ほとんどの場合、間伐は手作業でおこなわれている。カスケード山脈東部では、マツは広葉樹と競争しているわけではない。林務官は、重機をもちいずして間伐するなど想像したためしがない。カスケード山脈のマツタケ狩りたちは、重機が土壌を掻きみだし、押しかため、菌を壊してしまうと訴えている。かつて生産的だったパッチに案内してもらうと、なかなか消えそうもない重機のあとが深く残っていた。たとえ成熟した木の根が存在しても、土壌が圧搾されてしまえば、菌類が再生するまでに長い年月を必要とする、とマツタケ狩りたちは主張する。

官僚主義が非力な森林の渉猟者たちと対決していることを考えれば、林務官たちがそのような不平に耳を傾けることは驚くべきことだ。このことは、おそらく、近年、林野局がどっちつかずの曖昧な姿勢をとっていることのあらわれであろう。いずれにせよ、二〇〇八年のマツタケシーズンには、特筆すべきことがおこった。ある森林区域において、マツタケを目的としたロッジポールマツの管理を試験的におこなうことが公式に決定されたのである。これは、林野局のほかの権限が火事対策を理由として間伐を義務づけていても、間伐をしないという意味である。少なくとも、マツタケが林野局の視野に入りこみ、マツタケとロッジポールマツとの連携に林野局が気づいたのだ。これがいかに奇妙なことであるかは、木材以外のほかの林産物で、このような地位を与えられたものが、少なくとも米国のこの地域には存在しないことを考えてみればよい。木だけを見る官僚主義において、その伴侶生物であるキノコがあっといわせたのだ。失敗がなされ……キノコが不意に出現する。

1　製材所とその仕事については、つぎが参考となる。P. Cogswell, Jr., "Deschutes country pine logging," in *High and mighty: Selected sketches about the Deschutes country*, ed. T. Vaughn, 235–259（Portland, OR: Oregon Historical Society, 1981）. ヒクソン（Hixon）は、あらたにできた製材所の街のひとつである。「その街は、デシューツ（Deschutes）郡、レイク（Lake）郡、クラマス（Klamath）郡を数年ごとに移動し、シェルヴィン－ヒクソンの製材場所に近づいてきた」（251）。伐採道路が出現したことにより、製材のための街が誕生した。

2　会社が麻薬条項を引っこめると、たくさんの人が署名した。

3　二〇〇三年の森林再生健全化法――健全な森林を再生するために、伐採と間伐、焼きはらったあとの再利用を命じた――は、林野局を環境保護運動家との絶えまない闘いに追いやった（Vaughn and Cortner, *George W. Bush's healthy forests*〔第5章、注3で参照〕）。

4　William Robbins, *Landscapes of promise: The Oregon story, 1800–1940*（Seattle: University of Washington Press, 1997）, 224.

5　Ibid., 223 に引用。

6　Ibid., 225 に引用。

7　Ibid., 231 に引用。

8　この部分の話は、地域史家によってよくまとめられている。その要点は、つぎの二点である。まず、私有地の所有者たちは、公共のものだとされていたものを最初に侵害し、公有地と私有地が混合する森を創出した（たとえばコグスウェルの「デシューツ」（本章注１）を参照のこと）。つぎにデシューツ川に向かう鉄道建設競争が土地への投機を奨励し、森林を獲得しようとするための気運と緊急性を助長した（W. Carlson, “The great railroad building race up the Deschutes river,” in *Little-known tales from Oregon history*, 4:74-77［Bend, OR: Sun Publishing, 2001］）。

9　一九一六年、シェルヴィン－ヒクソン（Shelvin-Hixon）社とブルックス－スカンロン（Brooks-Scanlon）社の、大規模な製材コンプレックス二社が、デシューツ川沿いで操業をはじめた（Robbins, *Landscapes of promise*, 233）。シェルヴィン－ヒクソン社は、一九五〇年に売却されたが、拡張したブルックス－スカンロン社は事業を継続した（Robbins, *Landscapes of conflict*［第３章、注５で参照］, 162）。ブルックス－スカンロン社は、一九八〇年にダイアモンド・インターナショナル（Diamond International Corporation）社と合併した（Cogswell, “Deschutes,” 259）。

10　ロビンズ（本章注４、*Landscapes of conflict*, 152）は、「製材業者はますます国有林、州有林に関心を向け、自分たちの操業を拡大させようとしている」とする一九四八年の『ニューヨークタイムズ』紙の記事を引用している。カスケード山脈東部では、金銭的価値の高い木材は国有林にしか残っていないという事実が、一九五〇年に製材会社の統合をうながした。Phil Brogan, *East of the Cascades*（Hillsboro, or: Binford and Mort, 1964）, 256.

11　Hirt, *Conspiracy*.（第３章、注５で参照）

12　Robbins, *Landscapes of conflict*, 14.

13　オレゴンとカリフォルニア北部のポンデローサマツについてフィスク（Fiske）とタッペイネール（Tappeiner）は、「除草剤の使用が一九五〇年代にはじまり、フェノキシ系除草剤の空中散布がおこなわれた。その後、もっと多様な除草剤の適切使用法が確立した」と書いている。John Fiske and John Tappeiner, *An overview of key silvicultural information for Ponderosa pine*（USDA Forest service General technical report PsW-Gtr-198, 2005）.

14　Znerold, “New integrated forest resource plan for ponderosa pine”（第３章、注６で参照）, 3.

15　以下、字を下げて引用した箇所は、クラマスのウェブサイトから転用したものである。http://www.klamathtribes.org/background/termination.html.

16　ドナルド・フィシコの『二〇世紀におけるインディアン地域への侵入』（Donald Fixico, *The invasion of Indian country in the twentieth century*）（Niwot: University Press of Colorado, 1998）は、終結（termination）と収奪に関して、クラマスの物語を異なる文脈から説明している。

17　パルプ製紙会社のクラウン－ゼラーバック（Crown-Zellerbach）社は、九万エーカーの居留地を木材のために購入することに成功した（http://www.klamathtribes.org/background/termination.html）。一九五三年、クラウン－ゼラーバック社は、ウェイルハウザー（Weyerhaeuser）社についで西部で二番目に大きな木材用の土地を保有していた（Harvard Business School, Baker Library, Lehman Brothers collection, http://www.library.hbs.edu/hc/lehman/industry.html?company=crown_zellerbach_corp）。

18　Edward Wolf, *Klamath heartlands: A guide to the Klamath Reservation forest plan* (Portland, OR: Ecotrust, 2004). クラマスは、森林専門家を雇って、居留地で予定されているプロジェクトを監視させた。一九九七年、クラマスは予定されていた国有林材の販売を阻止することに成功した。その結果、一九九九年には森林管理についての合意覚書がかわされることになった（Vaughn and Cortner, *George W. Bush's healthy forests*, 98-100）。

19　ロビンズは、一九五〇年にブルックス－スカンロン社が、減少していたポンデローサマツの供給を補うため、すでにロッジポールマツを伐採しはじめていたことを記録している（本章注4、*Landscapes of conflict*, 163）。

20　Znerold, "New integrated forest resource plan for ponderosa pine," 4.

21　Jerry Franklin and C. T. Dyrness, *Natural vegetation of Oregon and Washington* (Portland, OR: Pacific Northwest Forest and Range Experiment station, U.S.D.A. Forest Service, 1988), 185.

22　開けた土地を短期間にコロニー化する能力は、新米林務官であったソーントン・マンガー（Thornton Munger）を印象づけた。かれは一九〇八年に林野局から派遣され、ポンデローサマツの領域へのロッジポールマツの浸食について調査した。マンガーは、ロッジポールマツをほとんど無価値な雑木だと考えていた。かれは、ポンデローサマツにとっての問題は、火事が多発しすぎることであるとし、そのことが、ポンデローサマツを枯らし、ロッジポールマツを跋扈《ばっこ》させる原因であると推察した。マンガーは、ポンデローサマツを守るため、山火事防止を提唱した。これは、今日、林務官たちが議論していることと、ほとんど正反対のことである。マンガーでさえも、のちに考えをあらためた。「それ以来、ワシントンは、その二種を見たことがない未経験な林務官を任命することが、いかに大胆で無謀なことであるかを考えつづけてきた」（Les Joslin, *Ponderosa promise: A history of U.S. Forest Service research in central Oregon* [General Technical Report PNW-GTR-711, Portland, OR: U.S.D.A. Forest Service, Pacific Northwest Research Station, 2007], 7）。

23　Fujita, "Succession of higher fungi".（第12章、注28で参照）

24　二〇〇八年におこなった吉村文彦へのインタビュー。吉村博士は、樹齢三〇年の木にマツタケが育つのを確認したことがある。

25　地中の菌糸体は、子実体よりも、より持続的な存在である。北欧地域では、菌根菌は火事のあとも地中で生き残り、マツの実生を再感染させている（Lena Jonsson, Anders Dahlberg, Marie-Charlotte Nilsson, Olle Zackrisson, and Ola Karen, "Ectomycorrhizal fungal communities in late-successional Swedish boreal forests, and their composition following wildfire," *Molecular Ecology* 8［1999］: 205–215）。

26　一九三四年、ロッジポールマツが商業種だと考えられるよりもずっと以前に、カスケード山脈東部の林務官はロッジポールマツを間伐し、木の生産速度を早める実験をおこなっている。第二次世界大戦後になって、ロッジポールマツが柱や組立式の箱、木材だけではなく、パルプや製紙原料となるようになって、ようやくロッジポールマツの造林がカスケード山脈東部を管轄する林野局の主要な関心事となった。一九五七年には、チローキン（Chiloquin）周辺にロッジポールマツ用のパルプ製材工場が操業をはじめた。Joslin, *Ponderosa promise*, 21, 51, 36.

*　なにか別のものを探しているときに、偶然に素晴らしい幸運にめぐりあったり、素晴らしいものを発見したりすること。

**　林務官たちが dog hair（犬の毛）と呼ぶことに対し、老人が政治資金を意味する frog hair（カエルの毛）と呼んだことを対比している。両生類のカエルには、そもそも体毛がない。

木材センター

能動的な景観、京都府。1950年代と1960年代にスギとヒノキの生産を目的としたプランテーションが京都のオーク－マツの森にとってかわった。今日、こうした植林は、かぎられた地域でしか利用されていない。害虫と下草が跋扈し、密に植えられた木立を蝕んでいる。それでも里山再生は可能である。それは産業林の需要が減少しているからである。

15 残骸

日本とオレゴンのマツタケ山は、もし木材の価格がもっと高ければ、どちらも、より利益をもたらす産業林へと転換されるであろうとの一点をのぞき、ありとあらゆる面において異なっている。この小さな一致は、第二部で論じた構造を想起させるものである。全球大《グローバル》に広がるサプライ・チェーンを通じて商品が調達され、国家と産業界の協定をとおして資本家は力を獲得していく。森林は、地元の人びとが生計を立てたり国家が政策的に推進したりするだけではなく、蓄財のためのトランスナショナルな機会によっても形成される。グローバル・ヒストリーの登場である——ときには予期せぬ結果とともに。

本章では、瓦解した産業林が、いかに別々に、しかも同時並行的に形成されてきたのかについて問うことにしよう。トランスナショナルなめぐりあわせによって、いかに森林は構築されてきたのであろうか？　めぐりあわせが示すのは、ひとつの包括的な枠組みではない。国家や地域、地元の景観の内外を、出入りしながら進み、つながっている様である。これらは共通する歴史に起因している——と同時に、予期せぬ合致と不可思議な調整にも起因している。不安定であることは、グローバルな協調がもたらした現象である。しかも、それは統一されたグローバルな磁場をともなっていない。進歩のあとに残された世界を理解するためには、荒廃地のパッチが変化しつづける様子を辿っていかねばならない。

予期できない同時発生という驚愕すべき力について考察するために、まずは脇道にそれ、二〇世紀後半の三〇年ほどのあいだに東南アジアで伐り倒されていった樹木の話からはじめよう。東南アジア産の熱帯材は、一九六〇年代から一九九〇年代にかけて、日本の建設ラッシュに供給された。森林伐採は東南アジア各国の軍隊が請け負ったが、資本を提供したのは日本の商社であった。サプライ・チェーンの段取りのおかげで、木材は信じられないくらいに安かった。それはグローバルな木材価格——とくに日本の消費者に使用される木材の価格を押しさげた。東南アジアの熱帯林は荒廃していった。[1] ここまでは、とくに驚くほどのことはないはずだ。しかし、いまだに残っているふたつの森林について思考してみてもらいたい。米国太平洋岸北西部の内陸にある森と日本の本州地方のスギとヒノキの森だ。両者とも、日本の発展を支えた木材の潜在的な供給地であった。しかし、今日では、両者とも競争力を失ってしまい、世間から忘却されてしまっている。両者は瓦解した産業林の典型例である。[2] しかも、それぞれがマツタケ生産に関連する、皮肉な歴史を別個に引きずっている。別個に生じたものとはいえ、相互に関係しあっている相違点を見極めることによって、複合的に展開していくグローバルな協調過程があきらかとなる。

森林史はひとつだけ——どの森も歴史の一コマにすぎない——という仮定をせずに、瓦解の歴史を正視するには、どうしたらよいだろうか？　わたしは、オレゴンと本州地方の森林が歩んできた対照的な歴史に糸口を見いだそうとしている。[3] 独自の森林と管理が関係している以上、両者の歴史は異なっていて当然である。説明が必要となるのは、両者がいつ収斂するか、である。予期せぬ調整がなされる瞬間においても、グローバル・コネクションは作用している。しかも、森林は均質化していくのではなく、意に反して独自の森林が形成されていく。グローバル・コネクション内の、このパッチ的な創発の過程において、収斂の歴史があきらかとなる。マツタケを通じて、崩壊した産業のグローバル・ヒストリーに宿る生命について、わたしたちはじっくりと考えることができる。以下、収斂する瞬間を一組にし、わたし自身のことばで説明していこう。

ときおりのめぐりあわせは、海外から吹いてくる「風」の結果である。風ということばは、マイケル・ハザウェイが、伝播する知識や術語、モデル、プロジェクトの目標などの力を記述するためにもちいるものだ。[4] それらはカリスマ的であるか、強制的なものであるので、環境と人間の関係性を作りかえることがある。先述したフィンランドの森林を変えた一九世紀のドイツ林学の事例も同様である。伝播していく専門知識の特徴のひとつは、森林に火をはなつことへの断固たる拒絶である。こうした反対は、多数の国の「近代的」森林管理の基本要素と化している。

一九二九年、本州地方　法律によって国有林内での火入れが禁止された。[5]

一九三三年、オレゴン　ニューディール政策がはじまったおり、ティラムック大火事にみまわれ、防火が官民連携による森林管理の中核に位置づけられた。私有林の伐採作業中に火事が突発すると、資源保全市民部隊（Civilian Conservation Corps）が招集され、消火にあたった。その後、州の林務官が民間による残存木の伐採を促進し、「官民連携行動」を要請した。林野局は山火事撲滅に関し、野心的なプログラムを開始した——そのことが意図的ではないが、オレゴンの森林を変えていった。[6]

国家のために森林を管理することが目的だったので、近代的林業は、国家形成の特性と連動しながら進んでいった。二〇世紀初頭の日本と米国は、異なる国家形成のスタイルを持っていた。理由は異なっていたが、両国の林務官たちは私益のあつかいに苦慮していた。米国では、企業がいかなる官僚制度よりも多大なる影響力を持っていたので、林務官は材木王たちが合意しうる規則しか提案することができなかった。[7]日本では、明治期に実施された改革によって、半分以上の森林が小規模な所有者に譲渡された。国家的林業の基準は、林業組合を通じて伝達され、さまざまな交渉も組合を通じておこなわれた。[8]こうした差異にもかかわらず、両国で火入れ禁止が森林に関する公益と私益の結節点となった。異なる森林の歴史のなかでも、共通の条件が浮上した。

数年後、森林行政は日米両国間の戦争に向けた動員に前のめりとなっていった。おたがいに敵対することで、一致が生まれたのだ。

一九三九年、本州地方　自治体レベルの林業組合が、改訂森林法によって義務化され、戦争への動員体制に組みこまれた(9)。

一九四二年、オレゴン　不首尾に終わったものの、潜水艦から打ちあげられた日本のフロート付水上飛行機がオレゴン南部の森林を焼きはらおうとした。この小さな事件が、林野局の統治を強化する契機となった。山火事撲滅キャンペーンが軍隊なみの規律と熱意を持って追求された。一九四四年、オレゴンの森林に日本軍の焼夷弾が投下されるかもしれないという脅威が広まるとともに、スモーキー・ベアが、祖国防衛としての防火シンボルとなった(10)。

産業林の荒廃地を作りあげるには、まず官民挙げての夢——そのために生態系のプロセスを損なったとしても——を強調するような統治の仕組みを必要とした。日本も米国も、近代林業を育成するための官僚制度がこの役割を担った。

日本の降伏後、米国の占領が両国を束ね、林業政策もそのなかにふくまれた。一、二、三年のあいだ、共通する権力構造のもとにあった両国の森林は、それぞれ別々には考えることはできなかった。戦後の米国の政治文化は、アメリカ的民主主義へいたる道として、官民ともに、成長に関する楽観主義に支配されていた。このことは、米国では国有林を民間の伐採業者に開放することを、日本では天然林をプランテーションに転換することを意味していた。政策立案者は、それぞれのケースにおいて将来的にビジネスチャンスが拡大していくことを見込んでいた。

一九五〇年、オレゴン　オレゴンの木材生産は五二億三九〇〇万ボードフィートで、全米一となった。[11]デシューツ川の、ある製材コンプレックスでは、毎日平均三五万ボードフィートのポンデローサマツが伐採された。[12]

一九五一年、本州地方　進駐軍が支持した森林法によって、森林組合の事業範囲が拡張された。あらたな活動のなかに私人の立てなおしもふくまれた。林地所有者の社会経済的状況を向上させるため、林業組合も融資できるようになった。[13]法律の後押しをうけたあらたな起業家が、森林プランテーションを作るよう仕立てられていった。

近代的産業を企図して計画された森林が、両国でもてはやされていた時期であった。米国による占領を契機として誕生した新生日本は、アメリカ人の助言にしたがって成長に専念した。国益が成長の方向性を決定づけ、木材の自給自足計画が促進された。日本も米国も、古い森林は伐り倒され、産業用に合理化された資源がとってかわった。[14]過去は未来を支配しえない。新しい森林はスケーラブルで、産業用に合理的に管理されるはずであった。木材の生産は計算可能で、調整がきき、維持されるはずであった。しかし、そうした夢想がなされた時期は、それぞれの事例で異なっていた。本州地方では、植えつけと集中的な管理が一九五〇年代にはじまった。オレゴンでも私有林の集中管理がはじまったが、一九五〇年代を通じて国有林では伐採がおこなわれた。国有林には、まだ立派な木が存在していて、伐採の余地があった。

一九五三年、本州地方　スギとヒノキのプランテーションに転換するために、融資と減税の優遇策が施行された。自給自足が可能で、増大する木材需要にも見合うはずであった。村の林業者たちは木材需要を記憶している。戦時中でさえ、高価な材しか搬出されなかったのに、あらゆる種の樹木が一斉に伐られた。その跡地には、急な斜面でさえもプランテーションが造成された[15]。スギもヒノキも、密に植えられた。政府はヘクタールあたり三五〇〇から四五〇〇本の苗木の植林を奨励した[16]。人件費は安かった。人力で雑草が取りのぞかれ、間伐され、枝打ちされ、収穫された。政府は費用の半額を補助し、収入のわずか五分の一しか課税しないことに合意した[17]。

一九五三年、オレゴン　『ニューズウィーク』誌は「オレゴン人にとって、もっとも甘い香りは、おがくずのそれだ。収入一ドルにつき、だいたい六五セントは、木材と木材製品に由来する」と報じた[18]。

ときおり、ほかの方法によっても森林形成はなされうる。両国の場合も、エリート層にとって価値ある林地は、住民たちのおかげや国家による暴力の所為《せい》で、そこにあるということだ。いまや国家と企業の欲する森林を形成したのは、それ以前から人びとがおこなってきた森林の利用法のおかげであった。

一九五四年、オレゴン　連邦政府はクラマス居留地を横取りし、国有林システムに併合した。

一九五四年、本州地方　あらたに組織された自衛隊が富士山の北側斜面にあった村有林を演習地に併合した。そこは一一カ村の人びとが共用してきた里山であった。村人たちは、軍事演習が生態系を破壊し、樹木に損害を与えると抗議した。クラマスの権利も復権されたように、一九八〇年代中葉に村人たちも入会《いりあい》地補償の裁判で勝利した。[19]

商業林についての楽観的な見方は、長くはつづかなかった。日本では、早くも一九六〇年代に問題が生じ、木材プランテーションに対する熱狂は潰えてしまった。外材の輸入が開始されたのだ。日本政府は石油を購入するための外貨を節約する必要から、終戦から一九六〇年代まで木材輸入を禁止していた。石油は戦略物資であった。一九六〇年代に石油が安くなると、建設業界は政府に外材の門戸開放を迫るようになった。輸入がはじまると、やっかいなことにスギとヒノキの価格に格差が生じるようになった。それまで両者の価格は、ほとんどおなじであった。ところが、一九六五年に米国太平洋岸北西部の木材が日本市場に入ってきたことによって、この均衡が崩れてしまった。ツガ（ヘムロック）やベイマツ（ダグラスファー）、マツがスギと競合した。しかし、より高級な用途に使用されていたヒノキと米国産木材が争うことはなかった。[20] 林業労働者の賃金も上昇した。こうして森林を維持していこうとする気持ちがそがれていった。[21] 一九六九年、日本の木材自給率は、はじめて五〇パーセントを割った。[22]

対照的に一九六〇年代のオレゴンは、楽観的な時代であった。その一部は、オレゴン材を輸入する日本市場のおかげでもあった。ここで歴史家のウィリアム・ロビンズの記述を紹介しておこう。「わたしがオレゴンに着いた一九六〇年代初頭、伐採者たちは水際まで木を伐っていた。「キャタピラ運転手」たちは河床でブルドーザーを運転していた。最大の森林所有者の幾人かは、伐採跡地への植林など無関心であった。ウィラムレット渓谷の農夫たちは、これまでよりも広い田畑を耕作するため、耕作地の端の柵から川縁まで耕していた。生け垣を撤去し、沼地を排水していた。すべてはスケールの経済のためである[23]」。拡大こそが、すべての問題への回答のようであった。

ロビンズの記述は、つぎの一〇年間に生じるべき懸念を予見していた。一九七〇年代までには環境保護運動家が、太平洋岸北西部の森林について苦情を申し立てるようになった。一九七〇年、国家環境政策法によって環境アセスメント報告書が義務づけられた。森林への除草剤散布に対して反対の声があげられた。流産の可能性が示唆されたためである。評論家は皆伐に反対した。森林管理者は環境目標を達成するよう強いられた。同様に日本でも、一九七三年に、あらたな森林資源に関する国家基本計画が示された。

しかし、おそらく、両者の森林にとって一九七〇年代におこった、もっとも重要な出来事は、どこか別のところで生じていた。一九六〇年代、日本へのフィリピン材の輸入が増大した。しかし、容易に伐採できたフィリピン材は、すでに枯渇していた。一九六七年、インドネシアはあらたな森林法を可決し、すべての森林を国家に帰属させ、木材を外資の誘いこみに利用しようとした。一九七〇年代と一九八〇年代に日本向けの丸太がインドネシアから洪水のようになだれこみ、その後も、ほかのアジア諸国から入ってくるようになった。[24] 日本国内の木材は、海外のたやすく伐採できるものと競合せざるをえなかった。一九八〇年代までには国内材の価格は暴落し、木を伐る金銭的余裕がある者などいなくなっていた。オレゴンでは、集中管理が強固に推進されていたものの、それも終わりに近づいていた。一九九〇年代までには、製材会社は撤退し、林野局の予算はつき、集中的な公的管理の夢は雲散霧消してしまった。

オレゴンの崩壊については前章で見たとおりである。日本の森林はどうであったのか？　すでに述べたようにスギとヒノキは急傾斜に密植された。手作業で草を抜き、間伐し、枝打ちすることが前提とされ、人力での収穫が想定されていた。所有者が誰であろうとも、すべておなじ樹齢であったため、価格を維持することは困難であった。除草し、間伐し、枝打ちするのは高くついた。人力で収穫するのは、もっと高くついた。

過密は害虫と病気をもたらした。木材は、ますます売れなくなるばかりであった。
日本人の大多数は、こうした林を嫌うようになった。スギの花粉が大挙して漂いはじめ、アレルギーを引きおこすようになった。子どもへの影響を恐れ、田舎を忌避する家庭も出てきた。ハイカーたちは、暗くて単調な場所を避けた。植えられた若木の下には雑草がよく生え、それがシカの個体数の急激な増加をもたらした。成長した木が下生えへの日光を遮るようになると、シカは食べるものがなくなり、里の害獣となった。かつて外国人が「緑の列島」と呼んだほどに、人為がくわえられた豊かな森林を追求したことが、今度は逆に森林を瓦解へと導いていった。[25]
「ほとんどの林は伐られずに残り、中齢林から老齢林へと遷移していくだろう。というのも、所有者が造林への関心を失ってしまっているからだ。……単に林が残され、手入れをされずに樹齢を重ねるにまかせていれば、高品質の材木は産出されなくなる。それどころか、上手に維持された成熟林に期待される生態系維持の機能も果たせなくなる」と藤原三夫は指摘する。[26]

産業が崩壊することによって、いかなる影響を被るかは生物次第である。ある昆虫や寄生生物にとっては、産業林の崩壊が喜ばしいこともある。ほかの種にとっては、森林の合理化それ自体が、——崩壊する以前からすでに——破滅的でもある。これらの両極のどこかにマツタケが形成する世界は存在している。

日本でマツタケが減少しているのは、それまで積極的に維持されてきた林が、一九五〇年代以降に消失した結果である。その一部は、とくにスギとヒノキのプランテーションへ転換されたことに負っている。そうしたプランテーションは、所有者にとってあまりにも維持費が高くつくようになったため、一九七〇年代以降にあらたに造成されることもなくなった。したがってマツと広葉樹の重要なパッチが残されているのは、価格の暴落とその結果としてプランテーションが顧みられなくなった所為である。もし、いまだにマツタケ山が存在するとするならば、すべてではないにしても、それはスギとヒノキに道を譲るために伐採されなかったためである。この意味において、マツタケ山は、東南アジアにおける暴力的な森林伐採に恩義がある──少なくとも日本がかつて夢中となったプランテーションへの追求を当然のことと考えるならば。瓦解した日本のプランテーションにマツタケは生えないが、プランテーションが崩壊したゆえにマツタケは発生する。プランテーションが瓦解したことによって、さらなる林がプランテーションに転換されることから救われることになった。

このことはマツタケが繁茂するオレゴンの森にも共通している。オレゴンにおける戦後の伐採ブームの絶頂期であった一九六〇年代から一九七〇年代にかけて、オレゴン材のもっとも重要な市場は日本であった。しかし、出まわりはじめた東南アジア材が安すぎたために、オレゴン材は競争力を失った。この問題のみならず、環境保護を目的とする訴訟がおこり、その訴訟が社会の支持を得たために、製材会社はオレゴンから撤退していった。企業は、より安価な材をもとめつづけた。まず米国南部で再生中のマツが見いだされた。つぎに地元の有力者が安く森林を剝ぎとってくれるところであればどこへでも、世界の木材サプライ・チェーンを資本は駆けめぐった。製材会社が出ていってしまったので、林野局は目標と資金を失った。木材のための集中管理は、もはや必要でもなく、可能でもなかった。優良な株に植えかえ、体系的に間伐し、選択し、昆虫と雑草を殺すために毒をまくこと──これらのどれも検討する必要がなくなった。もし、それらのプログラムが実行に移されていたとしたら、マツタケは苦しむことになったであろう。集中的に管理されたプランテーションは、マツタケにはふさわしくない。木材の価格が高かったならば、マツタケ狩りは歓迎されなかったはずだ。だれもマツタケにふさわしい管理計画を立案しなかったであろうことは、たしかなことだ。オレゴンのマツタケ山もまた、その繁栄をグローバルな木材の安さに負っている。オレゴンと本州地方のマツタケ山は、ともに産業林の崩壊に依存している。

おそらく、あなたは、わたしがこの瓦解をよく見せようとしている、あるいは逆境を逆手に取ろうとしているのではないか、と勘ぐるだろう。そんなことはない。わたしを魅了するのは、世界中で進行している、大規模で相互につながり、止めることのできそうもない森林の荒廃であり、そういう状態だからこそ、もっとも地理的にも生物学的にも、文化的にも性質が異なる森林が、いまだに瓦解の連鎖にリンクしていることなのである。東南アジアでのように、消失する森林が単に影響をうけているだけではない。存続させようとして管理している森林も影響をうけているのである。もし、森林のすべてが、そのような破壊の風によって打ちのめされるとしたら、資本家が、その機に乗じようとするか、それとも放棄するか、いずれにしても、わたしたちはそうした瓦解した状況のなかで生きていくべく挑戦をつづけていくしかない。どんなに困難で、また醜いものであろうとも。

それでも不均質でありつづけることは重要である。すべての釘を画一的なハンマーの一撃で叩く行為を通じて状況を説明することなど、できるわけはない。消えていく森、過密と害虫で苦しんでいる森、プランテーションへの転換が非経済的だとわかって残された森のあいだにある差異は重要である。交差する歴史過程によって、オレゴンと日本の森林は崩壊していった。しかし、だからといって森を形成する力と反作用が、どこでもおなじだと主張するのは本末転倒である。種間の集まりの特異性《シンギュラリティ》こそが問題である。だから、全球大に広がる力にもかかわらず、世界は生態学的に不均質なままである。グローバルに調整される複雑な細部も重要である。すべてのつながりがおなじ効果をもたらすわけではない。瓦解の歴史を叙述するためには、わたしたちは、たくさんの物語の壊れた破片を追いかけ、たくさんのパッチのあいだを出たり入ったりしていかなくてはならない。グローバル・パワーの駆けひきのなかでも、予期せぬ出会いは重要である。

1　熱帯林の伐採に着目して日本の環境を考えるにあたっては、ダウヴェルン（Dauvergne）の『影』（*Shadows*）（第8章、注11で参照）に負っている。規制と保全の応答については、つぎを参照のこと。Anny Wong, "Deforestation in the tropics," in *The roots of Japan's international environmental policies*, 145–200［New York: Garland, 2001］. これらとは対照的に日本の環境問題の研究のほとんどは、公害に焦点をあてている（Brett Walker, *Toxic archipelago: A history of industrial disease in Japan*［Seattle: University of Washington Press, 2010］; Shigeto Tsuru, *The political economy of the environment: The case of Japan*［Cambridge: Cambridge University Press, 1999］〔都留重人『公害の政治経済学』、岩波書店、一九七二年〕）。

2　これらの洞察については、石川真由美と石川登に負っている。サラワク州の調査者として、ふたりは森林破壊を目撃し、日本の責任について疑問を抱いてきた。同時に熱帯材の輸入と日本国内における林業の衰退を結びつけている。それ以前の環境史家は、石川夫妻とは対照的に日本の「緑豊かな列島」だけに着目していた（タットマン『日本人はどのように森をつくってきたのか』（第13章、注8で参照））。

3　日本の森林政策については、おもにつぎの著作によっている。Yoshiya Iwai, ed., *Forestry and the forest industry in Japan*（Vancouver: UBC Press, 2002）.

4　Michael Hathaway, *Environmental winds: Making the global in southwest China*（Berkeley: University of California Press, 2013）.

5　Miyamoto, et al., "Changes in forest resource utilization"（第11章、注14で参照）。焼きはらうことは、草地の伝統的な維持法であり、焼畑など森林を開拓する際の伝統的手法であった（Mitsuo Fujiwara, "Silviculture in Japan," in *Forestry*, ed. Iwai, 10–23, on 12）。現在、林業組合のなかには野焼きを禁止しているところもある（Koji Matsushita and Kunihiro Hirata, “Forest owners’ associations,” in *Forestry*, ed. Iwai, 41–66, on 42）。

6 Stephen Pyne, *Fire in America*（Seattle: University of Washington Press, 1997）, 328–334. パイン（Pyne）は、ティラムック大火事が、米国の産業的プランテーションとしての森林の契機となり、標準的技法を確立したと主張している。

7 Steen, *U.S. Forest Service*; Robbins, *American forestry*（両書とも第2章、注5で参照）。

8 Iwai, *Forestry*.

9 森林所有者の多くは、五ヘクタール未満しか所有していなかった。みなが、材木管理、森林再生、山火事防止をふくむ、さまざまな森林管理に参加せざるをえなかった。Matsushita and Hirata, “Forest owners’ associations,” 43.

10 その事件はルックアウト空襲として記憶されている。一九四四年と一九四五年には、熱気球を打ちあげ、ジェット気流に乗せようとする日本軍の試みがつづいた（http:// en.wikipedia.org/wiki/Fire_balloon）。フリーダ・ノブロック（Frida Knoblock）の『原生自然の文化』（*The culture of wilderness*（Raleigh: University of North Carolina Press, 1996））は、その後に生じた米国林野局の軍事化について記述している。つぎの著作も参照のこと。Jake Kosek, *Understories*（Durham, NC: Duke University Press, 2006）.

11 Robbins, *Landscapes of conflict*（第3章、注5で参照）, 176.

12 Ibid., 163.

13 Matsushita and Hirata, “Forest owners’ associations,” 45.

14 スコット・プルーダム（Scott Prudham）は、一九五〇年代以降のオレゴンのベイマツ林の産業化について分析している（Scott Prudham, “Taming trees: Capital, science, and nature in Pacific slope tree improvement,” *Annals of the Association of American Geographers* 93, no. 3［2003］: 636–656）。この産業的転回の前史については、つぎを参照のこと。Emily Brock, *Money trees: Douglas fir and American forestry, 1900–1940*（Corvallis: Oregon State University Press, 2015）.

15 二〇〇九年、和歌山県で石川真由美と石川登が林業者におこなったインタビュー。

16 Fujiwara, "Silviculture in Japan," 14.

17 Ken-ichi Akao, "Private forestry," in *Forestry*, ed. Iwai, 24–40, on 35. 赤尾健一は、一九五七年以降、政府は天然林から人工林へ転換する補助金を四八パーセントに減額したと記している。

18 ロビンズの『紛争の景観』（*Landscapes of conflict*）一四七頁からの引用。オレゴンの製材業は、合板、パーティクルボード、パルプ、製紙に多角化していった。同時に、より魅力のない木材の用途が出てきたため、皆伐が奨励されることになった。Gail Wells, "The Oregon coast in modern times: Postwar prosperity," Oregon History Project, 2006, http://www.ohs.org/education/oregonhistory/narratives/subtopic.cfm?subtopic_id=575.

19 一九三九年に大日本帝国陸軍がこれらの森林を没収したが、その一方で伝統的なアクセス権は認めていた。進駐軍が、その地域を日本人から接収し、自衛隊が進駐軍から継承した。Margaret McKean, "Management of traditional common lands in Japan," in *Proceedings of the conference on common property resource management April 21–26, 1985*, ed. Daniel Bromley, 533–592（Washington, DC: national Academy Press, 1986）, 574.

20 Akao, "Private forestry," 32; Yoshiya Iwai and Kiyoshi Yukutake, "Japan's wood trade," in *Forestry*, ed. Iwai, 244–256, on 247, 249.

21 Akao, "Private forestry," 32.

22 Ibid., 33.

23 Robbins, *Landscapes of conflict*, xviii.

24 一九八〇年代、インドネシアは原木輸出を制限し、合板加工業をおこした。日本の商社は、より多くの材木を〔マレーシアの〕サラワク州とパプアニューギニアから購入するようになった。容易に伐採することは、どの地域でも長くはつづかなかった。商社はあらたな供給地をもとめて移動していった。わたしが訪問した中国の雲南のマツタケ山は、一九七〇年代に外貨獲得のために伐採され、日本の輸入ブームの一部に吸収された。以下の論考には中国が輸入リストに記載されていないが、そうした木材は完全な書類がないままに日本に入ってきたものと推察している。Iwai and Yukutake, "Japan's wood trade," 248.

25 タットマン『日本人はどのように森をつくってきたのか』（第13章、注8で参照）を参照のこと。

26 Fujiwara, "Silviculture in Japan," 20. ジョン・ナイトは、豊かな林を持つ村々が、いかに自分たちの林を維持しつづけるための援助をもとめていたかについて詳しく説明している。John Knight, "The forest grant movement in Japan," in *Environmental movements in Asia*, ed. Arne Kalland and Gerard Persoon, 110–130 (Oslo: Nordic Institute of Asian Studies, 1998).

ギャップとパッチで……

森を読む、京都府。フィールドにあるマツタケ科学。ダイアグラムはマツタケの宿主樹木を示す。固有の場に定着し、継続して観察しながら、日本のマツタケ科学は出会いの生態を探究する。合衆国の科学者はこの種の研究を「記述」的として退ける。

16　科学と翻訳

資本主義と同様、科学を翻訳機械ととらえることは有意義である。科学は機械的な性質を持っている。なぜならば、教師、専門家、査読者たちが一団となって立ちはだかり、無駄な部分を削ぎおとし、残った部分を適切な箇所にはめこもうと手ぐすねをひいて待ち構えているからである。科学は翻訳的な性質も持っている。なぜならば、科学的洞察というものは多様な生のあり方から導きだされるものだからである。ほとんどの学者は、工作機械的な作業に貢献するような方法としてでしか、科学の持つ翻訳的特徴について学ぶことはない(1)。知識と実践が統合されたシステムに科学の要素が付加されるのを観察させるのが翻訳であるが、ごちゃごちゃ並べたり、伝えそこなったりするといった翻訳の厄介な過程には、ほとんど注意がそそがれてこなかった。その理由のひとつは、科学研究が想像上の実在、つまり西洋的な考えの枠組みの外に出ようとしてこなかったことにある。科学研究が、みずからに課した常識を越えていくには、ポストコロニアルな理論が必要となる。そうした理論では、翻訳はあわさったものだけではなく、そこからはみだしたものもあきらかにする(2)。こうしたことをふまえ佐塚志保は、ネイチャー〔自然〕に目を向け、異なる国の人間同士がネイチャーの解釈に励みながら、差異がみつかるたびに、訓練が共有されていく様を提示した(3)。

　この意味において翻訳は、科学における矛盾に満ちた、互換性のないパッチを作りだす。それぞれに独自の研究や評論、読解がばらばらに存在しているという意味で、分析に関する横断的な訓練を積んだとしても、そのような互換性のないパッチは存続しうる。こうしたパッチは閉じたものでも、孤立したものでもない。それらは、あらたな題材とともに変化していく(4)。たがいの特異性は、あらかじめ用意された論理ではなく、一致する効果なのである。そのようなパッチに注目すると、わたしがアッセンブリッジと呼ぶ開放的な集まり《ギャザリング》に関心を向けることが可能となる。てんでばらばらなものが、ごちゃごちゃと重なりあった存在論は、コンピューターのドメインのなかにさえ形成されている。マツタケ研究と林学が、そのよい例である。本章では、厄介な翻訳と翻訳を通じて形成される知識のパッチについて思考してみよう。

　まず、科学が国際的な事業だとしたら、いったい何故、一国主義的なマツタケ学が存在しうるのであろうか？　この問いに答えるには、結びつけながらも分けようとする科学のインフラに注目する必要がある。国家が支援する林学研究機関と結びついている以上、マツタケ学は一国主義的である。林学は国家統治の科学として誕生し、つねに国家と緊密な関係を保ってきた。本来はコスモポリタンであるべき領域においてさえも、林学が一国主義的なのはそのためである。わたしたちは、すでにばらばらなアッセンブリッジを形成する途上にある。しかも、状況は、より一層、奇妙である。定評ある研究でさえも、それが国境を越えると、ほとんど影響力を持ちえないのは何故なのか？　共通した教育や国際学会、出版物が普及しているにもかかわらず、そうした溝がそれほどに深いのは何故なのか？　この問いに答えるには、まず、日本が北米やヨーロッパの共通感覚から排除されていることからはじめなくてはならない。マツタケ学も林学も、日本では十二分に確立されて久しい。他方、日本以外では、この分野は、マツタケの商業化とあいまって生まれた新しいものである。したがって日本の伝統的なマツタケ学が母体となって、他国であらたな研究の着想が生まれるのではないかと期待するむきもあるかもしれない。しかし、韓国以外では、そうではない(5)。マツタケを輸出する国ぐにの科学者たちは、自分たち独自の科学を創造することに没頭している。これは、わたしたちが教えられてきた普遍的な科学ではない。研究の進展度合いの差を追えば、科学もまた、ポストコロニアル的な翻訳であることがわかる。

「ネイチャー」による反応のあり方が異なっていることが争点となる。人間による攪乱について、異なる見解があることをよく考えてみよう。里山研究があきらかにしたことは、人為的攪乱が少なすぎることがマツタケ山にとっての脅威である、との日本の科学者の見解である。見向きもされなくなった里山では、日陰に埋没したマツが消滅し、マツタケが失われてしまった。対照的に米国では、マツタケ山の脅威は、過多な人為的攪乱であると考えられている。向こう見ずな収奪が種を絶滅に追いやっているというわけである。これでは議論にならない。ふたつの集団の科学者たちは国際的に活躍しているにもかかわらず、この点についてはほとんど議論がなされていない。そのうえ、日本と米国の科学者たちは、とくに場の選択とスケールにおいて、対照的な研究戦略をとる傾向にある。その結果、それぞれの研究成果が比較検討される可能性さえも失われてしまう。こうした過程を通じ、特定の集団に限定された知識と研究作法という隔離されたパッチが形成されていく。

　おなじものに対して異なったアプローチが施される科学が、おなじ場所に辿りついたとき、両者の相違点があきらかになる。中国におけるマツタケ学と林学は、日本と米国のちがいを踏襲している。中国東北部のマツタケ山では、日本の科学者たちが中国の研究者と緊密に連携して研究が進められている。[6] 他方、雲南省には、米国の森林保全と開発の専門家たちが大挙してやってきており、米国流のマツタケ学が影響力を持っている。中国人研究者たちは、自分たちの仕事が「国際」水準——つまり、英語による科学——に追いつきつつあると自負している。ある若い研究者が説明してくれたところによると、若くて野心的な研究者が日本語の文献を読むことはないらしい。日本語の文献に依拠すれば、英語を使えない、時代遅れの年老いた科学者との評価をくだされかねないからである。米国的なアプローチは、雲南省における政策立案にも影響力を行使している。雲南省のマツタケは、〔野生生物の国際取引を管理する〕ワシントン条約（CITES《サイテス》）による絶滅危惧種のリストにも掲載されており、マツタケ狩りとマツタケの採取を規制する計画が進行中である。[7]*しかし、雲南省の森林は、米国のマツタケ山とは別物である。第13章で論じたように、むしろ、雲南省の林は日本の里山に近いものがある。米国の専門家たちは、里山的景観の動態を理解できていない。しかし、わたしは、前に進んでみせよう。日本と米国の知識のパッチは、いかにして発達し、いかに伝播していったのか？

　日本の近代的マツタケ学は、二〇世紀初頭にはじまった。第二次世界大戦後にマツタケ学を先導したのは、京都大学の濱田稔であった。[8] 濱田博士は、マツタケが応用科学と基礎科学をつなぐ位置にあり、また在野の人びとと専門家をつなぐ位置にあることから、マツタケを通して科学が発展しうることを予見した。マツタケの経済的価値が高かったため、マツタケ研究は官民あげての支援をうけることができた。マツタケ学は、それまでほとんど注目されていなかった種間相互作用に関する生物学研究に道筋をつけた。この相互作用を探究するため、濱田博士は、進んで村人たちの経験に耳を傾けた。たとえば、菌糸体の塊を示す用語として濱田博士は民俗語彙であるシロ（「城」もしくは「白」、「苗代」）を採用した。実際、それは外敵の侵入を防ぐ、白い菌床であり、そのなかでマツタケ菌は成長する。濱田博士は人びとからシロについて学んだ。村人たちもかつて、マツタケを栽培しようとしたことがあったという。[9] 同時に、博士はシロと樹木との種間相互作用が持つ意味について探究し、相利共生とは愛の一形態と考えてもよいのだろうか、という哲学的な問いにいたった。[10]

濱田博士の学生たち、そのまた学生たちは、マツタケ研究を深化させていった。そのひとりである小川真は、全国各地にある都道府県の林業試験場におけるマツタケ研究のプログラムを広めた。各自治体の林学研究者たちは、簡易な機器とフィールドワークにもとづいた方法で、応用的課題に取りくんだ。かれらは在野の知識と専門的知識とのあいだで、活発で実り多い対話をつづけた。[11] この伝統にならって大学や研究所に籍をおく研究者たちも、村人たちに向けて講演したし、専門的な論文だけではなく、一般向けの書籍や野外調査の手引きも出版した。[12] こうした人びとの懸念の中心にあったのは、一九七〇年代から顕著になっていたマツタケの減産であり、収穫を取りもどすにはどうすればよいか、という課題であった。かれらは研究室でマツタケを培養する実験をおこなう一方で、林中でマツタケの成長をうながす最適条件を考究した。こうして何人かは、日本の里山を守る運動にも関与していった。マツ林の再生なしに、日本のマツタケは繁栄できないからである。

里山の衰退との関係でマツタケを考えることは、この学派につらなる研究者たちにマツタケの関係性を意識させることになった。かれらはマツタケとほかの生物との関係性だけではなく、マツタケと非生物的な環境との関係性までも考察するようになった。[13] 植物、斜面、土壌、光、バクテリア、マツタケ環境に生息するほかの菌類までもが研究された。マツタケは、決して自己完結的ではありえず、つねに関係性、つまり、場に特定される。マツタケ生産を振興するため、研究者たちは場に注目し、マツを利するためには人間による攪乱が重要であると提言した。放棄された森林は、より一層の人為的攪乱を必要としているのである。ある二人の研究者は、これを「果樹園方式」と呼んでいる。[14] マツに有利な環境を提供しつづけていれば、マツタケも雑草のように生えてくるというのだ。

企業と大学に所属する研究者も、マツタケを研究室で栽培することに力を注いできた。価格が高止まりしている今日、いったいどれほどの栄誉が付与されることだろう！　一九九〇年代なかばからの一〇年間、鈴木和夫は業績をあげた研究者が結集した研究班を東京大学で組織し、マツタケ栽培を可能とする条件について探究した。鈴木研究室は、海外からポスドク研究者を迎え、日本のマツタケ学の国際性を高めた。鈴木の研究班はフィールドに基礎をおいた手法から生化学研究とゲノム研究に軸をうつした。いまのところはマツタケの人工栽培には成功していないとはいえ、[15] とくに菌類と樹木の関係についての多数の洞察が得られている。ここでも関係性が中心である。ひところ鈴木博士は成熟したマツを実験室に持ちこみ、ベイスメント・ケージ〔根系観察箱〕を設置し、根の共生関係を観察し、細部まで計測していたこともある。

こうした研究が米国で影響力を持たないのは何故なのか？　米国と日本のマツタケ学研究へのアプローチの乖離は、当初から根深かったわけではない。一九八〇年代にマツタケが米国の太平洋岸北西部で注目されるようになったとき、米国の研究者が頼ったのは日本の研究であった。[16] セントラル・ワシントン大学のデイヴィッド・ホスフォード（David Hosford）は日本に渡り、小原弘之と共同研究をおこなった。小原は濱田博士の薫陶をうけた学生のひとりである。ホスフォード博士は、日本語から英語に翻訳された科学論文を何本も入手した。かれの研究は、米国の同僚との共同執筆として、たぐいまれな出版物、『商業的に収穫されるアメリカマツタケの生態と管理』に結実した[17]。この研究は、それまでに米国で発表されたどの研究よりも、日本の研究に近かった。冒頭で日本のマツタケの歴史を要約したあと、小原博士の助言をうけてワシントン州でおこなった日本流のマツタケ研究を展開している。本研究は米国のマツタケ産地での、場に固有な植生パターンについても記述している。しかし、ただし書きも付されていた。「アメリカの森林監督官は……日本流のマツタケ増産の方法を別の背景で見るだろう……［なぜならば］森林管理の目的が大きく異なっているからだ[18]」。このただし書きは致命的であった。それ以降の林野局のマツタケ研究は、すべてホスフォードを引用する以外に日本の研究を参照しなくなったのだ。

なにが障害となっているのであろうか？　ある太平洋岸北西部の研究者によれば、日本の研究は「記述的」だから、役に立たないという。記述的であるとはどういうことか、そのどこがまずいのかについて理解しようとすれば、米国の林学研究の文化的・歴史的な特異性が明確になる。記述的とは、予期せぬ出会いに応じて発生し、それゆえにノンスケーラブルな、場の固有性である。林野局の研究者たちは、木材用樹木のスケーラブルな管理と互換性ある分析を発展させるようプレッシャーをかけられている。つまり、マツタケ研究の成果を木材の管理にまで拡張できることが要求されているのである。他方、日本の研究がおこなう場の選択は、木材用のグリッドではなく、菌類が発生するパッチにもとづいている。

林野局が支援するマツタケ研究は、ひとつの大きな問題に直面した。商業的な生産物としてのマツタケは、持続的に管理可能なのか、そうでないのか？[19]　この問いは、木材を管理するという林野局が積みあげてきた歴史のなかで具体化することとなった。林野局の歴史においては、木材以外の林産物（非木材林産物）は、木材と互換性がないかぎり、目を向けられることはない。したがって、林分——管理対象となる木材の単位——こそが、林務官の観察すべき基本となる。[20] 日本の科学者が研究する菌類のパッチ生態は、この格子状図《グリッド》には乗ってこない。林野局がおこなったマツタケ研究のスケールは、米国の事情に合致するように調整されてきた。いくつかの研究は木材の林分と互換性のあるスケールでマツタケの標本を採集するために、無作為トランスセクト手法を採用した。[21] そのほかの研究は、菌類のパッチが拡張できるようなモデルを構築している。[22] これらの研究は、木材の管理を合理化するスケールでマツタケも可視化できるモニタリング技術も考案した。

米国におけるマツタケ研究の重要課題のひとつは、マツタケ狩りに関するものだ。マツタケの採取者たちは資源を破壊しているのか、いないのか？　この問いは、林野局の歴史から導くことができる。その中心的懸念は、伐採者たちが木材資源を破壊しているのか、否かにある。この伝統に沿って、採取技術に関する研究が提案された。伐採者と同様に採取者たちが資源にインパクトを与えるのは、マツタケの採取時だと解釈された。熊手で地面を地掻きすれば、マツタケの生産量が低減していくことが判明した。さらには、マツタケがやさしく摘みとられると、将来的な生産にも害を与えないこともあきらかになった。[23] 採取者は適切に採取するよう訓練されねばならない。マツタケを採取するに際し、ほかの形態による人為的攪乱の影響——たとえば、間伐、防火、造林——がマツタケの収量に与える影響については、いまだ研究されていない。そうした事柄は、いまだに乱獲を懸念している研究者の心に響いていない。これが米国の持続可能性である。欲に駆られた一般的な破壊に対する防衛なのである。

日本と対照的に米国では、林務官は人為的攪乱を懸念している。人間活動が少なすぎるのではなく、度がすぎた人間の活動が森林を破壊しているというのである。たまたま熊手掻きは、両方の科学で攪乱の象徴とされているが、その意味合いはまるで正反対である。米国では、熊手掻きは地中の菌糸体を攪乱し、マツタケ林を破壊するとされている。他方、日本では、熊手掻きは鉱質土壌をあらわにし、マツタケ林の生産性を高めると解されている。両者の林は、まったく別物で、解決すべき課題も異なっている。米国太平洋岸北西部の針葉樹林において、マツを擁護することは不必要である（国有林を開放して市民グループに間伐してもらうのは、よいことであるが）。しかし、この相違は、どちらのアプローチが正しいのか、ということ以外の問題を提起している。それは、そもそも問題設定と前提が適切であるのか、どうかである。コスモポリタンな科学は、研究パッチがあらたに生まれていくなかで形成される。そのようなパッチ同士は、さまざまな出会いのもとで、たがいを受容して発展していくか、もしくは拒絶して別の道を辿るかである。

雲南に戻れば、米国的なアプローチの影響が、より鮮明となる。雲南は、マツタケと、オークとマツ、人びとの関係について問うのに、もっとも重要な地域である。いかに人びとは、オーク－マツ林をマツタケのために持続させているのであろうか？　雲南の研究者は、アメリカ流にマツタケは自己完結的でスケーラブルな生産物だと考えている。そうであれば、ほかの種との関係性に注目する必要はない。持続可能性に関して問われるのは、林の関係性ではなく、採取者の慣行についてである。採取者は自分たちの資源を破壊しているのであろうか？　研究者は村人にマツタケの生産が低減したかを訊いても、なにひとつ林について質問しない。生産量の多寡だけを訊くことは、まるでマツタケが林中で孤立して生活しているかのようである。[24]これがアメリカ的な問いであり、貪欲な伐採業者から木材を保護するために林業の合理化を進めてきた経験から学んだものだ。しかし、マツタケ採取者は、伐採者なのではない。[25]

学界をアメリカ的な枠組みが支配しているにもかかわらず、雲南には日本のマツタケ学の支持者もいる。

マツタケの輸出業者たちは、日本と関係を持っている。もちろん、日本こそがマツタケの行きつく場所だからだ。それればかりか、日本の科学は、マツタケの生産量を増やすことを目標にしている。対照的にアメリカの科学は、採取者たちがマツタケ資源を破壊しないように資源から遠ざけ、いかにしてマツタケの収穫を規制すべきかを追求している。日本の林地施業が、より多くのマツタケを市場にもたらすのに対し、アメリカの科学では、より少量のマツタケしか期待できない。雲南のマツタケ業界が日本の枠組みを好むのには理由がある。日本の著名な科学者が著したマツタケ管理についての本が中国語に翻訳されたが、それを翻訳したのは雲南でマツタケをあつかう業者の協会であり、科学者ではなかった。しかも翻訳されたのちも、科学者たちはそのことさえ知らなかった。(26)

これらのことから、わたしは二〇一一年九月に昆明市で開催された第一回国際松茸学術会議に参加してみた。雲南マツタケ業協会が、日本の科学者チームと協力し、組織したものだ。参加したのは、北朝鮮のマツタケ研究者のグループと北米に拠点をおくマツタケ世界研究会だった。儀礼的な開会式にしか通訳が提供されなかったため、コミュニケーションを図るのはむずかしかった。しかも、通訳者は不慣れな分野の仕事で戸惑っていた。学会の残りは、英語でおこなわれるはずであった。しかし、参加者たちは英語に四苦八苦していた。それでも、言語は問題の一部でしかなかった。わたしたちは、マツタケ研究の要諦に関して、それぞれ異なる考えを抱いていた。中国人参加者のほとんどは、中国産マツタケの売りこみを目論んでいたので、かれらは文化的価値、あらたな加工技術、政府によるマツタケの資源管理について報告した。日本人参加者は、日本のマツタケとは異なる変種を見る機会に興奮していた。人工栽培の可能性を探るためでもある（こうした日本人の姿勢に反感を持つ中国人もいた。データにはなりたくないというのだ）。北朝鮮の研究者は、国際的な科学論文のコピーを無心していたが、それは本国では入手できないものだ。そして、その周辺で小踊りして面白がっているのは、科学と社会についてメタ解釈するために北米からやってきた人類学者たちだった。

わたしたちは、異なる思惑《アジェンダ》を持っていた。それでも、学会前におこなった二日間の共同フィールドワークは、それぞれが林を見る見方について観察する好機となった。それは同時におこなわれる、いくつもの種類の、実践中の科学を観察する驚くべき機会であった。中国人の参加者は、林に生えたキノコ類の多様性と、村人と海外から参加した科学者たちとの心のこもった交流関係を目の当たりにした。日本人の研究者たちは、海外の菌類と宿主樹木《ホストツリー》の関係について調査する貴重な機会を楽しんでいた。北朝鮮の研究者たちは新しい技術を学ぶことに熱心だった。だれも、この学会が非生産的なものだとは考えなかった。わたしたちは、聞くことの術《すべ》を実践した。ともに働き、たがいの差異を認めあった。

沈黙もあった。だれが参加しなかったかを考えてみよう。米国林野局のマツタケ研究は、連邦政府からの予算が削減される以前から、何年にもわたって縮小の途上にあった。米国の林務官は、ひとりとして派遣されていなかった。街の向こう側には、何人ものマツタケ研究者を擁する中国の研究機関があるが、かれらも参加しなかった。これは、中国の商売人と日本の研究者がつどった、別の集団である。このように通訳が混乱し、会議に参加しなかった人びとがいたことで、ギャップとパッチは維持されたままである。

しかし、ときには個人がパッチを越えて翻訳することで、あらたな展開がうながされ、変化が生まれることがある。昆明での集まりは、個人の努力に負っている。楊慧玲（Yang Huiling）は、子どものころ、雲南の白族社会を研究する日本人人類学者と出会った。慧玲は日本に留学し、マツタケ貿易に従事するようになった。彼女は日本人研究者との橋渡しをし、そのことが昆明会議を実現に導いた。研究の伝統をひとつに束ね、彼女はあらたなパッチを形成する機会を得た。

コスモポリタンな科学は、パッチで構成されている――そして、パッチによって、より豊かになっていく。それでも、個人と出来事は、ときに変化をもたらす。マツタケの胞子のように、予期せぬ場所で発芽したり、パッチの地理的分布を変化させたりしながら。

1　「翻訳」はブリュノ・ラトゥールとジョン・ローによって提唱されたアクターネットワーク理論の鍵となる用語である。同理論では、翻訳は科学技術のような人間と、人間とともに作用する非人間のあいだの節合を指す。この用法では、翻訳を通じて、行為のネットワークが創発し、それが人間と非人間を同等に包摂する。初期の影響力ある説明は、マイケル・カロンのつぎの著作である。Michel Callon, "Some elements of a sociology of translation: Domestication of the scallops and the fishermen of St. Bruic Bay," in *Power, action and belief*, ed. John Law, 196–223 (London: Routledge, 1986).

2　ここでの翻訳に関する問いは、「近代性《モダニティ》」という学界における、より大きな議論の一部を成している。しばしば科学論も当然のこととしているものの、ヨーロッパ的な共通感覚《コモンセンス》は、いまや西洋思想を形成した近代性――普遍性を獲得したもの――を提示している。対照的に二〇世紀後半にアジアで誕生したポストコロニアル理論は、力に支配された南北間における相互交換によって形成された近代性を提示する。プロジェクトとしてのモダニティの創発は、西洋の外側でもっともよく理解される――たとえば、シャム王国やコロニアル・インディア〔被植民地化インド〕などである。こうした地域では、組織的・観念的な複合体を形成する権力や出来事、着想の役割があきらかとなる（トンチャイ・ウィニッチャクン『地図がつくったタイ――国民国家誕生の歴史』、石井米雄訳、明石書店、二〇〇三年；Dipesh Chakrabarty, *Provincializing Europe* [Princeton, NJ: Princeton University Press, 2000]）。このことは、ヨーロッパと北米において近代性が特別な差異を持って論じられてこなかったことを意味しない。西洋がすべてというごまかしを見抜くためには、西洋的な派生物と外来物を見極めることを学ばねばならない。それらの異なる場所からは、モダニティ・プロジェクトをひとつの文化的論理よりも、むしろ部分的かつ偶発的なものとして把握することの方が容易である。これは、科学論に必要とされる洞察である（しかし、状況を複雑にするために、ラテンアメリカで誕生した、あらたなポストコロニアル理論は、明確に導かれた西洋対それ以外のコスモロジー的差異を要求している。たとえば、つぎを参照のこと。Eduardo Viveiros de Castro, "Economic development and cosmopolitical reinvolvement," in *Contested ecologies*, ed. Lesley Green, 28–41［Cape Town, SA: HSRC Press, 2013］）。

3　Satsuka, *Nature in translation*.（第4章、注2で参照）

4　イッティ・アブラハムの『インド製原子爆弾の製造』（Itty Abraham, *Making of the Indian atomic bomb*, London: Zed Books, 1998）は、戦後の「インド」物理学とインドを創造した政治的局面との関係性をあきらかにしている。

5　たとえば、韓国人による研究を参照せよ。Chang-Duck **Koo**, Dong-Hee **Lee**, Young-Woo **Park**, Young-Nam **Lee**, Kang-Hyun **Ka**, Hyun **Park**, Won-Chull **Bak**, "Ergosterol and water changes in *Tricholoma matsutake* soil colony during the mushroom fruiting season," *Mycobiology* 37, no. 1（2009）: 10–16.

6　そのような協働の例としては、つぎを参照のこと。S. **Ohga**, F. J **Yao**, N. S. **Cho**, Y. **Kitamoto**, and Y. **Li**, "Effect of RNA-related compounds on fructification of *Tricholoma matsutake*," *Mycosystema* 23（2004）: 555–562.

7　ニコラス・メンズィーズとチュン・リ（Chun Li）（"One eye on the forest, one eye on the market: Multi-tiered regulation of matsutake harvesting, conservation, and trade in north-western Yunnan Province," in *Wild product governance*, ed. Sarah Laird, Rebecca McLain, and Rachel Wynberg, 243–263［London: Earthscan, 2008］）は、規制をレビューし、それぞれのスケールに施行が柔軟に浸透してきた様を提示した。

8　小原弘之「〈講演要旨〉一九九三年度家政学学術講演——マツタケ人工増殖の系譜」『同志社家政』第二七号、一九九四年、二〇－三〇頁。

9　シロは、日本人以外の研究者が菌類の「個体」を数えるためにもちいる「ジェネット」（genet）の、もうひとつの単位である。濃密な菌糸体マットであるシロは、形態的な観察によって特定される。遺伝学的に定義されるジェネットは、しばしばシロの同義語として記述される（たとえば、Jianping **Xu**, Tao **Sha**, Yanchun **Li**, Zhi-wei **Zhao**, and Zhu **Yang**, "Recombination and genetic differentiation among natural populations of the ectomycorrhizal mushroom *Tricholoma matsutake* from southwestern China," *Molecular Ecology* 17, no. 5［2008］: 1238–1247, on 1245）。しかし、その用語は、遺伝的均一性を暗示するものの、日本の研究とは矛盾する仮定である（Hitoshi **Murata**, Akira Ohta, Akiyoshi Yamada, Maki Narimatsu, and Norihiro Futamura, "Genetic mosaics in the massive persisting rhizosphere colony 'shiro' of the ectomycorrhizal basidiomycete *Tricholoma matsutake*," *Mycorrhiza* 15［2005］: 505–512）。技術的な精巧さは、農民の知識を包摂することよりも、しばしば生産性がより低くなる。

10　ティモシー・チョイと佐塚志保は、モグモグ（Mogu-Mogu）を名乗って、濱田博士のこの転回について発表している。Timothy Choy and Shiho Satsuka, "Mycorrhizal relations: A manifesto," in "A new form of collaboration in cultural anthropology: Matsutake worlds," ed. Matsutake Worlds Research Group, *American Ethnologist* 36, no. 2（2009）: 380–403.

11　二〇〇五年と二〇〇六年、二〇〇八年のインタビューによる。つぎも参照のこと。小川『マツタケの生物学』（第3章、注4で参照）。

12　たとえば、つぎを参照のこと。伊藤武・岩瀬剛二『マツタケ——果樹園感覚で殖やす育てる』、農山漁村文化協会、一九九七年。

13　たとえば、つぎを参照のこと。Hiroyuki Ohara and Minoru Hamada, "Disappearance of bacteria from the zone of active mycorrhizas in *Tricholoma matsutake*（S. Ito et Imai）Singer," *Nature* 213, no. 5075（1967）: 528–529.

14　伊藤・岩瀬『マツタケ——果樹園感覚で殖やす育てる』

15　二〇〇四年、研究班は成熟したマツの根に菌根を接種した（Alexis Guerin-Laguette, Norihisa Matsushita, Frédéric Lapeyrie, Katsumi Shindo, and Kazuo Suzuki, "Successful inoculation of mature pine with *Tricholoma matsutake*," *Mycorrhiza* 15［2005］: 301–305）。その直後に鈴木博士は退職し、研究班は解散した。東大退職後、鈴木博士は森林総合研究所の所長になった。

16　初期の日本と合衆国の共同研究については、つぎを参照のこと。S. M. Zeller and K. Togashi, "The American and Japanese Matsu-takes," *Mycologia* 26（1934）: 544–558.

17　Hosford et al., *Ecology and management*.（第3章の注4で参照）

18　Ibid., 50.

19　例外が存在している。もし米国太平洋岸北西部におけるマツタケ研究が発展したとすれば、伝統は、あらたな方向へ急展開したかもしれない。一九九〇年から二〇〇六年にかけてマツタケ研究は盛んであったものの、その後は、予算削減のため研究助成を失った。すると研究者たちは、よりよい仕事に移っていった。木材用スケーラブル（timber-scalable）アプローチのひとつの例外は、チャールズ・レフェヴレ（Charles Lefevre）による太平洋岸北西部におけるマツタケの宿主樹木《ホストツリー》関係についての博士論文である（第12章、注11で参照）。これは関係性の分析であるが、日本の研究を考慮することなしに、共通の関心事に言及している。レフェブレはマツタケの菌糸体のための香りテストさえも開発した。日本の研究のように、かれの仕事は、研究者以外の協力を得て実施され、マツタケ狩りたちを力づけもした。その後、レフェブレは、接種したトリュフの木を販売する道に進んだ。

20　David Pilz and Randy Molina, "Commercial harvests of edible mushrooms from the forests of the Pacific Northwest United States: Issues, management, and monitoring for sustainability," *Forest Ecology and Management* 5593（2001）: 1–14.

21　David Pilz and Randy Molina, eds., *Managing forest ecosystems to conserve fungus diversity and sustain wild mushroom harvests*（USDA Forest Service PNW-GTR-371, 1999）.

22　James Weigand, "Forest management for the north American pine mushroom（*Tricholoma magnivelare*（Peck）redhead）in the southern Cascade range"（PhD diss., Oregon State University, 1998）.

23　Daniel Luoma, Joyce Eberhart, Richard Abbott, Andrew Moore, Michael Amaranthus, and David Pilz, "Effects of mushroom harvest technique on subsequent American matsutake production," *Forest Ecology and Management* 236, no. 1（2006）: 65–75.

24　Anthony Amend, Zhendong Fang, Cui Yi, and Will Mcclatchey, "Local perceptions of matsutake mushroom management in NW Yunnan, China," *Biological Conservation* 143（2010）: 165–172. こうしたアメリカ人研究者と中国人研究者の共同研究は、米国的な視点から日本の研究を批判している。著者たちは、場に特化した日本の研究をスケーラビリティの欠如だと責めている。すなわち、「時間の複製よりも、場に依存している……［なぜならば］木立レベルの生産性を実験的に量ることがむずかしいからである」（167）。

25　社会を気遣う中国人科学者は、土地所有がいかなる差異を生みだしていくかに注意をはらいながら、マツタケ研究を異なる方向に導いている。この議論において、マツタケはまだスケーラブルな商品であり、収入源である。しかし、収入は異なって分配される（第19章を参照のこと）。アメリカ人のなかには、デイヴィッド・アローラのような批評家もいる（David Aurora, "The houses that matsutake built," *Economic Botany* 62, no. 3 (2008): 278–290）。

26　吉村文彦『松茸促繁技術』、楊慧霊訳（昆明：雲南科技出版社、二〇〇八年）＝吉村文彦『ここまで来た！　まつたけ栽培——まつたけ山　復活の発想と技術』、トロント、二〇〇四年。

＊　二〇一九年八月現在、ワシントン条約の附属書にマツタケは掲載されていない。この記述は、中国（雲南省）の自主的な規制によるものだと思われる。

森を読む、雲南。常緑広葉樹を確認する。オークは異種交配し、ハイブリッドを産みだすが、それでも区別は可能である。名称は不思議である。

17　飛びまわる胞子

これらのすべては、もちろん、推測である。

——菌学者の徐建平がマツタケの進化を論じたなかで

景観そのものと景観についての知識はパッチのなかで成長する。マツタケのシロ（菌糸体マット）の一生が、その例である。パッチは拡散し、変異し、融合し、拒絶しあいながら、最後には根を残して枯れていく。科学の勤勉さ——そして創造的で生産的な役割——も、あらたに生まれる生態系も、すべてパッチのなかで生起する。ただ、ときに不思議に思われるかもしれない。パッチを越えて新しいパッチを作るように動いているのは、何なのか？　マツタケはといえば、飛びまわる胞子も存在している。

森林でも科学でも、胞子はわたしたちの想像力を拓き、もうひとつのコスモポリタンな地政学《トポロジー》へと導いてくれる。胞子は見知らぬ土地へと飛び立ち、異なる交配型とのあいだで交配し、たまにはあらたな個体を生みだす——あらたな世代のはじまりである。胞子が拡散しないように制御するのはむずかしく、そのことが胞子の長所でもある。景観について考察するにあたっては、胞子が集団のなかの不均質性〔異型性〕へと導いてくれる。科学について考察するにあたっては、胞子は開放的なコミュニケーションのモデルとなり、おまけに推測する楽しみも与えてくれる。

なぜ、胞子なのか？

胞子について考える機会を与えてくれたのは岩瀬剛二であった。京都で佐塚志保とマイケル・ハザウェイとお昼を食べていたときのことだ。テープレコーダーはまわっていなかった。わたしはマツタケが世界各地に存在することを不思議に思っていた。どのようにしてマツタケは、北半球全体に広がっていったのであろうか？　岩瀬博士は外国人に優しく、こころよく教えてくれた。成層圏は菌類の胞子でいっぱいだ。そのような高度を、風に吹かれて胞子は地球をめぐっている。そうした胞子のどれほどが生き残り、辿りついた地点で発芽するかは、わかっていない。紫外線放射にやられ、ほとんどの胞子は短時間で死んでしまう。おそらく数週間にすぎないはずだ。マツタケの胞子が別の大陸で発芽できるかどうかについては、岩瀬博士にもわかっていない。仮に発芽したとしても、今度はもうひとつの発芽胞子を見つけなくてはならない。菌糸融合できなかったならば、胞子は数日以内に死んでしまう。それでも、何百万年ものあいだに、胞子が種を拡散していったと想像することはできる。

成層圏には、愉快な夢を喚起するなにかがある。想像してみてほしい。胞子が地球をめぐっているというのだ！　わたしは、漂流する胞子とともに離陸し、時空間を越えて胞子を追いかけてみたくなった。わたし自身も成層圏を駆けまわり、世界中のあちこちで菌学者に訊いてまわることにした。わたしは、種の起源と派生についてのコスモポリタン科学による推測に辿りつくことができた。応用林学における不連続なパッチとは異なって、マツタケの種分化に関する科学は、パッチのようではなかった。手法については、国際的に合意された、しっかりした流儀が確立している。材料——子実体のサンプルとDNAの配列——は、国境を越えて流通している。研究者や研究室が物語や専門知識、ときに先入観をも発展させている。しかし、学派も、パッチも存在していない。これらの研究はすべて勤務時間外におこなわれている。時空を越えて移動したマツタケの研究などに研究助成を提供するお人好しはいない。科学者がこうした問いに取りくむのは、愛情ゆえ——そして方法論と材料がそこにあるからだ。おそらくいつの日か、統合された結果と推測が、胞子のように、なにか新しいこと、なにか筋のとおったことへと導いてくれるであろう。さしあたって、思考することは楽しいことだ。胞子でいっぱいな成層圏のような心。

流通している材料と方法とはなにか？

ヘニング・クヌデセン（Henning Knudsen）[2]は、自身が学芸員をつとめるコペンハーゲン大学の植物園が所蔵している菌類の収蔵庫を案内してくれた。ここには基準標本が保管されている。いくつもの引き出しのそれぞれには、ひとつひとつの菌が、折り畳まれた封筒に入って保存されている。あらたな種が命名されるとき、命名者は、標本を標本室に送る。すると、それらの標本は、その種の基準標本となる。世界中の研究者は、その基準標本の閲覧を要望することができる。すると標本室から標本の現物が送付される。標本室システムは、植物を同定したいという北欧的な熱意によって誕生した。それは結果的にラテン語による二名法となった。ヨーロッパによる征服を特徴づけるものである。標本を流通させることによって、国境を越えたコミュニケーションの基盤を創造したのだ。標本室に収集された基準標本によって、世界中の研究者は種を知ることができる。

クヌデセン博士は、成層圏中の胞子によって、マツタケが拡散していったとは考えていない。胞子が交配相手を見つけることができるとは思えないからである。そのかわり、キノコは、拡張していく森林に付随して分布していったと考えている。キノコは樹木と一緒に広まっていったというわけである。もちろん、長い時間を必要とした。地球の北半分に多くの種が、一緒に広がっていった——実にゆっくりと。〔ポルチニとしても知られる〕ヤマドリタケ（*Boletus edulis*）のようなキノコは、アラスカからシベリアまで大陸の上端を伝っていったかもしれない。しかし、北方の種が均質だというのは誇張しすぎである。北半球で大陸間にまたがって観察される種の多くは、かつて同一種だとされていたが、いまや別種だということがわかってきた、と博士はいった(3)。

単一なコスモポリタン種を否定できるのは、標本室に保管されているサンプルではなく、DNA配列解析という革命的な新しい手法によっている。この手法によって、種の定義に関し、あらたな方法が提案された。菌学者は、種内に保存され変異が見られることの多い、ITS領域（転写間領域）など、特定のDNA配列を解析する。クヌデセン博士の共同研究者で、トロントにあるロイヤル・オンタリオ博物館のジーン＝マーク・モンカルボ（Jean-Marc Moncalvo）は、ITS配列の分岐が五パーセントより大きければ、新種と考えてもよい、という(4)。DNA配列解析は標本室の材料も手法も否定しない。種をまたいだ比較研究のほとんどは、標本室にある標本を使用している。世界中の科学者は、データベースのおかげで、ほかの研究者が解析したDNA配列を調べることが可能となった。DNA配列解析のわかりやすい正確さは、科学界を席巻した。これにとってかわるものはない。あまりにも有力に見えるので、この手法が利用できるような問いばかりが立てられているほどである。

もちろん、まだ行き届いていないところもある。モンカルボ博士がいうには、一九八〇年代まで、中国の菌学者はヨーロッパや北米の研究者たちと自由にコミュニケーションができなかった。ある中国人菌学者が菌類の標本を送ってきたことがあった。それは論文の別刷りのなかに挟み隠されていた。〔学界から〕長らく孤立していたため、中国の分類学は奇妙なものとなってしまっていた。国際的には、属（ラテン語の二名法のはじめの名前）の命名に関するルールは存在しないので、中国の分類学者は属名に中国を意味する語をくわえ、*Boletus*（ヤマドリタケ属）のかわりに *Sinoboletus* として、海外の共同研究者を混乱させた。それはかりではなく、かれらは見境なく種を認めがちであった。雲南だけで二一種のヒラタケがあると主張したが、世界では一四種しか確認されていない。微小な形態の差異に過大な注意がはらわれていた。しかし、この状況も現在では変化しつつある。国際的な訓練をうけた若い科学者が育ってきているからだ。

これらの材料と手法は「種類」（カインズ）について、なにを教えてくれるのか？

種は移ろいやすい概念である。DNA配列解析の精密さをもってしても、種のあつかいが平易になることはない。古典的には、種の境界はそれぞれの個体が交尾しても、繁殖力のある子孫を残せないことによって示されていた。ウマとロバを考えてみればよい（両者は交尾するものの、繁殖力ある子孫が生まれることはない）。しかし、菌類の場合はどうなのか？　モンカルボ博士は、この定義にしたがった場合、ふたつの異なる菌株がおなじ種かどうかを調べるのが、どれほど大変かについて順を追って説明してくれた。まず、培養下にあるそれぞれの胞子をひとつだけ、発芽させる必要がある。つぎにそれらの胞子を交配させ、キノコを発生させなければならない。まだだれも培養下で子実体を発生させることにさえも成功しておらず、しかも単一では胞子が発芽しないマツタケのような菌類では、そのような実験を想像することさえも困難である。そればかりか、モンカルボ博士はつけくわえた。不運な大学院生が、もっともあつかいやすいキノコの種の境界について発見する博士論文に没頭したとして、いったいどこに職を得ることができるというのでしょうか？

これらのことはすべて、マツタケが散布していった場所を知るうえで重要である。しかし、現在では、多数のマツタケ類が北半球に拡散していた。科学者が発見するたびに種数は増えていった。それは絶滅しているためではない——しかも、ますます減少する傾向にある。それは絶滅しているためではない。ITS領域におけるDNA配列の解析によって、マツタケの種類のほとんどが、ひとつの種類、Tricholoma matsutake であると断じることができるようになったのである。T. matsutake は、ユーラシアだけではなく、北アメリカ、中央アメリカまでも、いまや北半球の太平洋岸北西部のマツタケだけが、DNAの特徴においては T. matsutake と非常に近縁ながらも、あきらかな別種として存在しつづけている[5]。

うだ。アメリカマツタケ（T. magnivelare）、すなわち北米の太平洋岸北西部のマツタケだけが、DNAの特徴においては T. matsutake と非常に近縁ながらも、あきらかな別種として存在しつづけている[5]。

DNA配列解析が精密なために、そうした断定ができる一方で、種が種類を理解する基本的なカテゴリーであるという確信も揺るがされている。かつて T. zangii と呼ばれていたオークを好む中国のマツタケについての新結果が公表されたとき、わたしは鈴木和夫（現・森林総合研究所理事長）を訪ねていた[6]。日本では、マツタケはマツと一緒にあるものとされているように（バカマツタケとニセマツタケは広葉樹と一緒に発見される）、マツタケと針葉樹の関係は種の定義の一部と化しているようでもある。*中国のオーク好みのマツタケと日本の排他的にマツを好むマツタケの近縁度が高いことを示すDNA研究は、研究者に驚きをもってうけいれられた。鈴木博士がわたしたちとの会合につれてきた、東京大学の若い松下博士は、そのニュースを直に伝えてくれた。かれがITS配列についておこなった研究では、オーク好みとマツ好みのマツタケのあいだに、何ら種のちがいは示されなかった。(7) しかし、何年もマツタケを研究してきた鈴木博士には、この発見がすべてだとは思えなかった。「どのような問いを立てるか、それ次第だよ」と鈴木博士はいい、ナラタケ根株腐朽病について言及した。それは、種の複合体であって、それ自体に明確な種の境界を設けるのは不適切である。ナラタケ病は、林全体に広がり、「世界最大の生物」などと豪語されることもある。個体を区別することは困難である。というのも、これらの個体は、菌類があらたな環境に適用できるように、遺伝子を変異させてきた軌跡を多くふくんでいるからである。(8) 種は開放的で、個体が溶けて消えてしまっても、長く生きつづけ、生殖的隔離という線引きをしたがらない。「ナラタケ病なんて、ひとつに五〇種もある」と鈴木博士はいった。「何のために種を分けるか、それ次第なんだよ」。

わたしはそのときの会話を鮮明に記憶している。身を乗りだして聞きいっていた。文化人類学者が文化をあつかうように、鈴木博士は種をあつかっていた。使用されつづけるために、たえず問いなおされねばならない枠組みとして。わたしたちが知っている種類は、知識の形成と実世界のあいだの壊れやすい接合点で発展することを博士は暗示してくれた。種類はいつも発展途上にある。というのも、わたしたちはつねに新しい方法で研究するためだ。そのことによって、種類がより流動的でさらなる疑問を呼ぶように見えたとしても、そのために現実でなくなるわけではない。

カリフォルニア大学バークレイ校の森林病理学者イグナティオ・カペラ（Ignatio Chapela）は、種という概念のために、わたしたちが種類《カインズ》について語りうることが制約されていると断言する。「二名法は古風で趣があるとはいえ、人工的なものだ」とカペラはいった。「物体をふたつの単語で定義しちゃえば、それが種の原型となってしまう。でも、菌類については、種とはなにかについて、まだわかっていないんだ。わかっちゃいない……種は生物の集合であって、それらのあいだでは遺伝物質を潜在的に交換することができ、性別がある。もちろん、それは有性生殖をする生物の場合だ。植物では、時間がたつにつれてクローンでさえも変化していく。そうだとしたら、種についての問題を抱えちゃうことになる。……脊椎動物から刺胞動物やサンゴ、蠕虫《ぜんちゅう》にうつってみてよ。ＤＮＡの交換と集団の形成法は、人間のものとは、うんと異なっている。……菌類やバクテリアにまでいったとしたら、システムなんて、まったく違うさ。人間の基準からすれば、まったくまともじゃない。長生きしたクローンが、突然、有性生殖もおこなっちゃったりもする。染色体の大きな塊が丸ごと持ちこまれ、雑種を形成しちゃうこともある。染色体の倍数化か複製を得たりすれば、新しいのが誕生しちゃう。バクテリアを取りこむ共生化なんて、バクテリアを丸ごと自身の一部として使用するか、バクテリアのＤＮＡの一部をあらたな自身のゲノムとして利用するか、のいずれかが可能になるんだよ。あなたは、なにかまったく別物になるんだ。どこで、種を分けられる？[9]」

　異なる種類のマツタケを比較するに際し、カペラ博士は、生鮮マツタケや配列を解析したＩＴＳ領域ＤＮＡだけではなく、標本室に保管されている標本も使用した。しかし、カペラ博士は自身の研究結果が、固定された種だと想定することに否定的である。「相対的にしかおたがいを名づけることのできないグループ分けになったということなんだ。だから、それは種とは呼べない……あなたがいう古い分類方法では、「これがわたしの考える理想的な種だ」というだけで、まったくの理想論にすぎないんだ。すべては、その理想への近似値として比較されるわけだ。まったくおなじものなんてはないだろうけど、いかに理想に近いかを見るために比較する……もし、ちがいがあまりにも大きければ、——尺度が何であれ、どれも人間が決めたものであったとしても——あなたは「わぁ、これは別種にちがいない」というはずだ」。誤った「科学的発見の報道」を避けるため、カペラ博士は、日本市場に入ってくるすべての変種をマツタケと呼ぶ。しかし、かれの研究は、地域ごとにれっきとした遺伝的集団があることをあきらかにした。カペラ博士によれば、この発見の意味することは、遺伝物質が、こうした地域を越えて自由に交換されえないということだ。「もし、きれいな分離や分離のパターンが確認できれば、そうした集団のあいだでは、それほどの交換がないことを物語っている」。こうしたデータは、地域を越えた胞子の交換は日常的にはありえないことを示している。

胞子の長距離移動の線は消えた。しかし、もっとわくわくするほかの可能性が出てきた。種類《カインズ》はいかにして旅をするのか？

同僚のガルベロット博士と共同研究しているカペラ博士は、マツタケの旅に関して一家言を持っている。[10] 始新世に登場した集団は、北米大陸の太平洋岸北西部で発達した。** その一帯では（いまでも）アメリカマツタケが広葉樹と針葉樹の両者とともに行動しつづけているが、それは広葉樹を好んだ先祖から引きついだもののようである。残りのマツタケの集団は針葉樹林に移動し、針葉樹林の移動にしたがって北半球全体に広がっていった。氷河期に針葉樹がレフュジア〔退避地〕に後退すると、マツタケもついていった。とくにマツとともに移動した。マツ林が移動すれば、どこであろうとマツタケも移動していった。ベーリング海峡を越え、マツタケはアジアにコロニーを定着し、ヨーロッパにも侵入していった。しかし、地中海が南ヨーロッパと北アフリカのあいだでの遺伝子の交換を妨げた。それぞれの側に別個の集団が存在するということは、ユーラシア大陸を、それぞれが独立してはるばる移動してきたことの延長である。その一方でカペラ博士とガルベロット博士は、北アメリカの東南部は、メキシコの豊かなマツ－オーク・レフュジアからきたマツタケが定着したと想像している。

ふたりの話は衝撃的であった。研究成果が発表された当時、ほとんどの人がマツタケを「アジア」の種複合体だと考えていたからだ。結局のところ、日本人と韓国人だけがマツタケを愛し——マツタケを自分たちのものだと考えていただけなのだ。しかし、いくら何百万年も前のこととはいえ、北アメリカのキノコが、アジアにやってきたなどといえるのだろうか？（カペラ博士とガルベロット博士は、アメリカマツタケとほかのマツタケの分離が二八〇〇万年前におこったと仮定していて、ロッキー山脈が隆起したことに起因するとしている。）事実、ふたりの学説に、みなが同意しているわけではない。これは決着のつかない問題である。京都菌類研究所の山中勝次博士は、マツタケのヒマラヤ起源説を支持するひとりである。[11] 多くの新種がヒマラヤの隆起にともなって出現しており、隆起によって古い種類が強制的に新しい環境にさらされた結果、差異が助長されていった。カペラ博士とガルベロット博士が調査した時点では、中国西南部のマツタケの宿主分化が異なることは、少なくともカリフォルニアでは知られていなかった。その後、中国のマツタケは針葉樹だけではなく、コナラ属（*Quercus*）とともにシイ属（*Catanopsis*）とマテバシイ属（*Lithocarpus*）とも関係することがわかったのである。それらの種の多様性の中心はヒマラヤである。（山中博士は、わたしに北米のアメリカマツタケの主要な広葉樹の宿主樹木《ホストツリー》がニセマテバシイ（タンオーク）であり、それがアジア以外では唯一のマテバシイ属であることに気づかせてくれた。[12] これは、問題解決の糸口になるだろうか？）山中氏は、針葉樹と広葉樹の両方と関係するマツタケのシロを中国で発見した。博士はマツタケのヒマラヤ起源説を支持しているが、その一因は、その地域における菌根の取りあわせの多様性にある。多様性は、しばしば、その場に流れた時間の指標となる。

それでも近年の研究によって、少なくとも研究者がもっとも共通して配列を解析しているＩＴＳ領域については、中国西南部のマツタケが、とくに遺伝的多様性に富んでいるわけではないことがあきらかにされている。それらは、日本のマツタケよりもはるかに多様性に欠けており、だれもが進化の過程における遅参者であると認めている。だからといって、中国のマツタケの方が新しい集団であることを意味するわけではない。カナダのマックマスター大学の徐建平（Xu Jianping）は、中国のマツタケは、日本のマツタケよりも、利用しやすい空間を埋めていったからだと考えている[13]。この「飽和」によって、より少ない遺伝的競争下でも、より長生きするクローンが導かれた、というのだ。公害によるストレスも、日本においては遺伝的競争を誘発したかもしれない。中国西南部は工業化にはほど遠い。多様性は、その場に流れた時間だけを物語るものではない。

徐博士は胞子の質問にたちかえった。「たくさんのキノコ類が広域分布している。キノコは機を見るに敏で、食べ物があれば、どこでも生存することができる。分散は、ほとんどの種にとって、それほど重要な障壁ではない」。博士は胚種広布説《パンスペルミア》を持ちだした。あらゆるところに胞子がいて、宇宙でさえも旅することができると仮定する説だ。「多数の微生物は、そこらじゅうで見つけることができる。分散は障壁ではない。障壁は、そこの環境で生きていけるかどうかだ」。「現在の中国人のようだね。中国人はどこにでもいるから。もしビジネスチャンスがあるところであれば、どこでも中国人を見つけることができるだろう。どんな小さな町であっても、中国料理店が見つかるだろう」。わたしたちはともに笑った。博士は、いかに上手に胞子が分散するかについて語ってくれた。「多くの種で、地理的に隔離された場所にいる集団のあいだに、遺伝的差異がそれほどないことがある」。ひとつの事例は、わたしたちの口内にいるバクテリアである。徐博士によれば、都市で暮らす中流階級の中国人の口内バクテリアは、近隣の農民の口内にいるものとはかなり異なっている――しかし、おなじような物を食べる北米に暮らす人びとのものとほぼおなじである。問題となるのは、環境であり、場所ではない。多くの菌類にとっても、「分散は問題ではない――とくに人類が出現して以降は」と徐博士は主張した。

あらたな見解が登場した。人間だって？

徐博士だけが、人類の往来や移動によって菌類の胞子が分散させられたと考えているわけではない。モンカルボ博士は、このことを重要視しているものの、かれは胞子の大群がどこにでも存在する点については異論を唱えている（「キノコ類の集団の生息地は限られているし、しっかりと定義されている。ふたつの異なる大陸のおなじ形態は、通常は遺伝的距離によって分離されている」）。胞子を通じた交換は存在する、とモンカルボ博士はいう。しかし、それは時たまのことであって、つねにおこるわけではない。「交換は現在の方が、より日常的なはずである。というのも、より多くの往来と移動がなされているからだ」。たとえば、ベニテングダケは、一九五〇年代にニュージーランドに移入され、現在も拡散中である。人間との接触によってマツタケが大西洋を渡ったのは問題外とはいえない。「カナダにはスコットマツがたくさんある［スコットマツは北ユーラシアにおけるマツタケの主要な宿主樹木《ホストツリー》だが、新世界の在来種ではない］。カナダ人は、いまでも硬貨に英国女王を戴いているだろ？　それとおなじように、カナダ人はマツの苗木にしても、女王陛下の庭園からきたものの方が、土着のものよりも品質がよいと考えているんだ」。モンカルボ博士は仰々しく首を横にふった。これは重要な点である。ひょっとするとマツタケは、マツの苗木の根っこにくっついてカナダ東部へ移動してきたのかもしれない。博士は、人間の介在なしに分散した可能性を否定しないものの、分散は最近のことだと信じてうたがっていない。というのも、北アメリカ東部のマツタケは、ユーラシアのものとよく似ているからだ。そして、博士がつづけた一言にわたしは衝撃をうけた。その分散が、どっちの方向に進んだなんて、いったいだれが知っているというのか？　「もし中央アメリカと、もしかしたらアパラチア山脈の南部でも、ふたつの種（アメリカ西部のアメリカマツタケとコスモポリタン〔汎存種〕なマツタケ）が共存しているのが見つかったとすれば、そこが起源だと思うよ。一方（アメリカマツタケ）が西岸部に固執するなか、もう一方（マツタケ）は移動してきたんだ。そのことは系統発生学研究しか説明できないんじゃないかな」。

「どうやってふたつの種は、メキシコにやってきたのでしょうか？」とわたしは訊ねてみた。「氷河期に南方で形成されたレフュジア〔退避地〕だ」、とモンカルボ博士は説明してくれた。「それは、よく知られた現象なんだ。オークとマツの南限は、中央アメリカの山やまだ。南アメリカでは見つけることはできないはずだ。しかも、それは高度次第だ。寒くなれば、すべては南に移動する。ふたたび暖かくなれば、今度は高緯度に移動していく。メキシコの高度三〇〇〇メートルは、このあたりの海岸みたいなものだ。このことによって、入れ替えについても説明できる。集団は局部的なレフュジアから、ふたたび成長していく。でも、マツタケはサーモンじゃないので、自分たちが生まれた小川に戻ることはない。ある方向に行ったり、別の方向に向かったりするのに理由なんてない。生態系が移動するのであって、菌類が移動するんじゃない」。

移動するのは生態系である。道理で、意図せずに、無意識に人類がかくも多くの種を動かしてきたわけだ。わたしたちは、つねにあらたな生態系を作りだしてもいる。しかも、事態を変化させるのは人類だけではない。

「むしろ事件だと考えている」。モンカルボ博士は、いかにして種類《カインズ》が分散してきたのか、とのたび重なる質問に答えてくれた。「それは、多くの人には理解できないことなんだ。時間の単位が巨大すぎるんだ。南半球と北半球の地殻が分離したのは、一億年前のことだ。だから、南半球と北半球で、異なる種が見つかるわけだ。その意味でオーストラリアは重要な事例だ。「わぁ、一億年前に分かれちゃったの」って人はいうよね。でも、それは事実じゃない。いまや分子データがあるから、多くの場合で、事実ではないことがわかっているんだ。隔離されていても、ときどき移動するものもある。もっとも、つねに移動しているわけじゃない。だから、どこでもまったくおなじというものがないんだ。数百万年に一回、移動はあってもおかしくないけどね。もしかすると一〇〇〇万年に一回かもしれない。移動手段は何だっていいんだよ。それはフィリピンで発生した津波で、赤道を越えていったのかもしれない。——マツタケは通常は赤道を越えることはない。でも、一億年に一回ぐらいは——しかも津波の表面に乗り、ある程度の土壌や木にぶらさがった動物と一緒に浮かんで運ばれたのかもしれない。あるいは風かもしれない。何でもいいんだ」。かつて南半球と北半球のキノコ類が一億年は孤立していると菌学者は考えていた。しかしDNA配列は、いまやこのことが正しくないことを示唆している。テングダケ属のキノコについていえば、たとえば、一方の半球だけという二分論よりは、むしろ多くの集団が、南半球と北半球のつながりを持っている。ゆっくりでもつねに変異しつづけるという仮説は、稀な事件や予期せぬ出会いにおきかえられる。

いかにして種類《カインズ》は出現し、地域個体群が誕生するのか？

徐博士は説明してくれた。スケールが問題となる。大陸を越えた多様性と地域内の多様性を研究するのに、おなじ道具は使えない。菌類のDNAのITS領域は、地域別の大きなまとまりのあいだの差異を研究するのに適している。しかし、地域内の局所的な集団を研究するには不向きである。ひとつの集団を別の集団と隔てる変異を判断するには、まったく異なる一群のDNA群が必要となる。徐博士は、一塩基多型（SNP）が集団レベルの識別に有効であることを発見した。[14] この方法をもちいて中国のマツタケの集団を調べてみたところ、オークを好むマツタケとマツを好むマツタケのあいだには、ほとんど遺伝的差異を見いだすことができなかった。その一方で、標本を採集した地域のあいだでは、有意な地理的な分離を確認することができた。もっとも重要なのは、この分離によって、マツタケの集団にはおそらく有性生殖が重要であることが証明されたことである。**胞子が、ふたたび浮上してきた。**

菌類の世界では、これは自明のことではない。菌類は多様な方法で繁殖することができる。発芽胞子の交配による有性生殖は、ひとつのケースにすぎない。かなりの菌類の繁殖は、遺伝的に同一のクローンによる栄養繁殖である。有名なナラタケ根株腐朽病などのいくつかのクローンは、大きくて、とても寿命が長い。菌は無性胞子でも繁殖することができる。それはストレスを与えられたときに生成される。厚い細胞壁で、厳しい時期を耐えしのび、状況が改善されたときに発芽する。有性生殖が欠如しているか、あっても稀な種もある。しかし、マツタケの場合は、有性胞子が重要なことを示す証拠がある。このことは、クローン・パッチの遺伝子構成を分析すれば、あきらかとなる。それらは、独自に突然変異しているのか、それとも遺伝物質を交換しあっているのか？　たとえば、古い森の方が若い森よりも、より多くの遺伝的多様性を見つけることができるだろうか？　新しい森では自由な胞子の分散よりも、むしろ「創始者効果」を期待するであろう。マツタケに関していえば、この最後の質問についての回答はイエスである。胞子は成長しつつある菌糸のパッチのあいだで交換されているようである。[15]しかし、地形的な特徴が胞子の交換を阻害しうる。たとえば、マツタケの集団のあいだでの遺伝子交換が尾根によって阻まれることがあきらかにされている。[16]

これは、それほど珍しい話ではないように思える――だが、気を抜いてはならない。マツタケは、有性生殖についての常識を覆すような、不思議で素晴らしい存在である。**また別の食事の最中であった――今度は筑波市でのお茶の時間だった。森林総合研究所の村田仁さんとマツタケ世界研究会のメンバーであるリーバ・フエアーが一緒だった。**[17]**わたしは、とても興奮して、受け皿にお茶をこぼしてしまったほどだ。**村田博士はマツタケの集団の遺伝的特徴を調べている。それは骨が折れる作業である。というのも、マツタケは容易な研究対象ではないからだ。胞子の発芽する方法を解明することからして問題であった。襞《ひだ》のようなマツタケのほかの部分があると発芽することを博士は発見した。この発見は、胞子の発芽に最適なのは、マツタケを生じさせる親の菌糸体をふくむ、生きたシロ、つまり菌糸体マットかもしれない可能性を示唆している。[18]つぎに取りくんだのは、それらが発芽するときなにがおこるかということだった。博士は、この問題について非常に驚くべきことをあきらかにした。マツタケの胞子は、半数体、つまり、対となる二組ではなく、一組の染色体しか持っていない。わたしたちは、それらが別の半数体と交配し、完全な対となることを期待しがちであるし、実際、そうなってもいる。人間の卵子と精子は、そのように結合する。しかし、マツタケの胞子は、ほかのやり方でも可能である。マツタケの胞子は、すでに染色体対を持つ体細胞と組むことができる。これは、二を意味する接頭辞——体細胞内の染色体のコピーの数——と一——発芽した胞子内のコピーの数——からダイモン（di-mon）交配と呼ばれている。[19] **まるでわたしが自分の腕と交配しようとするようなものだ。なんて奇妙なことだろう。**

胞子は、シロの子孫でありながら、新しい遺伝物質をシロにもたらす。というのも、シロ自体が多数ゲノムの組みあわせからなるモザイクだからである。おなじシロから出現したとしても、ひとつひとつの子実体は、それぞれ異なるゲノムを持っている。同一の子実体上で生じたとしても、胞子はそれぞれ異なるゲノムを有している。菌類の遺伝の仕組みは、開かれており、あらたな物質を添加することが可能である。このことによって、環境変化に対する適応力が加味され、内部の損傷が修復されていく。ひとつの身体の内部で生じる進化である。菌類は、ほかのゲノムを獲得するために、より競争力のないゲノムを廃棄することができる。多様性はまさにパッチのなかで生じている。[20]

村田博士は、もともと細菌学の出身という。菌学者としては特異な経歴を持っているため、このような問いをたてることができるのだという。ほとんどの菌学者は植物学か生態学の出身で、植物学では一個体の生物しか同時に観察することはないし、生態学は生物どうしの相互作用を観察する。しかし、細菌〔バクテリア〕は非常に小さいため、一細胞だけを気にかけることは不可能である。わたしたちは、それらをパターンと塊で理解する。村田博士は細菌学者として、菌体密度感知機構《クオラムセンシング》、つまり、それぞれの細菌がほかの細菌の存在を化学的に感知し、集団で異なる挙動をおこなうことができる力を理解していた。菌類研究をはじめた当初から、かれは菌類にも菌体密度感知機構があることを発見していた。菌類のモザイクでは、それぞれの細胞株がほかの細胞株を感知することができ、それらが一体となってキノコを形成する。ほかの研究者と異なる視点から菌類を調べてみると、新しい研究対象が視野に入ってきた。遺伝的に多様な菌糸体、つまりモザイクである。

遺伝的に多様な胞子を持つキノコ！　モザイク的な体！　共同効果を創造する化学的感知！　世界は、なんて不思議で素晴らしいんだろう。

わたしはもがいている。そろそろパッチや両立しないスケール、歴史の重要性に戻るときではないだろうか？マルチプル・リズム、つまりパッチが景観と科学の両方に出現するテンポに戻らねばならないのではないか？しかし、胞子とともに飛散し、コスモポリタン的なおまけを体験できることはしあわせである。さしあたって性急な結論ですませておいてもらいたい。

胞子は新しい遺伝物質をくわえることによって、マツタケの集団を活性化する。子実体は大量の胞子を放出し、それらのほんのわずかが発芽し、交配する。しかし、それでも集団をコスモポリタンで多様に保っていくには十分である。その多様性の一部分は、胞子を生産する親の菌糸体に内在している。どの「ひとつ」の菌糸体も、自己完結ではありえず、予期せぬ出会いを免れることはない。菌糸体は歴史的な結合から生じる――木やほかの生物、非生物、さらにはほかの形の自身との結合。

科学者は、マツタケの進化と分散をふくむはてしない問いに取りくんでいる。胞子的なやり方で。これらの考えのほとんどは、なにかを変えることはない。しかし、変えることのできるほんの少数が、その分野を活性化させる。コスモポリタンな知識は、研究対象──生物も非生物も──やほかの形の知識との歴史的融合から発展する。

パッチはよく増える。　胞子もまた存在している。

1　二〇〇五年に実施したインタビュー。

2　二〇〇八年に実施したインタビュー。

3　ヘニング・クヌデセンとヤン・ヴェステルホルトの分類を参照されたい（Henning Knudsen and Jan Vesterholt, *Funga Nordica*（Copenhagen: Nordsvamp, 2012））。

4　二〇〇九年に実施したインタビュー。

5　*Tricholoma caligatum*（*T. caligata* とも）という名は、いくつかの異なるマツタケ類に使用されている。そのいくつかはマツタケに数えられる。プロローグの注11を参照のこと。

6　二〇〇五年に実施したインタビュー。

7　つぎも参照のこと。Norihisa Matsushita, Kensuke Kikuchi, Yasumasa Sasaki, Alexis Guerin-Laguette, Frédéric Lapeyrie, Lu-Min Vaario, Marcello Intini, and Kazuo Suzuki, "Genetic relationship of *Tricholoma matsutake* and *T. nauseosum* from the northern hemisphere based on analyses of ribosomal DNA spacer regions," *Mycoscience* 46 (2005): 90-96.

8　Peabody et al., "Haploid vegetative mycelia."（幕間「たどる」の注21で参照）

9　二〇〇九年に実施したインタビュー。

10　Ignacio Chapela and Matteo Garbelotto, "Phylogeography and evolution in matsutake and close allies as inferred by analysis of its sequences and AFLPs," *Mycologia* 96, no. 4 (2004): 730–741.

11　二〇〇六年に実施したインタビュー。山中勝次「マツタケコンプレックスの起源と分化」『日本菌学会西日本支部会報』一四：一－九頁、二〇〇五年。

12　アメリカのマテバシイ属（*Lithocarpus*）の存続について懸念しているマノスらは、タンオークをあらたな属、ニセマテバシイ属（*Notholithocarpus*）に移行した。Paul S. Manos, Charles H. Cannon, and Sang-Hun Oh, "Phylogenetic relations and taxonomic status of the paleoendemic Fagaceae of western North America: Recognition of a new genus *Notholithocarpus*," *Madrono* 55, no. 3 (2008): 181–190.

13　二〇〇九年に実施したインタビュー。

14　Jianping Xu, Hong Guo, and Zhu-Liang Yang, "Single nucleotide polymorphisms in the ectomycorrhizal mushroom *Tricholoma matsutake*," *Microbiology* 153 (2007): 2002–2012.

15　Anthony Amend, Sterling Keeley, and Matteo Garbelotto, "Forest age correlates with fine-scale spatial structure of matsutake mycorrhizas," *Mycological Research* 113 (2009): 541–551.

16　Anthony Amend, Matteo Garbelotto, Zhengdong Fang, and Sterling Keeley, "Isolation by landscape in populations of a prized edible mushroom *Tricholoma matsutake*," *Conservation Genetics* 11 (2010): 795–802.

17　二〇〇六年に実施したインタビュー。

18　村田博士によれば、マツタケは交配を制限する体細胞の不和合システムを持っていない。つぎを参照のこと。Murata et al., "Genetic mosaics"（第16章、注9で参照）

19　菌糸体細胞における単相核は、子実体が生産されるまで結合しないかもしれない。その一方でふたつ（か、それ以上の）核を持つ細胞も生産する。それぞれが染色体の一コピーを持っている。接頭辞の di- は、ふたつの単相核を持つ菌糸体細胞を指している。

20　正反対の見解については、つぎを参照のこと。Chunlan Lian, Maki Narimatsu, Kazuhide Nara, and Taizo Hogetsu, "*Tricholoma matsutake* in a natural *Pinus densiflora* forest: Correspondence between above- and below-ground genets, association with multiple host trees and alteration of existing ectomycorrhizal communities," *New Phytologist* 171, no. 4 (2006): 825–836.

*　日本の広葉樹林に発生するマツタケ類には、バカマツタケ（*T. bakamatsutake*）とニセマツタケ（*T. fulvocastaneum*）がある。中国の広葉樹林で発生するマツタケ類は、この二種にマツタケをくわえた三種である。

**　地質年代。新生代の第三期。およそ五五〇〇万年から三三九〇万年前の期間。

とらえどころのない生命、京都府。マツタケが発生しそうな林を整備することはダンスである――林床をきれいにし、林中に息吹く生命の線を注意深く観察しつづけるダンスである。マツタケ狩りもダンスである。

幕間　ダンス

渉猟者たちは、それぞれマツタケ山を知るための独自の方法を体得している。マツタケの生命の線を探すのだ。(1) このように森のなかで過ごすことは、ダンスにたとえることができる。生命の線は、感覚や身体の動き、方向感覚などを通じて追求される。ダンスは森の知識の形態である――とはいえ、報告書に体系化されるようなものではない。そういう意味で渉猟者たちは、みながダンスするけれども、ダンスのすべてがおなじというわけではない。それぞれのダンスは、共同体の歴史によって形づくられ、それぞれ異なる美学と位置づけを持っている。オレゴンの森へ戻り、ダンスへと導いてみたい。最初は、わたしひとりで出向いてみよう。つぎに年配の日系アメリカ人と、最後にふたりの中年のミエン人と一緒に森へ分けいろう。

よいマツタケを見つけるためには、徹頭徹尾、すべての感覚を必要とする。というのも、マツタケ狩りにはコツがあるからだ。キノコの形状を探すのではない。開ききったマツタケならば、すぐに気づくことができる――おそらく動物に捨てられたか、古くなりすぎて虫が食べたものだろう。しかし、よいマツタケは地中に隠れているものだ。まだマツタケを見つける前から、刺激的な香りを捕捉することもある。すると感覚が臨戦態勢となる。あるマツタケ狩りのことばを借りると、眼は「車のワイパーのように」地面を掃いていく。ときおり地面にしゃがみ、よく見える角度から眺めてみたり、触れてみたりもする。

マツタケが成長している印、その活動の線を探すのである。マツタケは成長しながら、地中をわずかに動いていく。だから、その移動しているところを見つけなくてはならない。人びとは、それを凸《バンプ》と呼ぶ。くっきりと隆起した様子を暗示することばだが、そんなことは稀である。そうではなく、うねりのような感覚を想像してほしい。息を胸に吸いこんだ感じである。マツタケの呼吸をうねりにたとえたくなるかもしれない。マツタケの呼気が逃げた跡のような割れ目もあるかもしれない。しかし、マツタケは、そういう風には呼吸しない――それでも、このように日常生活になぞらえることは、ダンスの基本である。

どの林床にも、多くの隆起と割れ目が存在している。しかし、ほとんどの場合、それらはマツタケとはいささかの関係もない。それらの多くは古くて静的で生命が蠢《うごめ》く兆候を醸していない。マツタケ狩りたちは、生き物がゆっくりゆっくり押しあげているのを示すサインを探す。つぎに地面の感触を確かめていく。人びとは、そうして地面を感じていく。マツタケは、表土の数インチ下にあるかもしれない。上手なマツタケ狩りは、マツタケの生きている様、生命の線を知っている。

探索には情熱のこもったものと、穏やかなものの両方のリズムがある。採取人たちは、森へ入りたくてたまらなくなることを「熱」と表現する。ときには、行くつもりはなかったが、熱にやられてしまったこともあるという。熱に浮かされ、マツタケ狩りたちは雨や雪のなかでも採取する。ときには懐中電灯をともして夜までも。ほかの人が先にマツタケを見つけるといけないから、その場所に一番乗りするため、夜明け前に起きる。それでも森のなかを急いでいると、マツタケを見つけることはできない。わたしは「落ちつけ」とたしなめられてばかりいた。経験の浅いマツタケ狩りは、急ぎすぎてマツタケを見落としてしまう。というのも、唯一、注意深く観察することによってしか、マツタケのおだやかなうねりをとらえることができないからだ。静かに、ただし熱意を持って。情熱的に、ただし安穏に。マツタケ狩りのリズムは、泰然自若としつつも、緊張感を高めていく。

マツタケ狩りは森について勉強熱心である。宿主樹木《ホストツリー》の名前をあげることができる。しかし、樹木の分類は、マツタケを狩ろうとする場所を決めるためのスタートラインにすぎず、実際にマツタケを狩る際には、それほど役に立つものではない。マツタケ狩りは、木を見上げて時間を無駄に過ごしたりはしない。地面ばかりを凝視する。マツタケは盛りあがった凸《バンプ》から顔を出している。マツタケ狩りたちは、土に注意をはらう、という。土壌がいい感じに見える場所がいいのだと。いい感じとはどういうことかとしつこく訊くと、決まって口をにごしてしまう。おそらくわたしの質問攻めにうんざりしたのであろう。「いい感じは、いい感じさ。マツタケが育つ土だよ」といった。分類はそこまで。会話には限界がある。

土壌の分類よりも、マツタケ狩りは生命の線を詳しく吟味する。大切なのは木だけではなく、周囲についての物語である。マツタケは、肥沃で、水分が多いところでは発見しにくいものだ。そうした場所では、むしろほかの菌類が育つものだ。ゴウファーベリーがあれば、そこは湿りすぎだ。重機が通っていれば、菌類は死んでしまっているだろう。動物たちが糞や足跡を残していれば、そこが探すべき場所である。岩や丸太の隣に湿気のこもった場所を見つけたならば、そこもよい。

林床に生える、ある小さな植物は、鉱物よりもむしろマツタケに依存している。キャンディ・ケーン（*Allotropa virgate*）は赤と白のストライプの茎をしていて花のようであるが、自身の食物を生産する葉緑素を持っていない。そのため、マツタケから糖分を吸いとっている。そのマツタケは木から糖分をもらっている。[2] 花が落ちたときでも、キャンディ・ケーンの乾いた茎は、林のなかで発見することができる。したがって、それらはマツタケが地下で子実体を実らせているか、球状の菌糸でいるか、どちらかの目印になる。

生命の線は絡まりあっている。キャンディ・ケーンとマツタケ、マツタケと宿主樹木《ホストツリー》、宿主樹木と草本、コケ、昆虫、土壌のバクテリア、林の動物、地面の隆起とマツタケ狩り。マツタケ狩りはみな、森のなかの生命の線に注意をはらっている。すべての感覚を動員して探索することによって、こうした注意深さが創出される。これは森の知識の形態であり、きちんと分類せずとも理解はできる。そのかわり、マツタケ探しは、わたしたちに客体としてではなく、むしろ主体として経験することにより、生き物の躍動感を感じさせてくれる。

ヒロは年配の、都市に住む日系アメリカ人である。[3] 現在八〇歳代のかれは、典型的な労働者階級の人生を

歩んできた。第二次世界大戦が勃発したとき、ヒロはまだ若く、両親の農園に住んでいた。当局から畜舎に移動させられ、さらに収容所に移動させられ、かれの両親は農園を失った。ヒロは合衆国陸軍に志願し、白人部隊を助けるために犠牲となったことで知られる二世による第四四二連隊戦闘団に従軍した。その後、かれは鍛冶工場で働き、重機を製作した。そんな長い人生の代償として、ヒロは年金一一ドルを受給している。

このような差別と喪失の歴史を乗りこえ、ヒロは日系アメリカ人コミュニティを組織することに献身した。その柱のひとつがマツタケである。マツタケは仲間意識と記憶の象徴である。ヒロにとってマツタケを贈ることは、マツタケを狩ることの最大の喜びのひとつである。昨年、かれは六四人にマツタケを贈った。その多くは老人であり、もう自分では林にマツタケを狩りにいくことができなくなった人びとであった。マツタケは共有されることを通じて、喜びを構築していく。そうだからこそ、マツタケは年配の人びとが若者へ贈るプレゼントともなる。林に入る前から、すでにマツタケは記憶を呼び覚ましている。

ヒロと林へ向かっていると、記憶が個人のものとなってきた。「あそこはロイのマツタケ狩り場。あっちはヘンリーのとっておきの場所」。あとで知ったことだが、ロイもヘンリーもすでに故人であった。しかし、ふたりともヒロの地図のなかで生きていた。ヒロがそこを通りかかるときは、いつも思いだされるのであった。ヒロは若い人びとにマツタケの狩り方を教えている。熟練の技は記憶をともなうものだ。

林に入ると、記憶は具体的なものとなった。「あの木の下で、一九個も見つけたことがある。木のまわりに一列になって半円を描いていた」。「あそこでは、これまでで最大のマツタケを見つけたんだ。四ポンドもあったよ。まだ、蕾の状態で、だよ」。嵐によって倒されたというマツタケの木があった場所を教えてくれた。もちろん、そこには、もはやマツタケはなかった。洪水が表土を剝ぎとった場所とマツタケ狩りたちが掘り返した低木地帯も見た。そうした場は、かつてはマツタケのとっておきの場所だった。しかし、いまはない。

ヒロは杖をつきながら歩く。しかし、それでもまだ、倒木であろうと、低木の茂みであろうと、起伏の激しい滑りやすい峡谷であろうと、よじ登っていくことにびっくりさせられる。ヒロは広い面積を走破しようとはしない。そのかわり、かれの記憶にある場をつぎからつぎへと覗いていく。マツタケを見つける最良の方法は、かつてマツタケを発見した場所を確認することだ。

もちろん、その場所がこれといった目印もなく、行き当たりばったりな木のそばの、これまた行き当たりばったりな茂みであれば、その場所を長年にもわたって記憶しておくことはむずかしい。マツタケが見つかったすべての場所のリストを作ることなど不可能である。しかし、ヒロは説明してくれた。そんなことはする必要はない。その場所に到着すると、記憶が心によぎり、斜めに傾いた木の角度、樹脂の香りの漂う茂み、日光のきらめき、土壌の質感といった、そのときのすべての詳細が鮮明によみがえってくるものだ。わたしも記憶がつぎつぎと波打って思い起こされる経験を少なからずしたことがある。よく知らない林を歩いていても、突然、マツタケを発見した記憶が――つい、そこで――景色をひとまとめにしてくれるのだ。だから、わたしはどこを探すべきかについて正確に知ることができる。もちろん、マツタケを見つけにくいことにはかわりない。

この種の記憶は、動きを必要とするとともに、林の歴史に関する詳細な知識を喚起する。ヒロは道路がはじめて一般に開放されたときのことを覚えている。「たくさんのマツタケが道路際に生えていたので、林に入る必要なんてなかった」。とくに豊作だった年の記憶も鮮明である。「ミカン箱三つ分のマツタケを見つけたんだ。どうやって車まで運んだらよいか、見当もつかなかった」。これらの歴史のすべてが、景観に折り重なりあって層をなしている。わたしたちが新しい生命をチェックする場所のそとに出たり、なかに入ったたりして縫っていくように。

　この記憶のダンスの力に、わたしは感動を覚えずにはいられなかった。もはやマツタケ狩りに行くことができない人が話題となったときは、なおさらであった。ヒロはマツタケを、林を歩きまわれなくなった人びとに贈りとどけている。マツタケを贈ることによって、病人や連れあいを亡くした人を仲間うちの景観にふたたび招きいれることができる。しかし、ときおり、記憶はしくじることもある。よかれあしかれ、世界がマツタケだらけになる。ヒロの友だちのヘンリーが、認知症をわずらって老人ホームに入っている年老いた二世の話をしてくれた。ヘンリーが訪問すると、老人がいった、「先週、きたらよかったのに。あそこの斜面が真っ白くなるほどマツタケに覆われていたんだ」。老人は、窓の向こうの短く刈りこまれた芝生を指さしたが、そこにマツタケが生えるわけがない。マツタケ林でダンスすることがなくなれば、記憶は焦点を失っていく。

　ヒロは、商業目的にマツタケを狩る人びとが乱雑に狩った谷に連れていってくれた。わたしが知るなかで、ヒロはもっとも寛大な人物のひとりだ。かれは人種や文化的差異を越えて働くことを信条としている。それでも、何時間かのあと、疲れたのであろうか、繰りごとに陥ることがある。「ここは、いい場所だったんだが。カンボジア人が壊すまでは。ここはいい場所だった。カンボジア人が壊すまでは」。カンボジア人とは、ヒロが東南アジア人を指すときの表現だ。たがいに定型化しあう人種の対立について、アメリカ人なら誰も驚きはしない。ヒロにもカンボジア人たちにも人差し指を立てることなく、ふたりのミエン人の採取人の話に移ろう。わたしの意図は、民族を比較することではなく、別のダンスにいざなうことにある。

モエイ・リンとファム・ツォイにとって、マツタケを狩ることは、生計手段でもあり、息抜きでもある。一九九〇年代なかば以降、マツタケ・シーズンともなれば、夫と一緒にカリフォルニア州のレディング（Redding）から、中央カスケードにやってくる。週末には、子どもたちや孫たちもやってきて、合流することもめずらしくない。シーズンが終わると、モエイ・リンの夫は、ウォルマートで木箱を積み重ねる仕事に復帰する。ファム・ツォイの夫はスクールバスを運転している。当たり年だと、マツタケ採取は、それらの選択肢よりも、ずっとよい生計手段となる。それでも、かれらは運動と新鮮な空気以外にも、いくつかの理由からマツタケ狩りを楽しみにしている。女性たちは、とくに都市での幽閉から解放される。ミエン人用のキャンプ地での近所づきあいは、米国にきてからこのかた、ラオス高地の村での生活にもっとも近いものだ。ミエン人のマツタケ・キャンプは、村の生活の喧騒に満ちている。

忘れることにも理由がある。ファム・ツォイは、わたしが故郷の記憶について訊ねたとき、そのことに気づかせてくれた。というのも、多くのモン人採取者たちが、オレゴンの林を歩くとラオスを思いだすと、説明してくれたからだ。だから、ミエン人はどうなんだろうと思って訊いてみたわけである。「うん、もちろん」。彼女はいった。「でも、マツタケのことだけを考えていたら、忘れることもできる」。モエイ・リンとファム・ツォイは米国のインドシナ戦争の悲劇を背負ったまま米国にやってきた。タイで数年を過ごしたのち、難民として認定され、温暖な気候と農業がさかんな中央カリフォルニアにやってきた。彼女たちは、英語もできなければ、都会で働いた経験もなかった。彼女たちは自分たちが食べるものを育て、夫たちは農具を鍛造した。マツタケ採取が金になると聞き、秋の収穫に参加してみた。

彼女たちにとって、新しい景観に踏みいることは、かつての焼畑耕作で必須だった身体化された技術である。それは商業的なマツタケ採取にとって有益な技術である。伝統的なキノコ狩りとは異なり、商業目的に採取するには広大な領域を渉猟しなくてはならない。バケツ半分の収穫で満足する愛好家とは異なり、商業的採取者たちは、バケツ半分の収穫ではガソリン代にもならないことを知っている。商業的採取者たちは、二、三の記憶にある場所をチェックするだけですますわけにはいかない。生計を立てるため、かれらは長い期間にわたり、広大な領域の、多様な生態系でマツタケを狩る。

都市からやってきた難民とは異なり、モエイ・リンとファム・ツォイは林を怖がらないし、ほとんど迷子になることはない。彼女たちの集団は森にすっかり馴染んでいるので、たがいにくっついている必要がない。彼女たちと一緒にマツタケを狩ったとき、男たちは自分の場所に行ったが、それは素早い動きであった。他方、女性たちは、自分たちのペースでゆっくりと進んでいった。男性たちと合流するために戻ってきたのは、ずっとあとのことであった。「男は、大きなこぶ（凸）を探りに走っていった」とファム・ツォイは笑った。「女たちが地面を引っ掻いているあいだに」。

わたしは、ファム・ツォイとモエイ・リンと一緒に地面を引っ掻いた。わたしたちがどこへ行こうとも、そこには、すでにほかの採取人たちに先を越されていた。乱雑に掘り返された跡を罵るのではなく、むしろ、わたしたちはその周辺を入念に調べた。モエイ・リンは、土壌が掻きみだされている箇所の感触を棒で確かめていた。うねりがないことははっきりしている。というのも、表面はすでに壊されているからだ。それでも、ときどき、マツタケはあるものなのだ！　わたしたちは、自分たちよりも早くきていた採取者たちの足跡を追った。かれらが残したものの感触を確かめながら。というのも、マツタケは、木にしっかりと結びついているため、おなじ場所にふたたび出現するものなのだ。これは驚くべき生産的な戦略である。わたしたちは、自分たちよりも前に到来し、活動の線を残してくれた見えざる採取者と手を結んだ。

この戦略においては、人間以外の採取者たちも同様に重要である。シカとヘラジカはマツタケが大好きで、ほかのキノコに優先してマツタケを食べる。シカかヘラジカの足跡を見つけ、それを辿っていけばパッチまで誘導してもらえる。クマはマツタケのついた丸太をひっくり返し、地面を掘って、混乱を引きおこす。しかし、クマは――シカとヘラジカのように――すべてのマツタケを食べつくしはしない。つい最近、動物たちが掘ったということは、周辺にマツタケがあるという確かな証拠である。動物の形跡を辿るうち、マツタケを探すわたしたちの動きは、動物たちのそれと絡まりあい、寄り添っていく。

すべての足跡が上手に導いてくれるわけではない。幾度となく、活きのよい隆起を見つけたことだろう。ところが、押してみると、それは単なる空洞であった。ジラスかモグラが掘ったトンネルだった。モエイ・リンにキャンディ・ケーンを辿っていくかどうかを訊くと、彼女は眉をひそめ、「いいや」といった。「ほかの人が、すでにそこに行っているんじゃないかしら」。キャンディ・ケーンは、わたしたちが探しもとめている絡まりあいの目印としては、目立ちすぎるのである。

ゴミの見方も大きく変わった。白人のハイカーと林務官は、ゴミを毛嫌いしている。ゴミは森を台無しにする、とかれらはいう。東南アジア人の採取人たちは、たくさんのゴミを残していく、とかれらは怒っている。ゴミを片付けないのであれば、森を閉鎖すべきだと主張する強硬派もいる。しかし、生命の線を探すにあたっては、ゴミが役に立つこともある。白人のハンターたちが残す大量のビールの空き缶ではなく、少しばかりのゴミが森に跡を残していく。クシャクシャに丸められたアルミ箔、薬用人参の入った強壮剤の小瓶、びしょ濡れになった安物の中国製たばこ中南海の箱。これらのひとつひとつが、東南アジア人採取人たちが通過したことの証《あかし》である。わたしは線に気づき、それにすがった。そのおかげで迷子にならずにすんだ。ゴミのおかげで、マツタケ狩りの軌跡を辿ることができた。わたしは、ゴミが導く線を楽しみにするようになっていた。

ゴミは林野局の唯一の心配の種ではない。もうひとつの懸念は、「熊手掻き」である。それは地面を耕すことを意味している。地掻き反対を唱える者たちは、地掻きについて、自分勝手な無教養なひとりの人間による行為だという。地掻きは、他のものへおよぼす結果を顧みずに、地面を掻きまわす行為である。しかし、女性の採取人たちが、なにか異なるものを見せてくれた。「熊手掻き」と評される攪乱された地面は、ひとりではなく、大勢の人びとによるものである。多くの人びとがあたりの感触を確かめ、生命の線を発見しようとすれば、大きな溝が形成されることになる。地掻きは、連続した、また絡まりあった生命の線の結果である。

モエイ・リンとファム・ツォイが採取する場所には、ヒロの谷のような整ったコケや地衣類のカーペットがあるわけではない。火山性で、標高が高く、不毛なカスケード山脈東部では、地面は乾燥している。吹きさらしで、樹木は弱々しく、ときにはまばらでさえある。倒木が地面に散らばっていて、剝きだしの根っこが、行く手を阻んでいる。伐採と林野局による「修復」の波が、切り株と道路の痕跡を残していて、土壌を壊してもいる。採取者が森にとっての最悪の脅威だと議論するのは奇妙に思える。それでも、かれらの足跡はそこにある。モエイ・リンとファム・ツォイにとって、これは好都合なことである。

生命の線を辿り、そこに自分たちの動きを寄りそわせることによって、モエイ・リンとファム・ツォイは、たくさんの面積をこなすことができる。夜明け前に起き、食事をすませ、夜明けにはすでに森のなかにいる。無線で男たちと連絡をとり、かれらがどこまで行ったかを知るまで、四、五時間後は森にいるかもしれない。

丘の起伏のだいたいには通じていても、わたしたちはいつも新しい場所をチェックした。これは精通している愛着ある森ではない。生命の線にしたがって、わたしたちは新しい領地を探しに出る。

お弁当の時間には、わたしたちは丸太の上に座り、ポリ袋に入ったご飯を取りだした。今日のおかずはコイで、小さく切って揚げたものだ。それに赤と緑の唐辛子がふられている。食欲がかきたてられるように豊かでスパイシーだ。わたしは、どうやって作ったのか、訊いてみた。ファム・ツォイが説明してくれた。「魚があるでしょ？　塩をくわえるの」。彼女は口ごもる。それでおしまい。自分がキッチンにいるところを想像してみた。手にした塩をまぶした生魚からドリップがしたたっているところを。ことばには限界がある。料理のトリックは身のこなしである。簡単に説明できるものではない。おなじことがマツタケ狩りにもいえる。分類よりも、ダンスなのだ。それはダンスしながら生きている生命とともにダンスすることだ。

わたしが叙述したマツタケ採取者たちは、自身が森のダンスを踊るパフォーマーであるだけでなく、ほかの生命の生きざまの観察者でもある。かれらは森の生物のすべてに関心を寄せるわけではない。実際、かれらはとても選択的だ。しかし、かれらが気づく方法は、他者の生きざまを自分に取りこむことである。生命の線を交差させることによって、パフォーマンスに導かれていく。それは、あるひとつの森の知識の様式を作りだしているのだ。

1　ティム・インゴルド『ラインズ――線の文化史』（工藤晋訳、菅啓次郎解説、左右社、二〇一四年）を参照のこと。

2　Lefevre, "Host associations".（第12章、注11で参照）

3　ここでの民族誌的現在は二〇〇八年である。すでにヒロは他界している。

仲間を見つける、雲南。地方の市場を巡回してマツタケを買う仲買人を囲む人だかり。

第四部　事態のまっただなかで

オープンチケットでは、人種を理由に車を検問したり、罰金を科したりする差別について話しあうための林野局との会合にマツタケ狩りたちが集まっていた。林野局からはふたりの職員が参加し、二〇名弱の採取人たちが参加した。しかし、これはシーズン中に森で採取する人びとのごく一部にすぎなかった。会合を仕切っていたクメール人は、しかめっ面をしていた。「カンボジア人は、この手の会合に出たがらない」「殺されかねないと疑っているからだ」。クメール・ルージュ時代のことを指していた。たくさんの人が死んだ。しかし、わたしたちの会合は、別の問題を抱えていた。機知に富んだ応答ではじまったものの、林務官は、すぐにだらだらと規制について説明しはじめた。すると、会議はルールを説明するだけの場に後退してしまい、ちょっとした質問が説明を遮っただけだった。革命を期待するのは無理である。それでも林野局が採取人と向きあおうとしていることは、まったくの予想外であった。新しい発見もあった。少なくともわたしにとっては。それぞれが発言したあと、クメール語、ラオ語、ミエン語へと順次、通訳されるのを耳にしたことだ。さらに、その場で急遽、探しあてられたグアテマラ系スペイン語の通訳まで聞こえてきた。それぞれの発言者は、いらいらするほどに異なる抑揚を持っていて、いつまでも耳に残った。簡単な質問やルールの説明にも、長い時間がかかった。居心地の悪さを感じながらも、聞くことを学ぶ場だ、ということを理解した。たとえ、まだ議論するところまではいかなくとも、である。

マツタケ狩りたちと林野局の会合が開催されたのは、ビヴァリー・ブラウンのおかげであった。彼女は、根気強いまとめ役で、北西岸の森におけるマツタケ採取者をふくむ、不安定な労働者たちの話を聞こうとした人だ。[1] ブラウンは、通訳を取りいれたことで、採取人たちのあいだの差異を解消するというよりも、むしろ差異を認め、安易に妥結しないよう、能動的に聞くことを働きかけた。聞くことは、ブラウンにとって政治の出発点であった。はじめは、ことばの壁ではなく、都市と田舎のギャップを越えることだった。亡くなる前に記録された回顧録が説明するところによると、彼女は、育つ過程で都市のエリートが田舎の人びとに耳を傾けないことを理解していた。そのため、彼女は、この問題をなんとかしようと決意したのだという。[2] 彼女は仕事を奪われた木材伐採者や田舎住まいの白人たちの語りを聞くことからはじめた。[3] こうした過程で彼女は、売ることを目的にキノコやベリー、草花を摘む渉猟者たちの存在を知るにいたった。こうした人びとは、伐採者よりも、もっと多様性に富んでいた。彼女はより大きな隔たりを越えて聞く場を設定したため、活動はかつてよりもずっと野心的なものに成長した。

ブラウンが提唱する「政治的に聞くこと」に触発され、わたしは、志のなかの攪乱を超えて考えるようになった。進歩なくして、なにをどう頑張ればよいのか？　格差に苦しむ人びとが共通して持っていた思考回路は、わたしたちみなが進歩のなかで、ある程度共有してきたものだ。階級——たえず上を目指すこと——のような明確な政治的カテゴリーによって、頑張ればよりよい生活が待っていると信じることができた。今はどうだろう？　ブラウン流の政治的に聞くことは、この問題に取りくんでいる。すべての集まりは、はじまったばかりの未来を内包しており、政治活動とは、そこに発生するものを掬いあげることだ、と彼女は提案している。不確定性は、歴史の終わりなのではなく、むしろ、たくさんのはじまりが潜んでいる結節点なのである。政治的に聞くことは、まだ明確化されていない共通の課題《アジェンダ》を見つけることである。

かしこまった会議ではなく、日常生活のなかに、こうした形の気配りを取りいれると、さらに多くの課題が見えてくる。たとえば、いかにして、わたしたちはほかの生物と提携できるのか？　聞くだけでは、もはや十分ではない。別の形の気配りが必要となる。何という差異であろうか！　ブラウンのように、わたしも差異を認めよう。よかれと思って取りつくろわないように。それでも、すでに人間政治（human politics）の世界で学習済みだ。専門家にまかせることはできない。味方になってくれそうな相手に目星をつけるには、さまざまな種類の注意を喚起していくことが必要だ。さらに悪いことには、わたしたちが見つける共通のアジェンダの手がかりは、まだ未熟で、線が細くて、むらがあり、不安定である。よくてもせいぜいが、もっとも利那的でわずかな兆しを探す程度である。しかし、不確定性とともに生きていれば、そのような兆しが政治的となる。

このマツタケ物語の最後の部は、訪れるさまざまな渇きや寒さにもめげずに沸きでるマツタケのように、制度化された疎外のなかで生じる一瞬の絡まりあいを探してみよう。それは味方を探す場である。そのことを潜在的《レイテント》コモンズだと考える人がいるかもしれない。そのような場はふたつの意味で潜在的である。まず、いたるところにあるにもかかわらず、わたしたちが気づくことはほとんどない。つぎに未発達である。まだ実現されていないが、可能性を秘めている。とらえどころもない。潜在的コモンズはブラウンのように政治的に聞くことのなかに存在するものであり、わたしたちの気づく術《すべ》と関係している。潜在的コモンズによってコモンズの概念は拡大される。だから、潜在的コモンズの特徴を否定形であげてみよう。

潜在的コモンズは、排他的な人間だけの飛び地ではない。コモンズをほかの存在に開放すれば、事態が変わる。一度、害虫や病気にやられてしまうと、調和は期待できなくなる。ライオンは子羊と一緒に横たわることはない。生物は、ただ単におたがいを食べあうわけではなく、さまざまに生態系を形成する。潜在的コモンズは、そうした相利共生的および反目しあわない絡まりあいであり、このドタバタ劇のなかに見いだすことができる。

潜在的コモンズは、すべての人にとってよいわけではない。協働というものは、おしなべてだれかに居場所を提供する一方で、だれかを排除してしまう。協働したがために種の全体が失われてしまうこともある。わたしたちにできることは、必要にして十分な、まずまずの世界を目指すことである。そうしたまずまずは、つねに不完全であり、修正の途上にあるものだ。

潜在的コモンズは、うまく制度化できない。あえてコモンズを政策化しようとする試みは、称賛に値する。しかし、それでは潜在的コモンズの躍動する様をとらえることはできない。潜在的コモンズは法の隙間に入りこむ。違反や感化、無関心——そして密猟（盗掘）——がそれを助長する。

潜在的コモンズは、わたしたちの失敗を埋めあわせることはない。急進的な思想家のなかには、進歩が贖罪的で夢想的なコモンズに導くことを期待する者がいる。そうではなく、潜在的コモンズは、いま、この場で、困難の渦中にあり、人間は決して完全には管理できない。

こうした否定的な特質を考えれば、第一原則を具体化させたり、自然法則を見つけたりして、最善の事例を作りだそうとするのは無意味である。そのかわりに、気づく術を実践したい。現存する制作途上の世界におけるゴチャゴチャをかきわけ、そのなかにそれぞれが独特で、少なくともその形式では二度と発見できそうにない、宝を見いだそう。

1　ブラウンは一九九四年にジェファーソン教育研究センターを設立した。二〇〇五年に彼女が他界すると同センターは閉鎖されたが、ブラウンの活動をひきつぎ、文化生態研究所やコミュニティと環境に関するシエラ研究所、森林労働者・採集者同盟などの、ほかの機関がマツタケ狩りたちを組織するようになった。そうしたプロジェクトはマツタケ狩りのなかから「マツタケ・モニター」を雇った。モニターの役目は、マツタケ狩りたちのニーズを汲みとること、マツタケ狩りたちの知識を活用すること、マツタケ狩りたちの権利拡大のためのプログラムを立案することであった。モニターのなかには、給料が支払われなくなっても、ボランティアとして活動する者もいた。多くの人びとと関係機関の尽力によってプロジェクトは運営された。

2　Peter Kardas and Sarah Loose, eds., *The making of a popular educator: The journey of Beverly A. Brown*（Portland, OR: Bridgetown Printing, 2010）.

3　Beverly Brown, *In timber country: Working people's stories of environmental conflict and urban flight*（Philadelphia: Temple University Press, 1995）.

仲間を見つける、京都府。マツを元気にするために広葉樹の根を切る。マツタケが好むであろう里山の手入れをボランティアがおこない、マツタケを待つ。

18 まつたけ十字軍——マツタケの応答を待ちながら

「行こうよ」。「だめだよ」。「なんで?」。「ゴドーを待つ」

——サミュエル・ベケット『ゴドーを待ちながら*』

生きがいは、里山には人間の関与が必要なことに由来している。二次的自然を維持する場合には原生自然とは異なり、自然の遷移の力と釣りあうだけの人間の力をくわえなければならない。

――倉本宣「市民運動から見た里山保全」**

人間はマツタケを支配することができない。したがって、マツタケが出るかどうかを待つことは、実存の問題である。マツタケは、わたしたちに人智を超えた自然のプロセスについて思いいたらせてくれる。わたしたちはすべてのものを修復することができない。たとえわたしたち自身が破壊したものでさえも、だ。しかし、だからといって、無気力さに苛む必要はない。日本には、景観にとって有益となるであろう攪乱に一役買うボランティアもいる。なにが起こるのかを待望しながら。自分たちの行動によって、〔土壌中のマツタケ菌が活性化され、マツタケが発生するというような〕潜在的《レイテント》コモンズが活性化していくことを期待している。つまり、みんなで共有する集まり《アセンブリー》が生じることを願ってのことであって、たとえ実際には〔自分たちでマツタケを作りだすことはできないという意味で〕コモンズを創造することができないとわかっているにしても、である。

あるグループを佐塚志保が紹介してくれた。かれらは、景観を攪乱し、マルチスピーシーズ・ギャザリングス〔複数種の集まり〕で変化がおきやすくなるようにしている――のみならず、自分たちもともに変化していく。京都の「まつたけ十字軍」がそのひとつである。活動家たちのあいことばは、「里山を復活させて、すき焼きを食べよう」である。すき焼きは、マツタケの入ったものが最高だとされている。そんな料理は、里山再生から生じる官能的な快楽を想起させてくれる。それでも、ある活動家は、自分が生きているうちにはマツタケが出てこないかもしれないことを悟っている。かれがなしうることはといえば、せいぜい林を攪乱し、マツタケが出てくることを念じるだけだ。

なぜ、景観に働きかけることが、あらたな可能性を喚起させてくれるのだろうか？　どうすれば、それは生態系だけではなく、ボランティアたちをも変化させうるのであろうか？　本章では、森林再生グループについて語ってみよう。そうした人びとは、小規模な攪乱が人間と森林の両方を疎外から離脱させ、重なりあった生活様式を構築していくことを待望している。そんな環境では、菌根に特有な相利共生的変形が、まだ可能かもしれない。

六月の晴れた土曜日だった。「まつたけ十字軍」が林を攪乱している様子を佐塚志保と見学させてもらった。二〇名以上のボランティアたちが集まっていた。わたしたちが到着したときには、すでに人びとは斜面に散っていて、かつてはマツが一面を覆っていた場所に侵入してきた広葉樹の根を掘りかえしているところであった。斜面に沿ってロープと滑車を吊るし、根と腐植土の入った大きな袋をおろし、山のふもとに積みあげていた。斜面に残してもよいのはアカマツだけだった。アカマツは、それ以外にはなにもない山の中腹における孤独な生存者であった。わたしは混乱してしまった。というのも、林が再生されているのではなく、消失していくのを目の当たりにしたからだ。

リーダーである吉村博士は、寛容で、親切にしてくれた。人びとが手入れを放棄した山の中腹一帯にはびこっている、たがいにもつれあった常緑広葉樹の藪を案内してくれた。ほとんど隙間がなく、その茂みには、身体はおろか、手さえもいれることができないように見えた。薄暗い木陰では低層植物は育たない。明るい環境を好む種は、いまにも絶滅しそうであった。低木層が欠如した傾斜地はもろくなる。かつて村人たちが手入れしていたときには、著しい浸食など皆無であったと吉村博士はいった。地元の記録によれば、山のふもとの道路は、数百年間にもわたって、原型をとどめている。いまや濃密度で攪乱されないままの平板な林が土壌を脅かしている。(1)

吉村博士は、隣接している中腹にも案内してくれた。そこは活動家たちが作業を終えた区画で、マツによって緑化されていた。花が咲き、野生生物も戻ってきていた。活動家たちは、林の活用法を洗練させてきた。炭焼き用の窯をこしらえたり、子どもたちの好きなカブトムシが繁殖するように堆肥置き場を作ったりした。果樹園も菜園もあった。それらは活動家たちが取りのぞいた腐植土によって施肥されていた。ほかにも企画はつきそうになかった。

ボランティアの多くは定年退職者であった。しかし、なかには学生や主婦もいたし、週末休みを進んで投げうつ会社勤めの人もいた。林の所有者で、マツの管理方法を学んでいる人も少なくなかった。ある人が自分の里山の写真を見せてくれた。その美しさから、幾多の賞を受賞した林である。春には山桜とツツジで彩られる。たとえマツタケが一本も出てこないとしても、林の再生活動に参加できて幸せである、とかれはいう。「十字軍」の活動家たちは、完成された庭を目指してはいない。いまだに成長途上にある林地のために作業を継続している。むろん、そうした作業は、伝統的な規模におさまるもので、大規模な攪乱というわけではない。里山は――かれら自身をふくむ――人間以上の社会関係が繁栄しうる空間となる。お昼になるとボランティアが集まってくる。自己紹介や冗談、ご馳走の時間だ。お昼ご飯は、流しソーメン。流れにたゆたう麵だ。竹で作られた樋を流れてくる麵を掬いあげるため、わたしも列に並んだ。林を守りながら、みなが楽しい時間を過ごし、学びあった。

放棄された森を守るだって？　先述したようにアメリカ的な感覚では、「放棄された森」など、矛盾した語法である。人間による干渉がなければ、森は繁茂する。農民たちが西部へ移住したあとのニューイングランドの再緑化は地域の人びとの誇りそのものである。放棄された土地は森に戻っていく。放棄されることによって森は自由となり、自分のための空間を再生していく。放棄されれば森の活気と多様性が失われるとされる日本では、いったいなにがおこっているのか？　いくつかの歴史がよりあわさっている。森を交代させたこと、森を無視したこと、森が病気にやられたこと、人間が不満に感じたこと。ひとつひとつを吟味していこう。

第二次世界大戦後、米国の進駐軍は大土地所有を解放した。すでに明治期の改革で少なくなっていた共有林も私有化させた。一九五一年、森林法が制定され、森林計画が策定された。それは製材業を規格化し、森林をスケーラブルにすることを意味していた。あらたな道路が建設され、より多くの伐採が可能となった。日本経済が活性化するにつれ、いまやスケーラブルとなった森林を、建築業界はさらにもとめるようになった。その結末は第15章で論じたとおりだ。皆伐が導入された。皆伐された土地が森に戻ることは許されなかった。一九六〇年代初頭、本州地方のどこにでも存在した里山は、スギとヒノキのプランテーションと化した。里山再生にかかわる人びとは、プランテーションと化した森がもたらす疎外感を克服しようとしている。

住宅開発業者は、都市周辺に残っていた里山に目をつけ、郊外団地やゴルフコースに変えていった。里山保全活動のなかには、こうした住宅開発業者への反対運動から発展したものもある。皮肉なことに、熱心なボランティアたちは、かつて田舎での生活を諦め、都市へ移住してきた人びとの子どもたちである。こうした人びとが里山保全を担っているのである。自分たちの祖父母の暮らした景色に思いをはせ、それを目指すべき姿としている。田園的景観は、そこから再建されていく。

地方でさえも事態は変化している。これが森におこったことについてのふたつめの物語である。一九五〇年代から一九六〇年代にかけて、日本は急激な都市化を経験した。人びとは田舎から出ていった。生活のために利用していた土地は、見捨てられ、放棄されてしまった。田舎に残った人びとにとっても、里山を維持していく理由がなくなっていった。日本の激甚《げきじん》な「燃料革命」によって、一九五〇年代の終わりまでには田舎の農家でさえ化石燃料を使って家を暖め、料理をし、トラクターを運転するようになった。薪や炭は不要になった（炭は茶道などのような伝統文化でわずかに使用されるだけだ）。里山にとってもっとも重要であった利用目的がなくなってしまった。薪や炭の使用が劇的に減ったため、定期的に木を刈りこむことはなくなった。化石燃料由来の肥料が登場すると、緑肥のために地掻きすることもなくなった。草葺き屋根がとってかわられると、牧草地の維持と屋根葺きのための草刈りも廃れていった。ほっておかれた森林は変化していった。低木とあらたに定着した常緑広葉樹でギュウギュウとなり、隙間がなくなった。孟宗竹《モウソウチク》のような外来種もはびこっていった。明るい場所を好む下層植生の草本は消えていった。マツは陰で覆われてしまった。

農家兼活動家の後藤克己は、回顧録で説いている(2)。

石筵《いしむしろ》村の人びとは、頻繁に林地を利用していた。里山といわれる林は、集落に近く、午前中に二回、午後に二回と、一日に四回も歩いていった。六〇キログラムは背負ったものだった。森の奥の方へ行った際には、生木の束を家に持って帰るのに難儀した。だから、それらを炭に加工した。……石筵には、およそ一〇〇〇ヘクタールの入会地《いりあい》があり、そこには里山のほとんどがふくまれていた。入会林は、石筵共有林組合に所属する九〇世帯によって共同で利用されていた……

かつて現金を稼ぐ手段が限られていたときには、村人にとって入会権を持っていることは、村で生きていくために不可欠であった。生活必需品のほとんどを集落の周囲にある里山に依存していた。入会林で燃料用の薪と柴を刈る権利と飼い葉を刈る権利を持たない者は、村では生きていけなかった……

わたしたちのような分家は、山を少しだけしか持っておらず、薪や柴をはじめとした生活必需品を集めるのには、集落の入会林が不可欠であった。一九五〇年代には、近代化の波が石筵にもおよびはじめ、急激に生活様式が変化していった。村人は灯油と電気を使うようになった。草葺き屋根がトタン屋根に変わり、トラクターが使用されるようになると、薪と柴、飼い葉、葺き草が、次第に不要になっていった。結果として、人びとは滅多に里山に入らなくなってしまった……。今日、マツタケ狩りだけが、唯一の経済的に意味ある活動である。事態は、入会林からの恩恵がコミュニティにとって重要であった当時とは、まったく変化してしまった。

話の後半は、景観を再生させようとするかれ自身と村人たちによる努力について語られている。水路をきれいにし、森を拓く苦労がつづられる。「人びとが、「昔はよかった」というとき、かれらはなにを考えているのだろう。わたしは、大勢の人びとと一緒になにかをすることの楽しさだと信じている。わたしたちは、その喜びを失ってしまっている[3]」。

農家だけではなく、マツもまた、もはや繁栄からはほど遠い。第11章で描いたように、松くい虫が本州地方のほとんどのアカマツを枯らしてしまった。里山をおろそかにし、放棄したことによって、マツがストレスをうけたことが、その理由のひとつである。おろそかにされた里山を歩くと、すでに死んだか、死につつあるマツしか眼にすることはない。

こうした枯れつつあるマツは、マツタケ採取を苦境に追いやった。宿主樹木《ホストツリー》がなければ、マツタケは生きていけない。実際にマツタケの生産が減少した記録は、日本のマツ林の消失と見事に重なっている。二〇世紀初頭、里山はたくさんのマツタケを生産していた。村人は、むしろマツタケを当たり前のものだと考えていた。マツタケは秋の味覚の一部をなし、春の山菜料理と同様に季節感を醸しだしていた。ただ、その後一九七〇年代にはマツタケが稀少となり、価格が高騰したことで、大騒ぎになった。生産の下落ははげしく、突然であった。マツが枯れていたのだ。一九八〇年代、日本経済はまだ好景気にあって、国産マツタケはますます稀少で、貴重なものとなっていった。

輸入ものが大挙して市場に入ってきた。これらも一九九〇年代を通じて、驚くほど高価であった。一九七〇年代から一九九〇年代に成人となった世代は、お汁に入った細長い小片が醸す香りを記憶している。そうした人びとにとっては、その価格と感動のため、たらふくマツタケを食べることが夢となっている。

マツタケのおかげで里山は実利をもたらす景観でありつづけることができる。高値がつくため、マツタケの販売だけで土地の税金を払い、維持費を捻出することもできる。まだ入会権が存続する地域のなかには、マツタケを採取する（販売する）権利を入札にかけ、その利潤を地域のために利用しているところもある。入札は、きたるべきシーズンがどれほど当たるかがわからない夏におこなわれる。村人は宴会を催す。お酒が入り、盛りあがってくると、たがいに高額を提示するように発破をかけあう。入札者は、村にべらぼうな金額を支払うとはいえ、ちゃんとマツタケを狩ることができれば、投資した分を回収することができる。(4) しかし、地域に財政的利益をもたらすにもかかわらず、林を維持する作業がきちんとなされるとはかぎらない。とくに村人が高齢化した場合には。おろそかにされた林では、マツが枯れ、マツタケも消えていく。

里山再生運動は、地域社会内で失われてしまった社会性を回復する試みである。年配の人や若い人、子どもも協働できるように企図され、教育と地域づくりが楽しい作業を通じておこなわれている。農家とマツを支援するというよりも、参加することに意義がある。里山での作業に参加することによって心が洗われると、あるボランティアは説明してくれた。

第二次世界大戦後の復興期に生じた好景気の時代、都市へ移住した人びとは、近代的な商品と生活様式をもとめて、田舎をあとにした。それでも一九九〇年代に経済成長が減速すると、いくら教育をうけようとも、雇用があろうとも、このまま進んだとしても幸福へは導かれないままであるように思われた。見せ物と欲望の経済が蔓延した。しかし、経済は人生設計からずれてしまっていた。なにを目指すべきか、物以外のなにがあればよいのかについて思考することが、より一層、困難になっていった。ある象徴的な人物像が世間の注目を集めた。ひきこもりだ。たいていは一〇代の若者で、自分の部屋に閉じこもり、対面的な接触を拒絶する。ひきこもりは電子メディアのなかで生きている。みずからを孤立させ、想像の世界に埋没し、社会のしがらみから逃れているが、みずからが作った牢屋から抜けだせずにいる。かれらは都会の疎外感の悪夢にとらわれている。わたしたちはみな、少なからずひきこもりを抱いている。第13章でK教授が目撃した生気ない目をした学生こそが、この悪夢である。そのことがK教授を里山に向かわせ、学生とかれ自身をリメイクさせる場をこしらえさせたわけである。多くの支持者、教育者、ボランティアをも送りだした。

　里山再生は疎外感の問題に取りくんでいる。というのも、里山によって、ほかの存在との社会関係が構築されるからである。人間は、ともに生きることが可能な環境を創出していく過程にくわわる、たくさんの要素のひとつにすぎない。参加者たちは、樹木と菌が自分たちと交わるのを待っている。参加者たちは人手を必要とする景観に働きかけるし、そうした景観は人間による働きかけ以上のことも必要としている。二一世紀に入るころには、数千もの里山再生グループが日本に誕生していた。いくつかは水利管理や環境教育、特定の花の生息地——あるいはマツタケに焦点を絞っている。いずれも景観だけではなく、人をも再生させている。

　自分たちを作りなおすために、市民グループは科学と村人の知恵を組みあわせている。科学者がしばしば里山再生のリーダーシップを発揮する。しかし、かれらは、地域固有《ヴァナキュラー》な知識を組みいれようともしている。こうした活動の場では、都会の専門家と科学者は、年配の村人に知恵を借りようとする。ボランティアたちのなかには、畑仕事を手伝ったり、消えつつある生活様式についてインタビューしたりする者もいる。ゴールは、生きている景観を復元することである。そのためには生きている知識が必要となる。

おたがいに学びあうことは、有益なゴールである。グループは間違いを犯し、そこから学ぶことにためらいはない。ボランティアグループによる里山再生の作業についてのある報告書には、取りくみのなかで生じた問題や失敗がすべて記録されている。段取りをきちんとしなければ、木を伐りすぎてしまう。整備した箇所のいくつかでは、好ましくない樹種と一緒に、より濃い緑が再生してきた。報告書は指摘している。ボランティアたちは、「やって、考え、観察し、またやってみる」指針を開発した。グループによる試行錯誤を芸術的な域にまで昇華させた。ゴールのひとつは、参加しながら学習することなので、失敗して、その失敗を観察することは、活動の重要な一部なのである。著者は結論づけている。「成功するためには、ボランティアはプログラムのすべてのレベルと段階に参加しなくてはならない」(5)。

京都の「まつたけ十字軍」のようなグループは、マツタケの魅力を利用して、人びとと森とのあらたな関係性を構築していくための象徴にマツタケを位置づけている。マツタケが発生したとしたら――二〇〇八年の秋に「十字軍」がよく手入れした中腹にマツタケが出た――ボランティアたちは興奮の極みにいたるであろう。森を創造する過程に参加する人びととの、予期せぬ絡まりあいほど感動的なものはない。マツ、人間、菌はともに存在するものとなったときに、あらたなものとなる。

マツタケが日本をバブル期以前の栄光に導いてくれることなど、だれも考えていない。罪のつぐないよりも、むしろ、マツタケ山再生活動は疎外感の山を摘んでいく。その過程において、ボランティアたちは、進行途上の世界がどこへ行こうとしているのかを知らずに、複数種の他者と交わる忍耐力を獲得していく。

1　第三部の冒頭で記したように、斜面を浸食から守るという吉村博士の懸念は、浸食によって無機質土壌をさらすという加藤さんの試みとは対照的である。

2　Kokki Goto (edited, annotated, and with an introduction by Motoko Shimagami), "Iriai forests have sustained the livelihood and autonomy of villagers': Experience of commons in Ishimushiro hamlet in northeastern Japan," working paper no. 30, Afrasian Center for Peace and Development Studies, Ryukoku University, 2007, 2-4.

3　Ibid., 6.

4　二〇〇五年に実施した齋藤暖生へのインタビュー。Haruo Saito and Gaku Mitsumata, "Bidding customs and habitat improvement for matsutake (*Tricholoma matsutake*) in Japan," *Economic Botany* 62, no. 3 (2008): 257-268.

5　Noboru Kuramoto and Yoshimi Asou, "Coppice woodland maintenance by volunteers," in *Satoyama*, ed. Takeuchi et al., 119-129（第11章、注14で参照）（倉本宣・麻生嘉「里山ボランティアによる雑木林管理——桜ヶ丘公園を例に」、武内和彦・鷲谷いづみ・恒川篤史編『里山の環境学』、東京大学出版会、二〇〇一年、一三五－一四九頁）

*　Samuel Beckett, *Waiting for Godot*, London: Faber and Faber, 2010.〔サミュエル・ベケット『ゴドーを待ちながら／エンドゲーム』『新訳ベケット戯曲全集』岡室美奈子訳、白水社、二〇一八年〕

**　武内和彦・鷲谷いづみ・恒川篤史編『里山の環境学』、東京大学出版会、二〇〇一年、二四頁。

仲間を見つける、雲南。市場で世間話にふける。私物化しても、潜在的コモンズを一掃することはできない。なぜならば、私物化は潜在的コモンズあってのものだからである。

19　みんなのもの

絡まりあいが、人間の計画したとおりにではなく、その意に反して生起することもある。計画をしないというのではなく、むしろ計画になかったものが、共有の場で生きるというとらえどころのない瞬間がもたらされうるということである。個人資産の形成は、この一例である。資産が蓄積されるとき、共有物は無視されがちとなる。たとえ、集まった資産が共有物だらけであったとしても、である。しかし、見過ごされているもののなかにも、仲間がいるかもしれない場が存在している。

現代の雲南は、この問題を考えるのにふさわしい場所である。というのも、改革開放という共産主義の実験の結果、海外のエリートたちも、国内のエリートたちも、狂ったように、ここかしこで個人資産の形成に励んでいるからである。それでも、その方法は未熟で粗野である。私有化とそれ以外のものとの関わり方が並行して急速に進行している。[1] マツタケ山とマツタケの取引は、その典型である。だれの山で、だれのための取引なのか？

森――境界のない空間と多様性に富んだ生態系――は、どこでも私有化の影響にさらされてきた。過去六〇年間、雲南の森は、さまざまな所有権のあり方を経験してきた。マイケル・ハザウェイとわたしが話をした森林の専門家たちは、農民たちが管理政策にがっかりしたり、混乱したりしないかと心配していた。[2] とはいうものの、かれらは近年の、ある所有のあり方に希望を託している。個別世帯ごとに森を契約するというものだ。

アメリカ的な私有財産の自由な権利とは異なるけれども、そうした契約によって、農民的景観が合理化されるであろうことを専門家は期待している。影響力のある海外の監視者たちは、個人所有が保全に有効だと考えている。[3] というのも、個人所有にすることで、無駄のない賢明な利用が促進できると考えるからである。雲南では、個人所有は大衆主義的な期待をふくらませてしまった。トップダウン型に強制されてきた歴史の果てに、ついに地元の農民たちが、かれら自身の森の管理について少しは口を出す権利を手にしたのである。コスモポリタンな開発についてポリティカル・エコロジー論的に議論するなかで、雲南の研究者たちは、世帯ごとの契約によって可能となる地域主体の森林管理を通じ、社会正義が実現されうることを示してきた。[4] したがって、研究者は農民の創造力と洞察力に注意をはらいはじめている。農民は契約の特典を利用して、地域の問題を解決する方法を学んでいる。ある研究者は、それぞれの潜在的な取り分が平等となるように土地を再分配するやり方について報告している。彼女は、成人した兄弟が、おのおのが均等に利益を得る機会を保障するために、森の区画を逐次変更した例を記録している。[5]

しかし、ここで想像される利益とは何なのか？　雲南は何年も伐採禁止の状況下にある。少なくとも公式には、木材の伐採には許可が必要である。しかも、伐採は自家消費用に限定されている。しかし、ほかにも潜在的な資産が存在している。雲南省中央部の楚雄彝《イ》族自治州の山やまでは、マツタケはもっとも金銭的価値の高い林産物である。専門家たちは林の世帯契約に色めきたっている。というのも、私有化に向けたこの段階がなければ、採取者たちが森を破壊してしまうかもしれない、と考えているからだ。森林監督官は、雲南のほかの地域の恐ろしさについて語ってくれた。そうした村では、村人たちが、夜明け前にマツタケ狩りに散っていく。懐中電灯を手に、徹底的にコモンズを探しまわる。混沌以外のなにものでもない、といった。しかも、最高の市場価値にはほど遠い、小さなマツタケまでもが狩られてしまう。これとは対照的に個人契約は森に秩序をもたらす。そうした無謀で非効率的な採取をとどまらせる。楚雄の森は、私有財産を形成するモデルとなる。雲南だけではなく、中国全体における森林改革の事例である。[6]

みなに称賛されるマツタケ管理の取り決めは、村内での競売である。競売にかけられるのは、マツタケのシーズン中に契約した村人だけが排他的に林を利用できる権利である。その制度は日本の入会林《いりあい》の入札によく似ている。村有林でマツタケを収穫して販売する権利は、競売の落札者に与えられる。わたしたちが訪問した雲南の村では、落札金は、それぞれの世帯に分配され、重要な現金収入となっていた。ほかの採取者たちと争う必要がなければ、競売の落札者は、市場価値がもっとも高い時期にマツタケを採取することができる。このようにして分配金を得る村人だけではなく、落札者も収入を最大化することができる。世帯ごとの契約を支持する人たちは、資源――マツタケ――は混沌とした過剰採取の圧力がなければ、よりよく成長すると主張する。しかし、マツタケは個人所有の林で健全に育つのだろうか？　この問題について、順を追って考えてみよう。

地域経済において、競売の落札者は、個人資産を蓄積しようとする典型的な人物である。ボスLは、そんなひとりである。かれは、一一世帯からなる自身の出身村のマツタケを収穫する権利を獲得した。くわえて、かれは地元で有力なバイヤーにもなった。政府の森林監督官や研究者との関係も良好である。一五年ぐらい前、森林監督官から模範的なマツタケ林を設置するよう依頼されると、かれは数ヘクタールの林を囲い、そのなかを散策できるように遊歩道を整備した。そのため、そこを訪問した監督官や研究者は林を攪乱することなしに模範的マツタケ林を観察することができる。農民たちによる攪乱がなければ、模範林の木々は、大きく美しく育つ。農民たちが地掻きしていないために、地面には分厚い腐葉層が堆積している――それは葉や針が蓄積した層で、これまでにないほどに豊かな腐植土の上に積もっていく。優雅なアーチを描いている樹木と豊かな土の香りのする、この林のなかを歩くと、すがすがしい気分になれる。マツタケを見つけると、ドキドキする。だれもマツタケを狩らないので、ここではマツタケは腐葉層から顔をだして、すっかり傘を開いている。訪問客はいろんなところからやってきて、このマツタケ林を称賛する。しかし、森林監督官は憂慮している。腐葉層が厚すぎるのだ。腐植土が豊かすぎるのだ。マツタケは依然として発生しているが、おそらくそれほど長くはもたないはずだ。マツタケは、もっと荒々しい環境を好むものだ。

よそでは、たしかにたくさんのことが起こっている。模範林の外部では、マツタケ林はもっと利用され、酷使されてもいる。マイケル・ハザウェイとわたしが訪問したところは、どこでも広葉樹が薪のために剪定されていた。多くは伐られて、短くなっていた。マツもまた、伐られに伐られていた。種によっては、農民たちが花粉や種を集めるために枝を折るからだ。マツの葉は豚小屋に敷き詰めるために地掻きされ、使用後には畑の肥料にされる。ヤギはいたるところにいて、なんでも食べてしまうため、若いマツは「グラス・ステージ」〔草叢のような発達段階〕と呼ばれる〔幹立ちしていない形状に似せた〕適応策で、ヤギの食圧から身を守ろうとしているかのようだ。人間もどこにでもいた。薬草や豚の餌、売れるキノコ類を採取していた。マツタケにかぎらず、乾燥するか茹でこぼさなくてはならない刺激性のつよいチチタケ属（*Lactarius*）にはじまり、食用できるかどうか疑問視されているテングダケ属（*Amanita*）まで、多くの種類が採取されていた。穏やかで、優雅といった状態からはほど遠く、森は人間の欲求を満たし、かれらの作物や家畜に恩恵をもたらす行為が賑やかに行き交う場所であった。

それでも、これらの林は、個人しかアクセスできないように囲ったモデルなのであり、手本として称賛されているのである。いかにして、それほどに往来の盛んな場となりうるのであろうか？　わたしは「小さい」Lに会うまで、往来と囲いの不一致に混乱させられてしまっていた。この人は、もうひとりのマツタケ林の競売の落札者で、ボスLよりも小さな林を管理している。わたしたちのチームを林に案内してくれ、そこにある植物とキノコ類を見せてくれた。その地域で見てきたほかのマツタケ林のように、ひどく傷ついた若い林であった。家畜が食べ、刈りこんだ跡があった。しかし、小さなLは一向に気にする風でもなかった。かれはマツタケの収穫量が豊富であることを自慢した。いずれも往来の活発な林に発生したものである。往来と囲いの相互作用について説明してくれ、わたしの混乱をほどいてくれた。マツタケシーズンのあいだ、自分の林の境界について道路と小道に目印をつける。すると村人たちは、入ってはいけないことを理解する。盗掘の問題は若干あるとはいえ、概して、村人たちは侵入しない。それ以外の時期ならば、人びとは自由に林に入り、薪を取ったり、ヤギを放牧したり、ほかの林産物を探したりすることができる。かれは自分が囲ったマツタケ林に誇りを持っているものの、このことを欺瞞だとは考えていない。もし、林に入ることができなければ、どのようにして人びとは薪を入手できるというのか、と小さなLは訊いてきた。

これは公式な計画ではない。雲南省の森林監督官と専門家は、季節的な囲いこみについては口にしない。仮にそのことを知っていたとしても、見て見ぬふりをするはずだ。国際的な権威たちが激しく非難するであろうから、である。季節的に囲いこむことは、「個人所有こそが保全」なる計画を無効にしてしまう。というのも、地元民たちは、これらの専門家がよしとしない方法で、共有資源を利用するからである。くわえて、それらの専門家は、この林の容姿を嫌っている。若くて、傷ついていて、往来が激しすぎるというのだ。たしかにこれは計画ではない。それでも、こうしたやり方によって個人所有を認めることが、マツタケを守ることになるのではなかろうか？　往来は、林を開放した状態におく。このことはマツにとっては歓迎すべきことだ。往来は腐食土を薄く保ち、土壌を痩せたままにする。したがって木を豊かにするためにマツタケが活発に働くことになる。この地域においては、マツタケはマツだけではなく、オークとその同類ともペアを組んでいる。若くて傷ついた林の全体がマツタケとともに、無機質な土壌に生存している。こうした往来がなければ、腐葉層が積みあがり、土壌が肥沃になり、ほかの菌やバクテリアがマツタケを閉めだしてしまう。マツタケに特権を与えるのは往来なのである。だからこそ、ここはマツタケ生産にとって偉大な場所となるのである。それでも、往来は、契約を犯さないようにおこなわれねばならない。その契約はマツタケを守るという明確な目的のために導入されたものである。マツタケは、この隠れたコモンズ（fugitive commons）[7]のなかで育っている。個人が林に入ることで得られる収入は、マツタケからのものだけなのである。

マツタケによる収入をめぐってまわりくどく説明したのは、私有財産の蓄積に関する論点を一般化するのに役立つからである。その論点とは、ほとんど決まって私有財産は認識されていないコモンズ（unacknowledged commons）から生成されるものだ、ということである。このことは策略に富んだ雲南の農民たちだけのことではない。私有化は決して完全ではない。なにかの価値を創造するためには、共有された空間を必要とする。財産がいまもつづく窃盗であることの秘訣である――また、だからこそ脆弱なものでもある。もう一度、マツタケが、雲南から日本へ送られようとしている商品だと考えてみよう。わたしたちが持っているのはマツタケである。それは地中で生きている菌糸の子実体である。菌は自身が繁茂するため、コモンズにおける往来を必要とする。攪乱されなければ、マツタケは発生しない。個人が所有しているマツタケは、地中で共同生活している菌の派生物である。その菌糸体は人間も人間以外もふくめた、潜在的《レイテント》コモンズの可能性をとおして構築されたものである。地中のコモンズを考慮せずにマツタケを資産として搾取することは、私有化の常道であると同時に、よく考えてみれば著しい侵害でもある。私有物となったマツタケと菌を形成する林を往来する人びととの対比は、絡まりあいを絶えず断ちきりつづけることという、より一般的な意味での商品化の特徴ともなろう。

このことから、本書のはじめに抱いた、人間だけではなく人間以外の特質としての疎外についての関心事に引きもどされてしまう。完全な私有財産になるためには、マツタケは、自分たちの生活世界からだけではなく、それらが調達される関係からも引きはなされなくてはならない。マツタケを採取し、それを林の外部へ移出することは、サプライ・チェーンの初期段階で生じることである。しかし、雲南中央部においては、オレゴン同様につぎなる出立に、長時間を必要とする。

マイケル・ハザウェイとわたしが雲南省の地方での調査拠点とした小さな町では、三名の男性がマツタケの主要なボス（老板）と目されていた。つまり、その地域のほとんどのマツタケを買う商売人であり、もっと大きな町で再販するのである。町で定期的に開催される市《いち》にマツタケをもとめてやってくるバイヤーもいることはいる。しかし、そうしたバイヤーたちは少量しか買いつけることができない。これらのボスが説明するように、訪問してくるバイヤーたちは、地元で十分な人間関係を構築できていないからである。

ボスとその下で働く取次人たちの仕事を見ていて、価格と等級について交渉がなされていないことに驚かされてしまった。というのも、オレゴン州でのフィールドワークの経験から、交渉を楽しみにしていたからだ。あるボスは運転手を山間部に派遣し、村人からマツタケを集めさせている。採取人はマツタケを無言で運転手に手渡し、無言で札束を受領するだけだ。[8] 会話のある取引もあることはあった。しかし、採取人は決して価格を訊ねることはなく、渡されたものをうけとるだけであった。通りがかったバスの運転手が運んできた箱をボスのうちのひとりがうけとるのを見たこともある。そのボスが説明するには、あとで採取人に代金を支払うとのことだ。採取人たちが自分のマツタケを手入れしているのも見た。バイヤーをごまかすために細工するのではなく、虫食いや傷物を撥《は》ねているのだった。

オレゴン州での経験とは、これらはすべて、まったく異なっていた。オレゴン州では、採取人がバイヤーのところにやってきた瞬間から、競争的な交渉こそが主役であった。村の様子は、雲南のコモディティ・チェーンの川下でおこっていることとも、まったく異なっていた。より大きな町や都市に設けられたキノコ類の専用市場では、価格と等級についての激しい交渉が絶えず繰りかえされていた。[9] 問屋のバイヤーたちは、たがいに競いあっていた。最高価格ともっとも適した等級を決める混戦が、そこにいる人びとの注目を集めていた。川上では対照的にバイヤーは寡黙であった。

辺境でわたしたちが話を訊いた人は一様に、値切ることなしに買うことができるのは、長いつきあいで、採取人とのあいだに信頼関係があるためであり、ボスたちは採取人に可能なかぎりよい値をつける、という。コミュニティや家族、言語民族的な紐帯がボスと採取人のあいだに存在している。[10] かれらは地元民なのであり、これは小さな町の光景の一部で、採取人に信頼されているのだ。
この「信頼」は、みなに平等な利益をもたらすような性質のものではない。だれかが「信頼」を総意や平等と混同するなどとは、わたしは信じていない。マツタケのおかげでボスが金持ちになっていることは、周知のことである。私有財産を蓄財できるボスの成功を追従したい、とだれもが思っている。それでも、それは相互義務の絡まりあいの形態なのである。マツタケがそのなかに埋めこまれているかぎり、マツタケは完全に疎外された商品にはなりえない。小さな町でマツタケを交換するには、社会的役割を正しく認識しておく必要がある。マツタケが解放され、完全に疎外された交換のための産物となるのは、唯一、大きな町のマツタケ市場においてのことなのである。

小さな町のボスと採取人の関係において、いかに私有資産が共通の空間に依存しているのかについて、もう一度、見てみよう。ボスたちは、地元のマツタケを自分たちの意に添った条件で買うことができる。というのも、かれらは採取人と関係性を築いているからである。ボスたちはマツタケを大きな町へ移出する。そこでマツタケは私有財産へと変質させられる。この意味において、森の契約を発給することは、森を守るのではなく、むしろ富の方向性を改めることだと理解できる。(11) 世帯ごとにおこなう林の契約では、契約者がマツタケの価値を搬出することができる。それは認識されてもいない、隠れたコモンズから引きだされるものだ。しかし、富がそこからどこに向けられるかは、それ以降の成りゆき次第である。社会的意識の高い雲南の研究者には、喫緊の課題がある。かれらの仕事は、地元の小さな村や町の富を守れそうな地域慣行を社会全体や保全に適用できるようモデル化することである。

等式の保全の項は、もっともあつかいにくい部分である。私有する富への強い欲望が、森を利することはほとんどないからである。しばしば、そのかわりに、それは予期せずして破壊に手を貸してしまう。ある競売の落札者は、いかにマツタケの採取権を持つマツタケ林からよりたくさんの富を搾りとったかについて、自慢げに誇示してみせた。マツタケ採取の契約のもとに、村有林で、かれの手下たちにめずらしい花樹を掘りださせたというのだ。珍しくて、ほとんど知られていない種であったらしく、その木々は、マツタケよりも価値あるものとなった。雲南省の省都である昆明市の局長が、市内の樹木のない街路を成熟した樹木で飾りたいと考えたため、かれとほかの起業家たちは十分に成長した樹木を昆明市に出荷した。ほとんどの木は移動させられたショックで枯れてしまった。しかし、代金が支払われるまで生きながらえた樹木は、まずまずの利益を生みだした。森についていえば、少なくとも、多様性を失ってしまった——そして花樹の美しさまでも。

そのような起業家的な大胆な行為は、現在の中国において富をもとめる争奪戦の一部である。そのなかに、景観に対するサルベージ〔略奪〕やサベージ〔残虐行為〕と同時に、人間像の描きかえに関するなにかを見いだすことができる。マツタケのボスたちは、地方ではかなりの名士である。ボスたちはあらたな個人資産を追求することの先駆者である。だから、わたしが話をした人びとの多くは、ボスになりたがっていた。たとえマツタケでなくとも、地域から搾りとられたほかの製品のボスでよかった。あるマツタケのボスは、居間に額を飾っていた。それは地方政府から表彰されたもので、お金を儲けることの偉業がたたえられていた。(12)地方のボスたちは、社会主義の英雄たちにかわる存在である。人びとが憧れる典型なのだ。ボスたちは起業家精神の権化である。初期の社会主義者の夢と対照的に、かれらは自分で自分を資産家にしていかなければならない。自分のコミュニティをではなく。かれらは自分の腕一本でたたきあげた男でありたいと夢見ている。それでも、かれらの自立的な姿勢は、マツタケに劣らない。認識されず、とらえにくく、つかのまのコモンズ（ephemeral commons）に発生する可視化された子実体である。

ボスたちは、マツタケの成長と収穫という協働作業から得た富を私有化している。そのような共有財産の私有化は、すべての起業家が持つ特徴かもしれない。この歴史的瞬間における雲南の田舎は、考えるにふさわしい。というのも、自然資源の管理を正当化する際の関心が、財産法と数字にのみにしかおよんでいないからである。私有化は、ただ単に漁った成果の所有権を主張するだけで十分である――労働や景観を再編成する必要はない。わたしは、合理化がよりよいものだ、と主張したいのではない。それがマツタケにとって何の役にも立たないことはいうまでもない。しかし、このサルベージしつくす様子には、なにか特異でギョッとさせられるものがある。まるでだれもがこの世の終わりをいいことに、最後のひとかけらが破壊される前に、富を掻きあつめようとしているかのようだ。この特性においても、雲南の田舎がなにか特別でも偏狭なのでもない。すべての企業を、これとおなじ終末論的な観点で見ない方がむずかしい。雲南の田舎のボスに、いかに瓦解した土地から幸運をサルベージするかの詳細なモデルを見ることができる。

中国におけるあらたな富についての解説は、発信者が中国人であるか否かにかかわらず、都市の大富豪について報告している。しかし、私有財産についての争奪戦は、田舎においても同様に熾烈である。農民や土地を持たない移住者、小さな町のボス、豪腕会社のみなが、「売りつくし」セールにこぞっている。そのような社会的風土において保全についての考え方を理解することはむずかしい。いずれにせよ、価値と潜在的《レイテント》コモンズのあいだの関係を忘れてはならないはずである。そうしたつかのまの相互関係がなければ、マツタケが存在することはない。それらがなければ、資産も存在しえない。起業家は、疎外を商品化することで、私有財産を蓄積させながらも、認識されていない絡みあいから搾りつづけている。私有することのわくわく感は、地下に存在する共有物の賜物でもある。

1　マイケル・ハザウェイが思いださせてくれたように（二〇一四年の私信）、雲南における民営化は、しばしば共産主義以前の所有関係を復活させている。絶対的な新規性よりもむしろ、あまりにも変化が急激だったことが、所有物の構成関係に関心を集めた。

2　所有権の議論についてはつぎを参照のこと。Liu, "Tenure"（第13章、注16で参照）; Nicholas Menzies, *Our forest, your ecosystem, their timber: Communities, conservation, and the state in community-based forest management* (New York: Columbia University Press, 2007). 一九八一年の政策が発効したのち、ほとんどの森が、国家が所有する森、集団で所有する森、個別世帯が責任を負う森の三つのカテゴリーに分類された。ふたつめのカテゴリーにおいても、世帯ごとの契約によって森が分割された。樹木へのアクセスとほかの林産物へアクセスする権利は、次第に区別されるようになった。一九八八年には、雲南で伐採禁止が制定された。いかに物事が進んだかは、雲南でも地域ごとに異なっている。マイケル・ハザウェイとわたしが訪問した楚雄の調査地では、個人アクセス協定として知られていた。しかし、わたしたちがインタビューした農民は、しばしば、これらのカテゴリーの詳細に混乱しているか、もしくは否定的であった。

3　国際通貨基金（ＩＭＦ）と世界銀行（World Bank）の見解では、民営化が「共有地の悲劇」を回避する。共有地では共有資源が搾取されてしまう（ギャレット・ハーディン「共有地の悲劇」、桜井徹訳（シュレーダー・フレチェット編／京都生命倫理研究会訳『環境の倫理　下』、晃洋書房、一九九三年、四四五－四七〇頁））。

4　英文での論考には以下がある。Jianchu **Xu** and Jesse **Ribot**, "Decentralisation and accountability in forest management: A case from Yunnan, southwest China," *European Journal of Development Research* 16, no. 1 (2004): 153–173; X. **Yang**, A. Wilkes, Y. Yang, J. **Xu**, C. S. Geslani, X. **Yang**, F. Gao, J. **Yang**, and B. Robinson, "Common and privatized: Conditions for wise management of matsutake mushrooms in northwest Yunnan province, china," *Ecology and Society* 14, no. 2 (2009): 30; Xuefei **Yang**, Jun **He**, Chun **Li**, Jianzhong **Ma**, Yongping **Yang**, and Jian-chu **Xu**, "Management of matsutake in NW-Yunnan and key issues for its sustainable utilization," in *Sino-German symposium on the sustainable harvest of non-timber forest products in China*, ed. Christoph Kleinn, Yongping **Yang**, Horst Weyerhaeuser, and Marco Stark, 48–57 (Göttingen: World Agroforestry Centre, 2006); Jun He, "Globalised forest-products: Commodification of the matsutake mushroom in Tibetan villages, Yunnan, southwest China," *International Forestry Review* 12, no. 1 (2010): 27–37; Jianchu Xu and David R. Melick, "Rethinking the effectiveness of public protected areas in southwestern China," *Conservation Biology* 21, no. 2 (2007): 318–328.

5　二〇〇九年におこなった雲南省農業科学院の蘇開美（Su Kai-mei）へのインタビュー。つぎも参照のこと。楊宇華・施庭有・白永順・蘇開美・白宏芬・幕麗瓊・余艶・段興周・劉増軍・張純徳「楚雄州林下生物資源利用的山林承包管理模式探討」『林業調査規劃』32（3）（2007）: 87–89; 李樹紅・柴紅梅・蘇開美・鐘明恵・趙永昌「剣川県野生菌資源及可持続発展潜力研究」『中国食用菌』29（5）（2010）: 7–11.

6　（本章注4で参照した）つぎを参照のこと。X. Yang et al., "Common and privatized," and Y. Yang et al., "Discussion on management model." マツタケ採取についての異なる統治——より強固な共同体内での管理——が雲南省迪慶のチベット人地域を特徴づけている。迪慶は、多数の外国人研究者を魅了する地域である。Menzies, *Our forest*; Emily Yeh, "Forest claims, conflicts, and commodification: The political ecology of Tibetan mushroom-harvesting villages in Yunnan province, China," *China Quarterly* 161 (2000): 212–226.

7　この地域におけるほかの研究者は、管理政策と地元での実践の相違について、異なるスケールによる統治の問題として記述している。Liu, "Tenure"; Menzies and Li, "One eye on the forest"（第16章、注7で参照）; Nicholas K. Menzies and Nancy Lee Peluso, "Rights of access to upland forest resources in southwest China," *Journal of World Forest Resource Management* 6 (1991): 1–20.

8　この調査旅行にわたしは同行することができなかった。親切にもマイケル・ハザウェイが、そこでおこったことを教えてくれた。

9　デイヴィッド・アローラ（"Houses"（第16章、注25で参照））は、雲南省のキノコ市場でマツタケが二時間で八回も買い手が変わるのを観察している。キノコ専門市場でわたしが観察した経験も、似たようなものであった。交換は繰りかえされている。

10　この買いつけの場面と、マイケル・ハザウェイが調査した雲南省のチベット人地域の、より競争的なマツタケ市場の比較は有意義である。ハザウェイの事例では、チベット人採取者は漢人の商人へ販売している。買いつけは最初から極度に競争的である。わたしが記述した地域では、ボスと採取人は両方ともイ人であった。親族関係と地縁関係が採取人とバイヤーを結んでいる。

11　ブライアン・ロビンソンの、雲南のマツタケについての「共有地の悲劇」の説明は、共有地でマツタケを採取しても、菌類を傷つけない可能性を認めている一方で、収入が減少することにも焦点をあてている。Brian Robinson, "Mushrooms and economic returns under different management regimes," in *Mushrooms in forests and woodlands*, ed. Anthony Cunningham and Xuefei Yang, 194–195 (New York: Routledge, 2011).

12　この額に気づいたマイケル・ハザウェイにわたしは感謝している。

仲間を見つける、雲南。小梅が大きなキノコ（マツタケではない）に見とれている。

20 結末に抗って——旅すがらに出会った人びと

二〇〇七年にマッツィマン〔マツタケ親父〕を訪ねたとき、かれは丘の上の小さな家にガールフレンドと住んでいた。猫もたくさんいた。「マッツィ」（matsi）とはアメリカの俗語でマツタケを意味することばである。わたしは、かねてからオレゴン州沿岸部のタンオーク林に発生するマツタケを見てみたいと思っていた。マッツィマンは自分のマツタケ山を案内してくれた。かつて勢いよく茂っていたであろうベイマツ（ダグラスファー）が伐採によって失われ、その切り株がマツタケの発生をうながしていた。タンオークの葉が絨毯《ラグマット》のように地面を覆っていた。その下から顔をだそうとしているマツタケを見つけるのは不可能のように思われた。しかし、手応えある質感、つまり土の盛りあがりを見つけるまで、マッツィマンは、地面に身をかがめ、いかに手のひらで感じとるかについて説いてくれた。わたしたちは感触だけを頼りにマツタケを探した——それはわたしにとって、森について学ぶ、あらたな手法であった。

この方法は、マツタケの出そうな場所を知っているときにだけ通用する。総称ではなく、個々の植物と菌について知っていなければならない。この詳細な知識と腐葉層越しの感触とが相まって、いまそこにいること、やっていることに神経が集中した。わたしたちは目に頼りすぎている。地面を見ては思った「何にも、ありゃしない」。しかし、マッツィマンが手で探りあてたように、そこには存在していた。進歩なしでやっていくには、少なからず自分の手で触れて感じる必要がある。

この精神とともに、この章では、これまでの調査地をふたたび彷徨《さまよ》って、疎外の周縁を指す、境界における各種の混乱——おそらくは潜在的《レイテント》コモンズ——を垣間見た瞬間について再考してみよう。他人とうまくやっていくことは、つねに進行形で、きちんと完結することはない。要点を繰りかえしながらも、進行中の探検の名残を感じてくれることを願うばかりである。

マッツィマンという名前には、マツタケに対する、かれ自身の熱い思いがこめられている。かれは売るためにマツタケを採取している。同時にアマチュア科学者として情熱的にマツタケを研究してもいる。パッチを探索しながら、マツタケ生産に関連した温度と降水量について記録をとりつづけている。マッツィマンは、さまざまな情報源から収集してきたマツタケに関する情報をふんだんに掲載する、かれのウェブページの名前でもある。そのサイトは、とくに白人の採取人やバイヤーのあいだで情報交換の場にもなっている(1)。マッツィマンの情熱は、林野局との対話にも道を開いた。林野局のマツタケ研究には、かれの持つ情報も使われている。

マッツィマンはマツタケ採取に専念しているとはいえ、マツタケから得られる収入だけでは十分ではない。ほかにもたくさんの夢と事業を持っている。わたしが訪問したとき、自分が川から選鋼鍋で掬った砂金のかけらと、スパイスとして販売しようとしている燻《いぶ》したマツタケの粉末を見せてくれた。薬用キノコの栽培も試行していた。売るための薪も集めている。マッツィマンは、資本主義の周縁部で生きる選択をしたことを自覚している。かれは賃金労働に戻るつもりはない――所有するでもなく、借りるでもない森のなかで生きていく場所を見いだそうとしている（かつては他人が所有する山に管理人として住んでいたが、のちにキャンプ場の、無給の主人におさまった）。多くのマツタケ採取人のように、厳密には資本主義の内側にいるのでもなく外側にいるのでもなく、かれは資本主義の末端部で生計を模索しつづけてきた。そこでは、資本主義的な規律でもって世界を摑みきれないことはあきらかである。

マッツィマンは不安定性の問題だけではなく、可能性をも渡り歩いている。不安定であることは、計画が立てられない状況にあることを意味している。しかし、不安定であることは、気づきをうながしてくれる。持てるものを駆使せざるをえないからだ。他者とうまくやっていくには、わたしたち自身の感覚のすべてを稼働させなくてはならない。たとえもし、それが腐葉層を手探りすることを意味しているとしてもだ。気づくことについてのマッツィマン自身のことばを、かれのウェブページから引用しよう。「マッツィマンとは誰なのか？」かれは問う。「狩りや学び、理解することを愛してやまず、他者を育てることの好きな人、マツタケとその生息環境に敬意を示す人、それがマッツィマンだ。まだ十分な理解に達していないわたしたちは、あれこれがおこる原因やおこらない原因をつねに究明しつづけねばならない。国籍やジェンダー、学歴、年齢に制限されることはない。だれもがマッツィマンになれるのだ」。マッツィマンはマツタケ愛好家の潜在的《レイテント》コモンズを謳いあげている。マッツィマンが思いえがくマツタケ人たちをつなぐのは、気づくことの喜びである。

この本のほとんどを生きている存在に費やしたが、死んだものについて記憶にとどめておくことも有益であろう。死したものもまた、社会生活の一部だからである。ルミン・ワーリオ（Lu-min Vaario）が、炭の周囲に群がるマツタケ菌糸（菌糸体の、糸のような細胞）のスライドを見せてくれ、その方向に導いてくれた。マツタケは、生きている樹木との共生関係で知られているが、彼女は、マツタケが死んだものからもいくらかの栄養をもらっていることを発見した。(2) このことから、彼女は、生きているものと死んだものと、その両方から、マツタケにとっての「よき隣人」を探求するようになった。炭は生きている樹木や菌、土壌微生物と結びついている。いかに隣人――つまり生命力と種の差異をまたがる社会関係――が、よく生きることに必要となるか、を彼女は研究している。(3)

ワーリオ博士は、人間にとっての、この意味における近隣性――差異を超えた相互関係――についても思考してきた。彼女は中国に生まれ、中国で教育をうけたけれども、彼女の研究は、マツタケ科学における重要な場所をいくつもまたいできた。まさに隣人的なマツタケ研究を確立するため、彼女はそれぞれの国に公然あるいは非公然として存在する学問上の因習を乗り越えてこなくてはならなかった。彼女は影響力のある、東京大学の鈴木和夫研究室でポスドクをすごした。最初に、死骸を食べる腐生菌としての能力について実験したのは、鈴木研究室でのことであった。その発見から栽培技術を開発する可能性も待望された（死んでいる物質の上でも菌糸は育つことは育つが、生きた宿主《ホスト》がない状態で菌糸体からマツタケが形成されたのを確認した人はいない）。中国で研究職に就いてからは、自分の研究が理解されないことに失望しつつも、彼女は異なるマツタケ世界を調査できることにときめいた。数年後、結婚すると、夫の祖国であるフィンランドに渡り、フィンランド森林研究所を通じて「よき隣人」について調査するための研究助成を獲得することができた。近隣性の研究は、差異を協働のための資源に変える。根と菌糸、炭、バクテリア間——そして中国人、日本人、フィンランド人研究者のあいだ——の相互作用に思いをはせることは、生存することを協働プロジェクトとして描きなおすのに、もっともふさわしい手法であった。

研究費を獲得することができて、ワーリオ博士は幸運であった。というのも、移動の連続であったため、彼女は固定した勤務先を持っていないからだ。正規の職を持たずに生活することは、高学歴ではない人びとには、もっと厳しいものとなる。フィンランドの北極圏《ラップランド》に住んでいるティーアを紹介しよう。彼女の家に行く途中、彼女は街角を指さした。失業者たちが酒に酔っていた。酒を飲みながら、政府から配給される小切手を待っていた。EU（欧州連合）から廉価な食料が入ってくるので、フィンランド北部では、農業は廃れ、ほかの仕事はない、という。しかし、ティーアは進取の気性に富んでいる。彼女は地元でとれるベリー類のジャムや木工品、ニット・スカーフ、マツタケをふくむ地元産品の協同販売所を設立した。彼女はマツタケについて移動セミナーで学んだ。セミナーでは、見分け方と摘み方を教えてもらった。現在、彼女は豊作の年を心待ちにし、マツタケ観光の可能性を構想している。

ティーアの地域には、ネイチャー・ガイドの訓練中の人もいる。都会からやってくる訪問客を、運動と趣味を兼ねて林へ案内するのだ。キノコ狩りも、こうしたツアーの一部分である。(4) わたしは、ひとりの元気あふれる青年と一緒に狩る機会を得た。かれは、つぎの当たり年には、「マツタケ王」になることを誓っていた。授業でマツタケについて学んだという。したがって、これは伝統的な遺産ではない。しかし、かれにとってはは希望を意味している。上昇波が到来したならば、それは乗っかるべき好機なのである。マツタケが出たならば、懐中電灯を照らして夜を徹してでも採取する、と気負いたっている。マツタケは彼の夢であり、ただやりすごすのではなく、乗りきるものなのである。

ここにも、資本主義の内側と外側の、両方の境界が存在している。あらたな商品のサプライ・チェーンがやってくると、産業的規律を通じてではなく、個人的な才覚を通じて、その好機を人びとは摑みとろうとする――たくさんの不安定な可能性のひとつとして。一方では、これこそが資本主義でもある。だれもが起業家になりたがっている。その一方で、起業家精神は、静かな喪失と進歩しようとする熱狂がいり交じった、フィンランドの地方のリズムによって形成される。そのチェーンを下流に流れていく商品はどれも、面倒な翻訳のプロセスによって、地元のしがらみから解きはなたれる。ここには、ほかの世界を想像する余地がある。(5)

ほかの世界を想像することは、わたしが日本で出会った里山の活動家が、まさに気にかけていることである。田中さんは、ティーアのように、地元の製品と手工芸品の展示場をひらいている。とはいえ、ティーアとは異なり、生計を立てることには関心がない。かれは悠々自適な退職者であり、活動は自身の土地でおこなわれている。田中さんの個人的な自然センターは、里山的な景観を大事に思う文化を構築し、それを隣人や訪問者へ贈りたいという試みである。田中さんはいう。町の子どもたちはバスで通学するようになった。いまどき歩いて登校しないので、ほとんど外に出ることはない。田中さんは子どもたちを連れだし、森の気づき方を伝授している――もちろん、遊び方もだ。わたしたちは森の特別なところを散歩した。そこは、田中さんが子どもたちにも見つけてもらいたいと考えているところだ。二本の木（もちろん、別の種の）がひとつの株に絡みあい、ともに成長しているところや、きれいにブラシをかけると、崩れかけのお地蔵様が現れるところ、天然の石がふたつに割れていて、女の人のように見えるところなど、田中さんが子どもたちにも見つけてもらいたいと考えているところだ。田中さんが手入れしているマツを見せてくれた。手入れされなければ、そのマツは、この地域にはびこっている松くい虫にやられてしまう。手当には費用がかかる。田中さんの妻は、そのことを心よく思っていない。しかし、マツを世話することは、森への深い関与なのである。

田中さんは山の中腹に小さな小屋を建てていた。木々のあいだからふもとを見下ろせる場所だ。田中さんは佐塚志保とわたしにお茶をいれてくれた。小屋は、漆を塗ったようなサルノコシカケから珍しい野生の果物まで、山で見つけた、好奇心をそそらせるものでいっぱいであった。しばらくすると、林業者である弟が立ち寄り、かつて森が伐られ、ワイヤーを吊って材木がふもとまで降ろされていた話をしてくれた。まだ山が藪に覆われてしまう前のことだ。田中さんの家族は、山で働きながら、この地域に五世代にわたって住んできた。かれは公務員となり、郵便局で働き、退職金で土地を買った。出費ばかりであるにもかかわらず、山仕事がよい効果をもたらしているという。お金には、まったくならない。しかし、訪問してくれる人びとを元気づける森の能力には大きな意味がある。人びとに自然の持つ感覚を授けていくことは、世界を生きるに値するものにする、と田中さんはいった。もしマツタケが現れれば、それは予期せぬ贈り物となる。

わたしたちのほとんどは、無意識に周囲にあるマルチスピーシーズ・ワールド〔複数種の世界〕を見ないようにしている。田中さんのように好奇心を再建しようとするプロジェクトは、ほかの存在と生きようとする重要な試みである。もちろん、お金と時間はあるにこしたことはない。しかしそれだけが好奇心にいたる唯一の道ではない。

わたしがはじめて小梅（Xiaomei）に出会ったとき、彼女は九歳であった。彼女のお母さんは、マイケル・ハザウェイとわたしが泊まった雲南中央部のホテルで働いていた。小梅は快活で、感じよく、気が利いた――わたしたちに、あれこれ見せるのが好きだった。小梅の両親は、マツタケのボスのひとりと良好な関係を築いていた。ボスがホテルを経営していたので、家族で、ときどき山に入り、マツタケを探したり、ピクニックしたりすることが許されていた。ある日、マイケルとわたしが同行したとき、小梅とわたしはかわいい野イチゴを見つけて寄り道をしてしまった。とても味が濃く、口にふくんだとき、思わず目を閉じてしまったほどだ。小梅は、あたりを駆けまわり、傘の赤いベニタケを採ってきてくれた。それは価値のないキノコだったが、綺麗であった。小梅の熱狂が伝染したのか、わたしはベニタケが好きになった。

つぎに訪問したのは、その二年後のことであった。彼女が人生を楽しむ感覚を失っていないことを知り、わたしはうれしかった。彼女はマイケルとわたしを道沿いの菜園に引っぱっていき、まだ開拓されていない道端の、野生の植物が生い茂っている場所に分けいっていった。これは、雑草の潜在的《レイテント》コモンズである。進歩の物語からすれば、「空地」であって、しばしば価値のないものとされる。それでも、そこは、わたしたちにとっては興味がつきない場所だった。わたしたちはキイチゴで口をいっぱいにしながら、小さなキノコを探した。ヤギの歩いた跡を辿っては花を見つけた。小梅は、それらがなにであるか、いかに利用されるか、を逐一、説明してくれた。それは田中さんが子どもたちに育みたかったたぐいの好奇心でもある。複数種の暮らし方は、好奇心に依存している。

進歩の物語がなくなり、世界は恐ろしい場所となってしまった。瓦解が棄てられた恨みのこもった目でわたしたちをにらみつけている。人生を歩んでいくことは、たやすいことではない。ましてや、地球の破壊を回避するなど。さいわいなことに、人間と人間以外の仲間がまだ存在している。わたしたちは、荒廃した景観の、大きくなりすぎた縁——資本主義者の規律とスケーラビリティ、放棄されたプランテーション——を探検することができる。まだ潜在的コモンズの香り——そしてとらえどころのない秋の香り——を感じることができる。

1　http://www.matsiman.com/matsiman.htm.

2　Lu-Min Vaario, Alexis Guerin-Laguette, Norihisa Matsushita, Kazuo Suzuki, and Frédéric Lapeyrie, "Saprobic potential of *Tricholoma matsutake*: Growth over pine bark treated with surfactants," *Mycorrhiza* 12 (2002): 1-5.

3　関連する研究についてはつぎを参照のこと。Lu-Min Vaario, Taina Pennanen, Tytti Sarjala, Eira-Maija Savonen, and Jussi Heinonsalo, "Ectomycorrhization of *Tricholoma matsutake* and two major conifers in Finland—an assessment of in vitro mycorrhiza formation," *Mycorrhiza* 20, no. 7 (2010): 511-518.

4　ヘイッキ・ジュッシラ（Heikki Jussila）とジャリ・ジャルヴィルオマ（Jari Jarviluoma）は、経済が停滞している現在の北極圏《ラップランド》におけるツーリズムについて議論している。"Extracting local resources: The tourism route to development in Kolari, Lapland, Finland," in *Local economic development*, ed. Cecily Neil and Markku Tykkläinen, 269-289 (Tokyo: United Nations University Press, 1998).

5　もうひとつの世界が実際に形成途上にある。経済が低迷しているフィンランドの地方に嫁いできたタイ人女性を通じて、タイ人採取者たちが森に入ってくるようになり、ベリー類のほか、近年ではキノコ類も採取するようになった。採取者は企業に雇われているわけではなく、個人の資格でやってきている。オレゴンの採取人と同様に、タイ人たちは自分たちが採取したものを売り、旅費をはじめとする経費を自分でまかなっている。タイ人たちは縮小するばかりの田舎で、放棄された校舎に集団で住み、自分たちの生活様式を維持している。専用の料理人を連れてくることもある——自分たちの食べ物も持参したりする。リクルーターとは異なり、採取人はバンコクからではなく、ラオ語を話すタイ東北部の貧困地帯からやってきている。おそらく、このタイ人たちは、米国のラオ人採取人の遠縁にあたる人びとであろう。この類似は不思議である。フィンランドの林務官とコミュニティのまとめ役たちは、いかにして、あらたにやってきた、これらの採取人たちと対話していくのだろうか？　かれらの経験と専門知識は、対話に役立つであろうか？

見つけにくい生命、オレゴン。レケ・ナカシムラさんを思いだしながら。レケはマツタケの記憶を鮮明に継承していくため、老いも若きも連れだって林に入っていく。マツタケをもとめて。

胞子のゆくえ――マツタケのさらなる冒険

二一世紀初頭に生じた私有化と商品化についての企てのなかで、もっとも不思議なもののひとつは学問を商品化しようとする動向である。ふたつのやり方が驚くほど有力だった。ヨーロッパでは、研究者は知的交流の成果を数字で示すことが要求されている。米国では、研究者は起業家になることを要請されている。自身がブランドとなり、まだなにも知らない研究の初期からスターになることがもとめられる。どちらのプロジェクトもわたしにとっては奇怪で——息のつまるようなものに思える。こうした企ては、協働が必要なものを私有化することによって、学問の息の根を止めようとしている。

自分のアイディアを大事にしたければ、「プロ化——つまり私有化の監視技術」の上を行くか、もしくはだしぬく場を創りださなければならない。これは、費用便益を計算する個人の寄せあつめ《コンジェリー》ではなく、一緒になにかをすることで学問が生まれるような遊び仲間や協力者の集団を必要とする研究を設計するということである。この意味において、マツタケを通じて考えることは有意義である。

知的生活を里山にたとえてみよう。そこには意図されずに設計された、有用なものがたくさん存在しているはずだ。しかし、実際のイメージは、その反対を想起させる。評価しようとすれば、知的生活はプランテーションとなる。学術的起業家精神からすれば、知的生活は純粋な窃盗であり、コミュナルな製品の私物化となる。どちらも魅力的なものではない。そのかわりに森が与えてくれる喜びを考えてみよう。ベリーやキノコ、薪、山菜、薬草、木材、まだまだたくさんの有用なものが存在している。それらを渉猟する人は、採取するものを選択することができ、森のパッチが内包する予期しえないほどの豊かさを十二分に享受することができる。しかし、そのためには森を庭園化するのではなく、むしろ開放的で、たくさんの種が入手できる状態に保っておくために、森への関わりを継続していかなければならない。人間が刈りこんだり、放牧したり、火をはなってきたりしたことによって、こうした環境は維持されてきた。ほかの種も集まってきて、森をみずからのものにしてきた。知識人の仕事にとっては、これは正しいことのようにみえる。共同研究は、個人研究では表面化されにくい、ある種の妙技の可能性を引きだしてくれる。まだ知られていない学問の潜在性をくすぐるためには——予期せぬマツタケのシロのように、知の森を共同で維持していかねばならない。

この意味において、マツタケ世界研究会——わたしのマツタケ研究を可能にした仲間たち——は、遊び心に満ちた協働に個人研究でも共同研究でも挑んできた。簡単なことではなかった。私有化の圧力が、みんなの生活に忍びこんできたからである。協働は必然的に散発的となった。しかし、わたしたちは刈りこんだし、焼きはらいもした。その結果、わたしたちの共有する知の森は繁茂することができた。

このことは、林産物と同等の知的な生産物を、採取人たる、わたしたちひとりひとりが入手しうることを意味している。本書は、これらのもののひとつを収穫しただけだ。これが終わりなのではない。森は繰りかえし遷移しつづける宝で、わたしたちを魅了する。マツタケがひとつあったら、その周辺には、もっとたくさんあるかもしれない。本書は、マツタケ山への一連の登山の先鞭をつけるものだ。中国で取引を追跡したり、日本でコスモポリタン科学を追ってみたりと、やるべきことは、まだまだ残されている。シリーズとして、さらなる探検をつづけていきたい。

中国では、グローバルな取引が活発になり、その結果、もっとも辺境の村でさえ、変容させられつつある。国境を越えた貿易を軸とする、「中国の田舎」が創造されている。マツタケは、この種の開発を追求するために理想的な媒体である。マイケル・ハザウェイの『マツタケ世界の創発』は、雲南でグローバルな貿易が形成されてきた過程を跡づけるものである。ハザウェイは、マツタケ山などの具体的な場所がグローバル・コネクションのなかで、いかに発展してきたかを提示しながら――たとえば、中国産マツタケからなぜか農薬が検出される例などをあげ、保全とビジネスについての国境を越えた力が作用する様をあきらかにする。驚くべき発見は、民族的起業家精神が重要だということである。チベット人とイ人の地域では、採取人と村出身の商人たちが、それぞれの民族社会のなかで働いている。ハザウェイは、マツタケによって培われた民族のあらたな想いについて、コスモポリタンな特徴と伝統主義者的な執着の両面から分析している。

科学、より一般的には知識を、コスモポリタンな歴史に対して開いていくことは、研究者にとっての火急の使命である。日本のマツタケ研究は、一方では科学と在来の知、もう一方では、国際的な専門家と地元の専門家が混じりあう理想的な場である。佐塚志保の『マツタケのカリスマ』は、日本の科学がコスモポリタンでありながらも、地域に固有《ヴァナキュラー》であったことをあきらかにするため、そのような交差を掘りさげて検討している。彼女は翻訳という概念を発展させ、すべての知識は翻訳によるもの、ととらえている。東洋学者と愛国主義者がともに想像するような純潔な「日本」の知ではなく、マツタケ科学は徹頭徹尾、翻訳的である。佐塚は、よく知られた西洋的認識論と存在論を越え、マツタケがわたしたちに示す、人間と人間以外のものの区別が十分にできない世界のなかに思いもよらない人間らしさと物らしさを探究している。

終わることを拒絶する本など、いかなるものでありえようか？　マツタケ山のように偶発的な集まりは、それぞれ思いもよらないほど恩恵を他者に与えている。そのどれもが、学問の商品化に逆らわなければ、ありえない。森もまたプランテーション化されたり、鉱山のようにたやすく剝ぎとられたりすることに抗《あらが》っている。森を完全に消し去ることはむずかしい。知の森も同様である。共同研究のなかから生まれる着想が呼んでいる。

「小説　ずだ袋理論」でアーシュラ・K・ル＝グウィンは、狩りや殺しあいの物語は、個人の英雄的活躍が核心であると読者が思うにまかせてきたが、物語とは大物を狙って待ちつづける狩猟者ではなく、採集者のように多様な意味や価値を持つものごとを拾いあつめることなのではないか、と論じている。この種の物語では、筋書きは決して終わることはなく、むしろ、さらなる物語へと導かれていく。知の森においても、冒険がさらなる冒険へ、宝物がより多くの宝物へと導いてきた。マツタケを採取しようとすれば、ひとつでは不十分である。ひとつを見つけると、もっと見つけたいと思うものだ。ル＝グウィンのことばがあまりにもユーモアたっぷりで気が利いているので、むすびは彼女に譲ろう。

「語りつづけて」。抱っこひものなかのウーウーと籠を持った小さなウームと一緒にカラスムギ畑の方に向かってぶらぶら歩きながら、わたしはいう。あなたがたは、いかにしてマンモスがブーブの上に倒れかかったか、いかにしてカインがアベルを倒したか、いかにして原爆が長崎に落ちたか、いかにしてナパーム弾が村人の上に落ちたか、いかにしてミサイルが悪の帝国の上に落ちることになるか、そのほか、人間の進化におけるあらゆる歩みについてひたすら語りつづけるのだ。

自分の望むものを、それが役立つからとか、食用に適するとか、美しいという理由で、袋や、籠や、丸めた樹皮や木の葉のかけらや、自分の髪の毛で編んだ網やそのほかのものにいれ、それをこれまたより大きな一種の袋物やかばんである家、人間をいれる容器である家へ持ちかえり、そのあと、それを取りだし、分けあい、冬に向けて頑丈な容器に貯蔵したり、薬袋や神社や、博物館や、聖なる場所、神聖なものを保存する場所に収め、そして翌日になると多分またおなじようなことを繰りかえすこと——もしそうしたことをするのが人間であるというなら、人間であるにはそうしたことが必要であるというなら、結局のところ、わたしは人間なのだ。あらためて、心の底から、心置きなく、喜んで。(1)

1　アーシュラ・K・ル゠グウィン「小説　ずだ袋理論」『世界の果てでダンス』、篠目清美訳、白水社、二〇〇六年、二七四‐二七五頁（一部改変）。

マツタケにきく――訳者あとがき

不思議な本だ。

戦争の記憶に憑かれた人生や森林伐採、気候変動など、決してハッピーエンドな物語が綴られているわけではない。それにもかかわらず、ほんわかとした読後感に浸れるのは何故だろう。

原題の *The Mushroom at the End of the World* を文字通りに訳せば、「世界の果てのマツタケ」となる。この衝撃的なタイトルに「進歩至上主義の「終わり」を、あらたな生き方の「始まり」としよう」という著者のマニフェストが透けてみえるはずである。その確固たる意志は、副題の *On the Possibility of Life in Capitalist Ruins*「資本主義に破壊された場における生の可能性」にも顕著である。その意図するところは、「資本主義の犠牲となった土地や環境で生きようとするとき、「予期せぬ出会い」に「気づく術」が人びとの拠りどころとなる」ということである。楽観視はできないとはいえ、そうした術を持つ人びとが、国家や権威に頼らず、資本主義世界の周縁で生きている様に希望を見いだせることが、読後感をやわらげてくれるのであろう。

本書は、カリフォルニア大学サンタクルス校で文化人類学を教えるアナ・チン（Anna Lowenhaupt Tsing）教授の三冊目の単著である。二〇一六年度の米国文化人類学会賞（グレゴリー・ベイトソン賞）や人間性人類学会の民族誌部門でヴィクター・ターナー賞をはじめ、幾多の賞を独占する、マルチサイテッド民族誌とマルチスピーシーズ民族誌の名著の誉高い作品である。

インドネシアにおける森林伐採をローカルかつグローバルな文脈から捉えなおした前作 *Friction: An Ethnography of Global Connection*（Princeton University Press, 2004）は、副題「グローバル・コネクションの民族誌」にあるように、インドネシアで（しばしば違法に）伐られた熱帯材が日本で流通する構造だけではなく、環境保全に関する情報や知識が海外からインドネシアに環流し、森林伐採と森林保護運動とが、インドネシア国内外で重層的に絡まりあっている様子をあきらかにした労作である（二〇〇六年度米国民族学会・シニア部門賞受賞）。本書に通底する、人間と森林との多様な関係性と日本の森林政策への関心は、熱帯材のグローバル・サプライ・チェーンに着目した前作の延長線上にある（同書を日本語で読むことはできないが、本書を味わうためにも、ぜひ、読んでもらいたい）。

前著で試行したインドネシアと日本の木材貿易、あるいは世界的な環境保護運動の文脈にインドネシアの開発を位置づけたマルチサイテッドな手法にくわえ、本書ではマルチスピーシーズ民族誌という、人間以外の存在（樹木や菌類などの生物にかぎらず、岩石などの非生物もふくむ）との関係性において人間を相対化しようとする、あらたな手法に挑んでいる。人類の何たるかを考究する人類学にあって、人間以外の存在の主体性を尊重することと自体が、既存の方法論への挑戦である。

これ以外にも本書には、人類学をひらいていこうとする、さまざまな企てが仕組まれている。そのひとつがマツタケ世界研究会なる共同研究を組織し、その成果として本書を問うていることである。本書でも指摘されているように、人類学のフィールドワークは個人でおこなうものである。ところが、日本での調査には佐塚志保とリーバ・フェアーが、中国での調査にはマイケル・ハザウェイが同行しているように、本研究は人類学者をはじめ、生態学者、菌学者、マツタケ関係者（商売人、採取人をふくむ）など、多様な人びとともに現場を歩き、そうした人びととの議論を経て涵養されたものである。本書の叙述からは、著者が研究室でひとり思索している姿を想像するのはむずかしい。むしろ、行間からは、著者がさまざまな出会いを楽しんでいる様子が伝わってくるはずだ。このことも本書に惹かれる理由のひとつであろう。

「絡まりあう」と「胞子のゆくえ」で述べられているように、共同研究という手法には、昨今の学問のあり方に対する、著者の批判が込められている［Choy *et al.* 2009 a, b］。学問分野にかかわらず、研究枠組みを設定し、その枠組みに沿って調べる項目を明確にしたうえで、手順にしたがって期間内に成果をだすのが、研究活動の定石である。このこと自体は、何ら批判されるべきことではない。しかし、問題は、あまりにも学問が細分化された結果、成果をだしやすい「手堅い」研究ばかりが横行し、枠組みはもとより、研究手法そのものを問う機運が萎んでしまっていることである。

「事実は小説よりも奇なり」とは、よくいったものである。いくら入念に事前準備をおこなおうとも、フィールドワークに赴けば、そこでは予測しえなかった事実――予期せぬ出会い――に遭遇するものである。枠組みに忠実な成果を追求しようとすれば、程度の差はあれども、そうした出会い（のいくつか）に目をつぶらざるをえなくなる［p. 58］。そうではなく、そうした出会いに触発され、枠組みをこえて、あらたな問いを追求していこうとすれば、さまざまな背景とキャリアを持つ人びととの協働が不可欠となるわけである。

もちろん、研究枠組みなる比喩は、本書のキーワードのひとつでもあるスケーラビリティ（規格不変性）や自己複製、自己完結、クローンといった、予期せぬ出会いによる汚染（混淆）を排除し、世界のすべてを人間が管理できるとする「思いあがり」批判とも無関係ではない。

第16章で詳述されているように、普遍性を追求するはずの科学のあり方自体に、日米間で大きな相違があること自体、人文社会研究の訓練をうけてきたわたしには驚きであった。いわゆる文系研究者からすれば、共同研究といえば、数行でおさまらないほどの著者が連名で執筆する科学論文を想起するはずである。すべての共同研究がそうだとは断言しないものの、数年前に日本を揺るがしたSTAP細胞研究騒動を思いだしてもらいたい。データの捏造はおろか、厳密なはずの査読が機能していなかったことにも仰天させられたが、それ以上に愕然とさせられたのは、細分化されたパートごとに、それぞれの専門家が分担執筆した結果、共同研究の参加者のだれひとりとして当該研究の全体像を把握していない事実が暴露されたことである。

チン教授の目指す共同研究が、この手のものとは異なることはいうまでもない。共同研究者の全員が予期せぬ出会いに狼狽《うろた》えながらも、そうした偶発性を楽しみつつ、喧々諤々の議論を積みあげてきたことが看取できるはずだ。ちかい将来、共同研究者たちも、それぞれがマツタケに関する著作を公刊するという。チン教授とは異なるマツタケ論が楽しみである。

以下、本書のキーワードに若干の解説を附し、あとがきにかえたい。

プレカリティ

本書が刊行されたのは、二〇一五年九月である。オバマ米大統領の後継者をめぐり、民主党も共和党も予備選挙に向けて候補者の絞りこみを加速させようとしていたころのことである。当時、すでにトランプ氏も大統領候補として名乗りをあげていたが、たいして話題にもならず、予備選での敗退が確実視されていた。共和党の候補となってからも、本戦での勝利が判明する、その瞬間までトランプ氏が大統領となることを予想した人はいかほどであったろうか？　わたし自身、不勉強を恥じている者のひとりであるが、トランプ大統領誕生後、荒廃しきった製造業地帯——ラストベルト——に関する報道がなされ、職をもとめる人びと、つまりプレカリアス（不安定）な状態にある人びと——プレカリアート——の声に気づかされることになった［スタンディング 2016］。

本書は米国社会についてのものではない。しかし、プレカリティが米国で社会問題化していることを見通していた点において慧眼の書である。むろん、著者の主張はトランプ大統領のものとは真逆である。右肩あがりの経済成長は、安価で豊富な資源に支えられていた二〇世紀的資本主義そのものであり、資源の枯渇はおろか気候変動が現実味を増すばかりの今日、グローバルな競争も手伝って、かつての米国人が自明のこととしていた正規雇用は幻想と化してしまった。いまや、そうしたプレカリアスな状況こそが常態なのであり、その現実に即した社会科学を再構築しよう、というものである。わたしたちも、「日本を、取り戻す」などという妄想と決別し、不確定な時代を生きるにふさわしい社会の実現を構想すべきではなかろうか？

スケーラビリティとサルベージ

第3章の訳注でも論じたように、スケーラビリティとノンスケーラビリティは、著者独自の用法である。スケーラビリティも、その否定形であるノンスケーラビリティも、語根であるスケールが有する、規模や基準、尺度、縮尺などの原義を内包して多義的にもちいられている。第3章のもととなった「ノンスケーラビリティについて」という論文では、デジタル画像を例として、画像そのものを変化させずに、画像の大きさが伸縮可能となる性質をスケーラビリティと呼ぶ一方で、あらゆる規格化を拒絶する性質をさしてノンスケーラビリティが使用されている［Tsing 2012］。たしかにスケールは scale up のように規模の拡大を暗示するし、本書でもプランテーションやビジネスの規模拡張を議論する文脈でスケーラビリティがもちいられている箇所も少なくない。しかし、つぎの引用にもあきらかなように、著者の意図するスケーラビリティの原義は、そうした拡張をゆるす枠組み――規格――の不変性にある。

進歩それ自体が、しばしば骨組みを変えずにプロジェクトを拡張していく能力によって定義されてきた。この資質をスケーラビリティと呼ぶことにしよう。……スケーラビリティは、プロジェクトの枠組みをまったく変化させずに、円滑にスケールを変えることができる能力である。たとえば、スケーラブルなビジネスは、スケールを拡大しようとも組織体制を変化させる必要はない。ビジネス関係が変形しないときにだけ、これは可能となるのであって、ビジネスにあらたな関係が付与されれば、ビジネスは変化する。同様にスケーラブルな研究プロジェクトは、研究枠組みに適合するデータだけを受容する。スケーラビリティは、プロジェクト内要素間の出会いに内在している不確定性を無視することを要求する。それが、やすやすと拡張していける方策だからである［pp. 58–59］。

唯一絶対の進歩ではなく、複数の時間性や多様性を尊重する本書は、スケーラビリティを追求する、今日の資本主義のあり方に批判的である。しかし、だからといって資本主義を否定しているわけではない。そうではなく、資本主義を資本主義たらしめるものとして、周縁資本主義《ペリキャピタリズム》なる着眼を提案している［p. 97］。周縁資本主義とは、資本主義の内部でもあり、外部でもある場であって［p. 105］、資本主義的形式と非資本主義的形式とが相互に作用しあっている場である［p. 98］。周縁資本主義は、自明のことと思われてきた資本主義の権威を再考する場となり、たったひとつではなく、複数のやり方で前進していく好機を提供してくれる［p. 96］。

別のいい方をしてみよう。「スケーラブルな会計がノンスケーラブルな労働を生みだし、ノンスケーラブルな自然資源を管理」しているわけだ。そのことを著者は「サルベージ的資本主義」と呼び、「サプライ・チェーンが、きわめて多様な形態や性質の仕事に値付けする、翻訳の過程として機能」していることを説く［p. 65］。

サプライ・チェーンは、まったく異なった環境で生産されたさまざまな価値を翻訳し、資本主義的な在庫目録にくわえることによって、価値を形成していく。この点に関しては、変化する関係をゆがめずに拡張していく技術的な妙技としてのスケーラビリティを通じて思考するのがよい。一目で把握できる在庫目録によって、ウォルマートは、生産がスケーラブルでなくとも、スケーラブルな小売を拡大させることができた。しかし、生産現場は、相変わらずひどくノンスケーラブルな多様性を有したままで、それぞれの関係性に特有の夢やスキームを保持している〔p. 96〕。

第3章の訳注で述べたように、サルベージとは、沈没船の引き揚げを原義とし、「再生利用するために回収される廃品」という意味ももつ。しかし、著者の意図するサルベージは、スケーラビリティとの関係で理解する必要がある。本書のサルベージとは、ヤンキー捕鯨において重要な役割をはたした先住民の知識や技術、あるいはプランテーション経営に不可欠な光合成（とそのための太陽光）など、資本家が生産したり、制御したりできないものを巧みに利用することである〔p. 93〕。もっとも、サルベージを可能とするには、ノンスケーラブルな要素をスケーラブルな要素へ転換する翻訳が必須となる。その装置がサプライ・チェーンなのである。

こうしてみると、グローバリゼーションなる現象は、世界が均質化していくのではなく、不均質な要素が翻訳されて均質化したように見えるだけ、ということになる。問題は、ノンスケーラブルな要素がスケーラブルに変換される際に、サベージ〔残虐〕な行為が横行することである。そうしたサベージを喚起するため、著者は語呂もよいサルベージという用語を使用し、スケーラビリティ／ノンスケーラビリティという概念とセットで、グローバルに展開する資本主義に潜む暴力性を提示してみせたのだ。

ウォルマートは、サプライヤーに対して商品をつねにより安く生産するよう強いることで、サベージな労働と環境破壊をおこなうよう仕向ける会社として有名になった。サベージとサルベージは、しばしば対をなす。サルベージは暴力と環境汚染を利益へと翻訳する［p. 96］。

コモンズと潜在的コモンズ

林産物や海産物など、自然資源の利用と管理に関する研究はコモンズ論として知られている。自然資源は、その所有形態から、私的財産（private property）、公的財産（state property）、共的財産（common property）、非所有（オープン・アクセス open access）の四つに分類できる。著者が指摘するように、米国では資源管理は私的財産もしくは公的財産のように所有権者が明確であることが望ましいとされている。このことは、第19章で、小さなボスLが部分的に林を開放することへの、つぎの記述にあらわれている。

雲南省の森林監督官と専門家は、季節的な囲いこみについては口にしない。仮にそのことを知っていたとしても、見て見ぬふりをするはずだ。国際的な権威たちが激しく非難するであろうから、である。季節的に囲いこむことは、「個人所有こそが保全」なる計画を無効にしてしまう。というのも、地元民たちは、これらの専門家がよしとしない方法で、共有資源を利用するからである［p. 404］。

しかし、世界には、本書でもたびたび言及された日本の入会地に象徴されるような共的財産が上手に管理される事例も少なくない。

他方、「コモンズの悲劇」として知られる、だれのものでもない土地（オープン・アクセス）では、日米ともに資源搾取がなされることが危惧されている。自己の利益を最大限に追求するため、管理に歯止めがきかない、というのである。この反例としても、本書で紹介された「万人の権利」として知られる北欧地域に共通する、自然（の恵み）を享受できる慣習は興味深い［p. 263］。私有林であろうと国有林であろうと、所有権の有無にかかわらず、散策したり、キャンプしたりするなど、自然を楽しむ権利が確立しているからである。キノコ類やベリー類を採取することも、この権利にふくまれる。

この慣行は、環境社会学者の井上真がコモンズの訳語として、所有権に着目した共有ではなく、利用権に着目した共用をあてることの適切さを支持する事例となろう［井上 2004］。

もちろん、本書の目的は、コモンズ論の是非を論じることではない。そうではなく、土壌中に潜む菌糸のように、いまだコモンズ（子実体）として認識されていない潜在的なるものの可能性を問うのである。

> このマツタケ物語の最後の部は、訪れるさまざまな渇きや寒さにもめげずに沸きでるマツタケのように、制度化された疎外のなかで生じる一瞬の絡まりあいを探してみよう。それは味方を探す場である。そのことを潜在的《レイテント》コモンズだと考える人がいるかもしれない。そのような場はふたつの意味で潜在的である。まず、いたるところにあるにもかかわらず、わたしたちが気づくことはほとんどない。つぎに未発達である。まだ実現されていないが、可能性を秘めている。……潜在的コモンズによってコモンズの概念は拡大される［p. 383］。

*

訳者あとがきを終えるにあたり、訳書ができあがるまでの協働について触れておきたい。浅学なわたしひとりの力では、このような大著をものせるはずはなく、あまたの支援あってこその作業であった。フィンランドや米国、中国におけるフィールドワークは、日本学術振興会科学研究費補助金「アジア海域からユーラシア内陸部にかけての生態資源の攪乱と保全をめぐる地域動態比較」(JP16H02715、代表山田勇)をはじめ、二〇一七年度江頭ホスピタリティ事業振興財団研究開発助成「コモンズ論再考――キノコ類の採取と万人の権利(everyman's rights)をめぐるマルチサイテッド・アプローチを手がかりにして」、スカンジナビア・ニッポンササカワ財団「オープン・アクセス論再考――キノコ類採取における「万人の権利」の史的発展と現代的課題」(GA17-JPN-0022)によって可能となった。フィンランドでは、ヨルマ・パルメンさん、エイラ＝マイヤ・サヴォネンさん、米国ではトリスタン・ストックさん、ニック・リーさん、ミサヲ・ミナギさん、エイミー・ピーターソンさん、ハンク・ミシマさん、中国ではデイヴィッド・マさん、シドニー・チャンさんにお世話いただいた。ルミン・ワーリオさんとは、東京とヘルシンキでマツタケ談義にふけったほか、ヨルマさんと一緒に同氏の出身地であるロヴァニエミでの調査に同行する機会にめぐまれた。

雲南省からラオスにかけて暮らす少数民族の歴史については、片岡樹さん(京都大学)にご教示いただいた。菌学者の山田明義さん(信州大学)からは、専門用語について懇切丁寧な説明をたまわった。環境倫理学/食研究者の福永真弓さん(東京大学)は、大学院ゼミで草稿を読んでくださり、ゼミ生からも真剣勝負のコメントを頂戴した。東京大学で人類学を学んでいる北川真紀さんは、調査中であるにもかかわらず、草稿を読む時間を割いてくれた。オーストラリア国立大学に提出する博士論文としてマガキのマルチスピーシーズ民族誌を執筆中の吉田真理子さんは、訳文に躍動感を添えてくれた。おなじくマルチスピーシーズ民族誌の第一人者の奥野克巳先生(立教大学)は、多忙な時間をやりくりし、草稿を二度も読んでくださった。かつての同僚でチモール研究者の福武慎太郎さん(上智大学)は、訳語の捻出に尽力してくれた。一橋大学の同僚である大杉高司さんと久保明教さんは、社会人類学リーディングゼミで、本書をとりあげてくれ、参加者とともに貴重なコメントを附してくれた。

この三年半、マツタケ談義につきあってくれた一橋大学、上智大学、立教大学の学生にも感謝している。ここで全員の名前をあげるわけにはいかないが、二名だけ言及しておきたい。文部科学省の奨学生としてフィリピンから留学し、一橋大学大学院の博士課程で学ぶパトリシア・フェルナンデスさんは、難解だった箇所をわかりやすい表現に換言してくれた。上智大学大学院地球環境学研究科の水流文子さんは、誤訳を指摘してくれただけではなく、より適切な表現を追求するため、校正の最後の段階まで気にかけてくれた。協働——出会いと拠るべき友——のありがたさを噛みしめている次第である。

最後に、作業が進まず、心が折れそうになったとき、「その本、早く読みたいなぁ」と、読者の存在に気づかせてくれた妻晶子に改めて「ありがとう」を伝えたい。

二〇一九年八月三日、ドリアンとバナナいっぱいのダバオにて

赤嶺　淳

文献

井上真、2004.『コモンズの思想を求めて——カリマンタンの森で考える』、岩波書店。

スタンディング、ガイ、2016.『プレカリアート——不平等社会が生み出す危険な階級』岡野内正訳、法律文化社。

Choy, Timothy, Lieba Faier, Michael Hathaway, Miyako Inoue, Shiho Satsuka, and Anna Tsing. 2009a. A New Form of Collaboration in Cultural Anthropology:Matsutake Worlds. *American Ethnologist* 36(2):380–403.

Choy, Timothy, Lieba Faier, Michael Hathaway, Miyako Inoue, Shiho Satsuka, and Anna Tsing. 2009b. Strong Collaboration as a Method for Multi-sited Ethnography:On Mychorrizal Relations. In Mark-Anthony Falzon ed. *Multi-sited Ethnography:Theory, Praxis, and Locality in Contemporary Social Research.* New York:Routledge, pp. 197-214.

Tsing, Anna. 2012. On Nonscalability:The Living World Is Not Amenable to Precision-Nested Scales. *Common Knowledge* 18(3):505-524.

索　引

ア

イ

ウ

エ・オ

カ

ク

ケ

ス

ト

ナ

ニ

ネ

ノ

ハ

ヒ

フ

へ

本書で引用された文献の日本語版と日本語文献

以下は，本書に引用された著作で日本語に訳されているもの，日本語から英訳して著者が引用したものの一覧である。複数の訳本がある場合には，最新のもの，もしくは訳者が参照したものをあげた。

I 邦　訳

尹紹亭，2000『雲南の焼畑——人類生態学的研究』白坂蕃訳，農林統計協会（Yin Shaoting. 2001. *People and forests.* Translated by Magnus Fiskesjo. Kunming: Yunnan Education Publishing House）（第 13 章，注 17）

インゴルド，ティム，2014『ラインズ——線の文化史』工藤晋訳，管啓次郎解説，左右社（Ingold, Timothy. 2007. *Lines*. London: Routledge）（幕間——ダンス，注 1）

ウォスター，ドナルド，1996『自然の摂理——エコロジーの歴史』農政研究センター国際部会リポート（食料・農業政策研究センター国際部会編集 31），小倉武一訳，食料・農業政策研究センター（Worster, Donald. 1994. *Nature's economy: A history of ecological ideas.* 2nd edn. Cambridge: Cambridge University Press）（第 11 章，注 16）

エインズワース，G.C.，2010『キノコ・カビの研究史——人が菌類を知るまで』小川眞訳，京都大学学術出版会（Ainsworth, G.C. 2009. *Introduction to the history of mycology*. Cambridge: Cambridge University Press）（幕間——たどる，注 2）

カービー，デイヴィッド，2008『フィンランドの歴史』東眞理子・小林洋子・西川美樹訳，百瀬宏・石野裕子監訳，明石書店（Kirby, David. 2006. *A concise history of Finland*. Cambridge: Cambridge University Press）（第 12 章，注 21）

カーンズ，ロバート，L.，1993『財閥アメリカ——日本の「系列」がアメリカを支配する』高橋則明訳，嶌信彦監修・解説，徳間書店（Kearns, Robert. 1992. *Zaibatsu America: How Japanese firms are colonizing vital U.S. industries.* New York: Free Press）（第 8 章，注 18）

ギルバート，スコット／デイビッド・イーペル，2012『生態進化発生学——エ

コ－エボ－デボの夜明け』正木進三・竹田真木生・田中誠二訳，東海大学出版会（Gilbert, Scott and David Epel. 2008. *Ecological developmental biology*. Sunderland, MA: Sinauer）（幕間――たどる，注 6）

コーン，エドゥアルド，2016『森は考える――人間的なるものを越えた人類学』奥野克巳・近藤宏共監訳，近藤祉秋・二文字屋脩共訳，亜紀書房（Kohn, Eduardo. 2013. *How forests think*. Berkeley: University of California Press）（第 1 章，注 7）

コンラッド，ジョセフ，2009『闇の奥』黒原敏行訳，光文社古典新訳文庫（Conrad, Joseph. 1899. *Heart of darkness*. Mineola, NY: Dover Books, 1990）（第 4 章，注 5）

スノー，チャールズ・P.，2011『二つの文化と科学革命』松井巻之助訳，みすず書房（Snow, Charles Percy. 1959. *The two cultures*. Cambridge: Cambridge University Press, 2001）（プロローグ，注 4）

ダーウィン，チャールズ，2009『種の起源』渡辺政隆訳，光文社古典新訳文庫（Darwin, Charles. 1859. *On the origin of species*. 1st ed. London: John Murray）（幕間――たどる，注 1）

タットマン，コンラッド，1998『日本人はどのように森をつくってきたのか』熊崎実訳，築地書館（Totman, Conrad. 1989. *The green archipelago: Forestry in preindustrial Japan*. Berkeley: University of California Press）（第 13 章，注 8）

都留重人，1972『公害の政治経済学』岩波書店（Tsuru, Shigeto. 1999. *The political economy of the environment: The case of Japan*. Cambridge: Cambridge University Press）（第 15 章，注 1）

デ・ラ・カデナ，マリソール，2017「アンデス先住民のコスモポリティクス――「政治」を越えるための概念的な省察」田口陽子訳，『現代思想』45（4）: 46–80（de la Cadena, Marisol. 2010. “Indigenous cosmopolitics in the Andes: Conceptual reflections beyond ‘politics’,” *Cultural Anthropology* 25（2）: 334–370）（第 11 章，注 1）

ドーキンス，リチャード，2018『利己的な遺伝子』40 周年記念版，日高敏隆・岸由二・羽田節子・垂水雄二訳，紀伊國屋書店（Dawkins, Richard. 1976. *The selfish gene*, Oxford: Oxford University Press）（第 2 章，注 2）

トンチャイ・ウィニッチャクン，2003『地図がつくったタイ――国民国家誕生の歴史』石井米雄訳，明石書店（Thongchai Winichatkul. 1994. *Siam mapped: A history of the geo-body of a nation*. Honolulu: University of Hawaii Press）（第 16 章，注 2）

ネグリ，アントニオ／マイケル・ハート，2003『〈帝国〉――グローバル化の世界秩序とマルチチュードの可能性』水嶋一憲・酒井隆史・浜邦彦・吉田俊実

訳，以文社（Hardt, Michael and Antonio Negri. 2000. *Empire*. Cambridge, MA: Harvard University Press）（第 4 章，注 13）

ネグリ，アントニオ／マイケル・ハート，2005『マルチチュード――〈帝国〉時代の戦争と民主主義』幾島幸子訳，水嶋一憲・市田良彦監修，NHK ブックス（Hardt, Michael and Antonio Negri. 2004. *Multitude*. New York: Penguin）（第 13 章，注 1）

ネグリ，アントニオ／マイケル・ハート，2012『コモンウェルス――〈帝国〉を越える革命論』水嶋一憲・幾島幸子・古賀祥子訳，NHK ブックス（Hardt, Michael and Antonio Negri. 2009. *Commonwealth*. Cambridge, MA: Harvard University Press）（第 4 章，注 14）

ハイデッガー，マルティン，1998『形而上学の根本諸概念――世界－有限性－孤独』川原栄峰，セヴェリン・ミュラー訳『ハイデッガー全集　第 29/30 巻　第 2 部門講義（1919–44）』，創文社（Martin Heidegger. 1938. *The fundamental concepts of meta-physics: World, finitude, solitude*. Translated by W. Mcneill and N. Walker. Indianapolis: Indiana University Press. 2001）（第 11 章，注 5）

ハーディン，ギャレット，1993「共有地の悲劇」桜井徹訳，シュレーダー・フレチェット編／京都生命倫理研究会訳『環境の倫理　下』晃洋書房，445–470 頁（Hardin, Garrett. 1968. "The tragedy of the commons," *Science* 162（3859）: 1243–1248）（第 19 章，注 3）

ハラウェイ，ダナ，2013『伴侶種宣言――犬と人の「重要な他者性」』永野文香訳，以文社（Haraway, Donna. 2003. *Companion species manifesto*. Chicago: Prickly Paradigm Press）（第 1 章，注 10）

ハラウェイ，ダナ，2013『犬と人が出会うとき――異種協働のポリティクス』高橋さきの訳，青土社（Haraway, Donna. 2007. *When species meet*. Minneapolis: University of Minnesota Press）（第 11 章，注 20）

プリゴジン，イリヤ／イザベル・スタンジェール，1987『混沌からの秩序』伏見康治・伏見譲・松枝秀明訳，みすず書房（Prigogine, Ilya and Isabelle Stengers. 1984. *Order out of chaos*. New York: Bantam Books）（第 11 章，注 13）

フリッシュ，オットー，2003『何と少ししか覚えていないことだろう――原子と戦争の時代を生きて』松田文夫訳，吉岡書店（Otto Robert Frisch. 1980. *What little I remember*. Cambridge: Cambridge University Press）（第 3 章，題辞）

ブレナー，ロバート，2005『ブームとバブル――世界経済のなかのアメリカ』石倉雅男・渡辺雅男訳，こぶし書房（Brenner, Robert. 2003. *The boom and the bubble: The U.S. in the world economy*. London: Verso）（第 8 章，注 20）

ベケット，サミュエル，2018『ゴドーを待ちながら／エンドゲーム』『新訳ベケット戯曲全集』岡室三奈子訳，白水社（Beckett, Samuel. 2010. *Waiting for Godot*. London: Faber and Faber）（第 18 章，題辞）

ベンヤミン，ヴァルター，2015『［新訳・評注］歴史の概念について』鹿島徹訳，未來社（Benjamin, Walter. 1974. "On the concept of history," in *Gesammelte Schriften*. Translated by Dennis Redmond. Frankfurt: Suhrkamp Verlag）（幕間――かおり，注 6）

マーギュリス，リン／ドリオン・セーガン，1998『生命とはなにか――バクテリアから惑星まで』池田信夫訳，せりか書房（Margulis, Lynn and Dorion Sagan. 2000. *What is life?* Paperback edn., Berkeley: University of California Press）（第 2 章，注 1）

マネー，ニコラス，2007『ふしぎな生きものカビ・キノコ――菌学入門』小川真訳，築地書館（Money, Nicholas. 2004. *Mr. Bloomfield's orchard*. Oxford: Oxford University Press）（幕間――たどる，注 2）

マリノフスキ，ブロニスワフ，2010『西太平洋の遠洋航海者』増田義郎訳，講談社学術文庫（Malinowski, Bronislaw. 1922. *Argonauts of the Western Pacific*. London: Routledge）（第 9 章，注 1）

マルクス，カール，2010『経済学・哲学草稿』長谷川宏訳，光文社古典新訳文庫（Marx, Karl. 1844. *Economic and philosophical manuscripts of 1844*. Mineola, NY: Dover Books, 2007）（プロローグ，注 5）

ミンツ，シドニー，1988『甘さと権力――砂糖が語る近代史』川北稔・和田光弘訳，平凡社（Mintz, Sidney. 1985. *Sweetness and power: The place of sugar in modern history*. New York: Viking Penguin Inc.）（第 3 章，注 1，注 3）

メルヴィル，ハーマン，2004『白鯨』八木敏男訳，岩波文庫（Melville, Herman. 1851. *Moby-Dick*. New York: Signet Classics, 1998）（第 4 章，注 6）

モーリス－鈴木，テッサ，1991『日本の経済思想――江戸期から現代まで』藤井隆至訳，岩波書店（Morris-Suzuki, Tessa. 1989. *A history of Japanese economic thought*. London: Routledge）（第 8 章，注 3）

ヤング，アレキザンダー，K., 1985『総合商社――日本の多国籍商社』中央大学企業研究所訳，中央大学出版部（Young, Alexander. 1979. *The sogo shosha: Japan's multinational trading companies*. Boulder, CO: Westview）（第 8 章，注 9）

ユクスキュル，ヤーコプ・フォン／ゲオルク・クリサート，2005『生物から見た世界』日高敏隆・羽田節子訳，岩波書店（Uexküll, Jakob von. 2010. *A foray into the worlds of animals and humans: With a theory of meaning*. Translated by Joseph D. O'Neil. Minneapolis: University of Minnesota Press = Uexküll, Jakob von und Georg Kriszat. 1934. *Streifzüge durch die Umwelten*

von Tieren und Menschen: ein Bilderbuch unsichtbarer Welten. Berlin: Julius Springer）（第 11 章，注 4）
ラトゥール，ブリュノ，2019『社会的なものを組み直す――アクターネットワーク理論入門』伊藤嘉高訳，法政大学出版局（Latour, Bruno. 2007. *Reassembling the social*. Oxford: Oxford University Press）（第 1 章，注 8）
ラトゥール，ブルーノ，2008『虚構の「近代」――科学人類学は警告する』川村久美子訳，新評論（Latour, Bruno. 1993. *We have never been modern*. Cambridge, MA: Harvard University Press）（第 11 章，注 12）
リチャードソン，スタンレー，1973『中国の林業』茂田和彦・喜多弘・盛田正彦訳，農林情報調査会（Richardson, Stanley. 1966. *Forestry in communist China.* Baltimore, MD: Johns Hopkins University Press）（第 13 章，注 15）
ル＝グウィン，アーシュラ・K.，2006『世界の果てでダンス』新装版，篠目清美訳，白水社（Le Guin, Ursula K. 1989. “A non-euclidean view of California as a cold place to be,” in *Dancing at the edge of the world*. New York: Grove Press）（第 1 章，題辞；胞子のゆくえ）

Ⅱ 日本語文献

有岡利幸，2004『里山』上下巻，法政大学出版局（第 11 章，注 14）
伊藤武・岩瀬剛二，1997『マツタケ――果樹園感覚で殖やす育てる』農山漁村文化協会（第 16 章，注 12）
岡村稔久，2005『まつたけの文化誌』山と溪谷社（プロローグ，注 7 ほか）
小川真，1991『「マツタケ」の生物学』補訂版，築地書館（『マツタケの生物学』，1978）（第 3 章，注 4）
小椋純一，1994「明治 10 年代における関東地方の森林景観」『造園雑誌』57(5)：79–84（第 13 章，注 13）
小原弘之，1994「〈講演要旨〉1993 年度家政学学術講演――マツタケ人工増殖の系譜」『同志社家政』第 27 号：20–30（第 16 章，注 8）
倉本宣，2001「市民運動から見た里山保全」武内和彦・鷲谷いづみ・恒川篤史編『里山の環境学』東京大学出版会，19–32 頁（第 18 章，題辞）
根田仁，2003『きのこ博物館』八坂書房（プロローグ，注 7）
藤田博美，1989「アカマツ林に発生する高等菌類の遷移」『日本菌学会会報』30(2):125–147（第 12 章，注 28）
マツタケ研究懇話会編，1964『マツタケ――研究と増産』マツタケ研究懇話会（プロローグ，題辞）
森川英正，1980『財閥の経営史的研究』東洋経済新報社（第 8 章，注 5）

盛田昭夫・石原慎太郎，1989『「NO《ノー》」と言える日本——新日米関係の方策《カード》』光文社（第 8 章，注 22）

山田麻子・原田洋・奥田重俊，1997「三浦半島南部における明治期の植生図化と植生の変遷について」『生態環境研究』4(1): 33–40（第 13 章，注 13）

山中勝次，2005「マツタケコンプレックスの起源と分化」『日本菌学会西日本支部会報』14: 1–9（第 17 章，注 11）

吉川洋，1999『転換期の日本経済』シリーズ現代の経済，岩波書店（第 8 章，注 20）

吉村文彦，2004『ここまで来た！　まつたけ栽培——まつたけ山　復活の発想と技術』トロント（第 16 章，注 26）

著者略歴

(Anna Lowenhaupt Tsing)

カリフォルニア大学サンタクルス校文化人類学科教授．エール大学を卒業後，スタンフォード大学で文化人類学の博士号を取得．フェミニズム研究と環境人類学を先導する世界的権威．おもにインドネシア共和国・南カリマンタン州でフィールドワークをおこない，森林伐採問題の社会経済的背景の重層性をローカルかつグローバルな文脈からあきらかにしてきた．著書に *In the Realm of the Diamond Queen: Marginality in an Out-of-the-Way Place*（Princeton University Press, 1993），*Friction: An Ethnography of Global Connection*（Princeton University Press, 2004）など，多数．

訳者略歴

赤嶺 淳〈あかみね・じゅん〉 一橋大学大学院社会学研究科教授．専門は東南アジア地域研究・食生活誌学．ナマコ類と鯨類を中心に野生生物の管理と利用（消費）の変容過程をローカルな文脈とグローバルな文脈の絡まりあいに注目し，あきらかにしてきた．著書に『ナマコを歩く――現場から考える生物多様性と文化多様性』（新泉社，2010）『鯨を生きる――鯨人の個人史・鯨食の同時代史』（吉川弘文館，2017）『生態資源――モノ・場・ヒトを生かす世界』（山田勇・平田昌弘との共編著，昭和堂，2018）など．

アナ・チン
マツタケ
不確定な時代を生きる術
赤嶺 淳訳

2019年 9月17日 第1刷発行
2019年12月16日 第2刷発行

発行所 株式会社 みすず書房
〒113-0033 東京都文京区本郷2丁目20-7
電話 03-3814-0131(営業) 03-3815-9181(編集)
www.msz.co.jp

本文組版 キャップス
本文印刷・製本所 中央精版印刷
扉・表紙・カバー印刷所 リヒトプランニング
装丁 大倉真一郎

ISBN 978-4-622-08831-8
[マツタケ]